普通高等教育"十一五"国家级规划教材

数据库原理及应用——SQL Server

Shujuku Yuanli ji Yingyong——SQL Server

（第3版）

主编 沈祥玖 相伟

副主编 曹梅红 李艳

高等教育出版社·北京

内容提要

本书针对应用型本科学生的特点，总结并精选作者多年从事教学和实际应用开发的经验，以实际应用例子作为任务驱动，由浅入深，理论结合实际，全面讲述 SQL Server 2008 关系数据库系统的特点及应用开发技术，讲解简明扼要、条理清楚，应用例子贯穿始终，简单易学。

本书可作为应用型本科和高职高专学生学习数据库原理与应用的教材，也可作为技术培训教材和自学参考书。

图书在版编目（CIP）数据

数据库原理及应用：SQL Server / 沈祥玖，相伟主编. —3 版. —北京：高等教育出版社，2018.9
ISBN 978-7-04-050276-3

Ⅰ. ①数… Ⅱ. ①沈… ②相… Ⅲ. ①关系数据库系统－高等学校－教材 Ⅳ. ①TP311.132.3

中国版本图书馆 CIP 数据核字（2018）第 170194 号

策划编辑	刘娟	责任编辑	刘娟	封面设计	张申申	版式设计	童丹
插图绘制	于博	责任校对	李大鹏	责任印制	刘思涵		

出版发行	高等教育出版社	网　址	http://www.hep.edu.cn
社　　址	北京市西城区德外大街 4 号		http://www.hep.com.cn
邮政编码	100120	网上订购	http://www.hepmall.com.cn
印　　刷	天津嘉恒印务有限公司		http://www.hepmall.com
开　　本	787mm×1092mm　1/16		http://www.hepmall.cn
印　　张	18	版　次	2007 年 8 月第 1 版
字　　数	440 千字		2018 年 9 月第 3 版
购书热线	010-58581118	印　次	2018 年 9 月第 1 次印刷
咨询电话	400-810-0598	定　价	33.90 元

本书如有缺页、倒页、脱页等质量问题，请到所购图书销售部门联系调换
版权所有　侵权必究
物　料　号　50276-00

数据库原理及应用
——SQL Server
(第3版)

沈祥玖　相伟

1. 计算机访问http://abook.hep.com.cn/1860320，或手机扫描二维码、下载并安装Abook应用。
2. 注册并登录，进入"我的课程"。
3. 输入封底数字课程账号（20位密码，刮开涂层可见），或通过Abook应用扫描封底数字课程账号二维码，完成课程绑定。
4. 单击"进入课程"按钮，开始本数字课程的学习。

数据库原理及应用——SQL Server（第3版）数字课程与纸质教材一体化设计，紧密配合。数字课程涵盖电子教案、真题解析、源代码等内容，充分运用多种媒体资源，极大地丰富了知识的呈现形式，拓展了教材内容。在提升课程教学效果的同时，为学生学习提供思维与探索的空间。

课程绑定后一年为数字课程使用有效期。受硬件限制，部分内容无法在手机端显示，请按提示通过计算机访问学习。

如有使用问题，请发邮件至abook@hep.com.cn。

扫描二维码
下载Abook应用

http://abook.hep.com.cn/1860320

前　言

本书是《数据库原理及应用——Access（第2版）》的修订版，并被列入"十一五"国家级规划教材。自第一版出版以来，受到了广大读者的热情关注，在多所高校教学中获得好评。为进一步提高教材质量，适应目前不断发展的教学需求，作者对该版教材进行了全面的修订和升级。在章节编排和教学内容上进行了重新编写，采用新版本 SQL Server 2008 数据库系统作为教学数据库，更符合教学时间和教学规律，各章都增加了大量 Transact-SQL 应用案例，这些案例代码都在查询中运行通过。突出了 Transact-SQL 的编程能力培养。针对应用型本科学生的特点，总结并精选作者多年从事教学和实际应用开发的经验，以实际应用例子作为任务驱动，由浅入深，理论结合实际，全面讲述 SQL Server 2008 关系数据库系统的特点及应用开发技术，特别是作者开发的"高校学生成绩管理信息系统"作为实例教学系统。本书所配套的 PPT 课件、电子教案、习题参考答案、省级课程教学网站（211.64.127.215）、课程设计案例、上机实训、MOOC 等，为教师教学和学生学习提供了立体化的教学资源。这些内容都可以从省级课程教学网站（211.64.127.215）和高等教育出版社网站下载。

本书以适用于初学者为目的进行编排，知识难度控制在初学者能接受的范围内，对于哪些内容可以了解，哪些必须掌握，哪些是较深入的应用等都给出了明确的说明。讲解简明扼要、条理清楚，应用例子贯穿始终，尽量简单易学，以适合初学者。

全书共分 12 章，第 1~2 章主要讲述关系数据库的基本概念和基本知识；第 3~10 章通过一个典型的数据库应用实例，主要讲述 SQL Server 2008 数据库系统的特点和安装，数据库和数据表的建立，Transact-SQL 基础，数据查询，视图，数据更新，存储过程与触发器的建立和使用，数据库的安全性，完整性设计以及数据库的备份和还原，数据库设计理论。第 11 章通过一个实例给出了 Java 连接数据库的技术以及基于 Java 语言开发数据库应用系统的过程。第 12 章为数据库上机指导。全书用一个例子贯穿始终，内容涵盖安装、使用、管理和维护等各个层面的知识，充分展示了 SQL Server 2008 数据库应用开发的便捷、灵活、易学易懂特点，是数据库应用与开发的基础。

本书由沈祥玖、相伟任主编，曹梅红、李艳任副主编，其中第 1、2、5、10 章由沈祥玖编写，第 3、4 章由相伟编写，第 6 章由焦忭忭编写，第 7、8、9 章由张岳编写，第 11 章由司冠南编写，第 12 章的实验 1~5 由曹梅红编写，第 12 章的实验 6~8 由李艳编写，全书由沈祥玖最后定稿。

由于作者水平有限，书中难免存在不足之处，恳请读者批评指正。作者的电子邮箱地址是 jnjtsxj@163.com。

沈祥玖

目 录

第1章 数据库概述 / 1

本章学习目标···1
1.1 引言··1
    1.1.1 数据、数据库、数据库管理
          系统和数据库系统··················1
    1.1.2 数据管理的发展······················2
    1.1.3 数据库技术的研究领域············2
1.2 数据模型··3
    1.2.1 三种主要的数据模型················3
    1.2.2 关系数据模型的三要素············4
    1.2.3 概念模型······························5
1.3 数据库系统的结构·······························7
    1.3.1 数据库系统的模式结构············7
    1.3.2 数据库系统的体系结构············8
    1.3.3 数据库管理系统······················8
本章小结··10
习题 1···10

第2章 关系数据库 / 11

本章学习目标··11
2.1 关系模型的基本概念····························11
    2.1.1 关系··11
    2.1.2 关系数据结构·························13
    2.1.3 关系的完整性·························14
2.2 关系代数···15
    2.2.1 传统的集合运算······················16
    2.2.2 专门的关系运算······················18

本章小结··20
习题 2···21

第3章 SQL Server 2008 概述 / 23

本章学习目标··23
3.1 SQL Server 2008 的体系结构···············23
    3.1.1 SQL Server 2008 的客户机/
          服务器结构······························23
    3.1.2 SQL Server 2008 的查询语言——
          交互式 SQL·····························24
3.2 SQL Server 2008 的新特性···················24
3.3 SQL Server 2008 的安装······················25
    3.3.1 SQL Server 2008 的安装版本····25
    3.3.2 SQL Server 2008 的安装步骤····26
本章小结··39
习题 3···39

第4章 可视化方式下数据库对象的操作 / 41

本章学习目标··41
4.1 数据库的创建·······································41
    4.1.1 数据库的结构·························41
    4.1.2 系统数据库····························43
    4.1.3 创建数据库····························44
    4.1.4 查看数据库信息······················45
    4.1.5 修改数据库····························47
    4.1.6 删除数据库····························48
4.2 数据表的创建·······································49
    4.2.1 数据类型·······························49

  4.2.2 创建表结构 ················ 52
  4.2.3 查看和修改表结构 ········ 54
  4.2.4 删除表 ························ 56
4.3 创建数据库关系图 ··················· 56
4.4 数据更新 ································· 57
4.5 视图 ······································· 59
  4.5.1 视图的概念 ················ 59
  4.5.2 创建视图 ···················· 60
  4.5.3 更新视图 ···················· 63
本章小结 ··· 63
习题 4 ··· 63

第 5 章　Transact-SQL 基础及应用 / 65

本章学习目标 ··································· 65
5.1 SQL 语言的发展 ······················ 65
5.2 Transact-SQL 的语法规则 ········· 67
5.3 数据定义 ································· 72
5.4 Transact-SQL 简单查询 ············ 77
  5.4.1 最简单的 SELECT 语句 ·· 77
  5.4.2 带条件的查询 ············ 83
  5.4.3 模糊查询 ···················· 86
  5.4.4 函数的使用 ················ 88
  5.4.5 查询结果排序 ············ 89
  5.4.6 使用分组 ···················· 90
5.5 Transact-SQL 高级查询 ············ 93
  5.5.1 连接查询 ···················· 93
  5.5.2 子查询 ······················ 94
5.6 视图 ······································· 97
  5.6.1 视图的概念 ················ 97
  5.6.2 创建视图 ···················· 98
  5.6.3 查询视图 ···················· 99
5.7 数据操纵 ······························· 100
  5.7.1 向表中插入数据 ········ 100
  5.7.2 修改表中数据 ············ 101
  5.7.3 删除表中数据 ············ 101
本章小结 ··· 102
习题 5 ··· 102

第 6 章　数据库的完整性设计 / 104

本章学习目标 ··································· 104
6.1 完整性概述 ····························· 104
6.2 使用约束实施数据库的完整性 ··· 105
  6.2.1 PRIMARY KEY 约束 ····· 105
  6.2.2 UNIQUE 约束 ············ 106
  6.2.3 DEFAULT 约束 ··········· 107
  6.2.4 CHECK 约束 ·············· 108
  6.2.5 FOREIGN KEY 约束 ····· 109
6.3 使用规则 ································· 112
  6.3.1 创建规则 ···················· 112
  6.3.2 绑定规则 ···················· 112
  6.3.3 解除规则绑定 ············ 113
  6.3.4 删除规则 ···················· 113
6.4 使用默认值 ····························· 113
  6.4.1 创建默认值 ················ 114
  6.4.2 绑定默认值 ················ 114
  6.4.3 解除绑定 ···················· 114
  6.4.4 删除默认值 ················ 115
本章小结 ··· 115
习题 6 ··· 115

第 7 章　存储过程和触发器 / 117

本章学习目标 ··································· 117
7.1 存储过程 ································· 117
  7.1.1 存储过程概述 ············ 117
  7.1.2 存储过程的类型 ········ 118
  7.1.3 创建存储过程 ············ 118
  7.1.4 查看存储过程信息 ···· 123
  7.1.5 修改存储过程 ············ 125
  7.1.6 删除存储过程 ············ 125
7.2 触发器 ··································· 126
  7.2.1 触发器概述 ················ 126

7.2.2	创建触发器	127
7.2.3	管理触发器	132
7.2.4	修改触发器	133
7.2.5	删除触发器	134

本章小结 134
习题 7 135

第 8 章 数据库的安全性 / 136

本章学习目标 136
8.1 SQL Server 的安全性机制 136
8.2 管理服务器的安全性 137
- 8.2.1 服务器登录账号 137
- 8.2.2 设置安全性身份验证模式 138
- 8.2.3 创建登录账号 139
- 8.2.4 拒绝登录账号 142
- 8.2.5 删除登录账号 144
- 8.2.6 特殊账户 sa 145
- 8.2.7 服务器角色 145

8.3 SQL Server 数据库的安全性 148
- 8.3.1 添加数据库用户 148
- 8.3.2 修改数据库用户 150
- 8.3.3 删除数据库用户 152
- 8.3.4 特殊数据库用户 152
- 8.3.5 固定数据库角色 153
- 8.3.6 创建自定义数据库角色 154
- 8.3.7 增删数据库角色成员 156

8.4 表和列级的安全性 156
- 8.4.1 权限简介 156
- 8.4.2 授权 157
- 8.4.3 权限收回 162
- 8.4.4 权限拒绝 162

本章小结 162
习题 8 163

第 9 章 数据库备份与还原 / 164

本章学习目标 164
9.1 备份概述 164
- 9.1.1 备份的概念及恢复模式 164
- 9.1.2 备份类型 166
- 9.1.3 备份设备 166

9.2 备份数据库 167
- 9.2.1 创建磁盘备份设备 167
- 9.2.2 使用 SQL Server Management Studio 进行数据库备份 169
- 9.2.3 使用 T-SQL 语句创建数据库备份 173

9.3 还原数据库 174
- 9.3.1 数据库还原 174
- 9.3.2 利用 SQL Server Management Studio 还原数据库 175
- 9.3.3 利用 T-SQL 语句还原数据库 177

9.4 SQL Server 2008 数据转换概述 177
- 9.4.1 数据导入 177
- 9.4.2 数据导出 181

本章小结 184
习题 9 185

第 10 章 关系数据库理论和设计 / 186

本章学习目标 186
10.1 关系数据库理论 186
- 10.1.1 函数依赖 186
- 10.1.2 范式 187
- 10.1.3 关系模式的规范化 188

10.2 数据库设计 191
- 10.2.1 数据库设计的任务与内容 191
- 10.2.2 数据库的设计方法 192
- 10.2.3 数据库设计的步骤 192

10.3 数据库新技术 194
- 10.3.1 数据库技术与其他技术的结合 194
- 10.3.2 数据仓库 194

本章小结 195

习题 10 ·········· 195

第 11 章 数据库应用（Java）程序开发实例 / 196

本章学习目标 ·········· 196
11.1 Java 连接数据库技术 ·········· 196
　11.1.1 JDBC 简介 ·········· 196
　11.1.2 Connection 接口 ·········· 198
　11.1.3 Statement 接口 ·········· 199
　11.1.4 ResultSet 接口 ·········· 200
11.2 学生管理系统的设计 ·········· 202
　11.2.1 系统的需求 ·········· 202
　11.2.2 系统的模块划分 ·········· 203
　11.2.3 数据库的逻辑结构设计 ·········· 204
11.3 学生管理系统的编程与实现 ·········· 207
　11.3.1 连接数据库的实现 ·········· 207
　11.3.2 登录模块的设计与实现 ·········· 208
　11.3.3 系统主界面的设计与实现 ·········· 209
　11.3.4 学生信息管理模块的设计与实现 ·········· 212
　11.3.5 选课管理模块的设计与实现 ·········· 218
　11.3.6 成绩管理模块的设计与实现 ·········· 222
　11.3.7 成绩查询模块的设计与实现 ·········· 224
　11.3.8 系统管理模块的设计与实现 ·········· 226
本章小结 ·········· 228
习题 11 ·········· 228

第 12 章 上机实验指导 / 230

12.1 实验一　SQL Server 2008 的安装 ·········· 230
　12.1.1 实验目的与要求 ·········· 230
　12.1.2 实验准备 ·········· 230
　12.1.3 实验内容 ·········· 230
12.2 实验二　数据库、表的创建和管理 ·········· 231
　12.2.1 实验目的与要求 ·········· 231
　12.2.2 实验准备 ·········· 231
　12.2.3 实验内容 ·········· 231
　12.2.4 注意事项 ·········· 237
　12.2.5 思考题 ·········· 238
12.3 实验三　表数据的操作 ·········· 238
　12.3.1 实验目的与要求 ·········· 238
　12.3.2 实验准备 ·········· 238
　12.3.3 实验内容 ·········· 238
　12.3.4 注意事项 ·········· 240
　12.3.5 思考题 ·········· 240
12.4 实验四　数据库的简单查询和连接查询 ·········· 240
　12.4.1 实验目的与要求 ·········· 240
　12.4.2 实验准备 ·········· 241
　12.4.3 实验内容 ·········· 241
　12.4.4 注意事项 ·········· 244
　12.4.5 思考题 ·········· 244
12.5 实验五　高级查询实验 ·········· 244
　12.5.1 实验目的与要求 ·········· 244
　12.5.2 实验准备 ·········· 244
　12.5.3 实验内容 ·········· 245
　12.5.4 注意事项 ·········· 250
　12.5.5 思考题 ·········· 250
12.6 实验六　数据安全性实验 ·········· 250
　12.6.1 实验目的与要求 ·········· 250
　12.6.2 实验准备 ·········· 250
　12.6.3 实验内容 ·········· 250
　12.6.4 注意事项 ·········· 265
　12.6.5 思考题 ·········· 265
12.7 实验七　完整性约束的实现 ·········· 265
　12.7.1 实验目的与要求 ·········· 265
　12.7.2 实验准备 ·········· 266
　12.7.3 实验内容 ·········· 266
12.8 实验八　数据库备份和恢复实验 ·········· 267
　12.8.1 实验目的与要求 ·········· 267
　12.8.2 实验准备 ·········· 267
　12.8.3 实验内容 ·········· 268
　12.8.4 注意事项 ·········· 274
　12.8.5 思考题 ·········· 274

参考文献 / 275

第 1 章　数据库概述

电子教案：
第1章　数据库概述

本章学习目标

本章主要讲述数据库和数据模型的有关概念、数据库技术的发展与研究领域以及数据库系统的结构。通过本章的学习，读者应该掌握以下内容。

（1）数据库和数据模型的基本概念。
（2）数据模型的三要素。
（3）概念模型的表示方法。
（4）数据库技术的发展过程与研究领域。
（5）数据库系统的模式结构与体系结构。
（6）DBMS 的功能与组成。

1.1　引言

1.1.1　数据、数据库、数据库管理系统和数据库系统

数据、数据库、数据库管理系统和数据库系统是 4 个密切相关的基本概念。

1. 数据

数据（Data）是描述事物的符号记录。学生的学号、姓名、年龄、照片等档案记录，货物的运输情况等都是数据。数据的表示形式多样，可以是文字、数字、图形、图像、声音等，它们都可以经过数字化后存入计算机。

2. 数据库

数据库（DataBase，DB）指长期存储在计算机内、有组织的、可共享的数据集合。数据库中的数据按一定的数据模型组织、描述和存储，具有较小的冗余度，较高的数据独立性和易扩展性，并可为各种用户共享。

3. 数据库管理系统

数据库管理系统（DataBase Management System，DBMS）指位于用户与操作系统之间的一层数据管理软件。数据库在建立、运用和维护时由数据库管理系统统一管理、统一控制。数据库管理系统使用户能方便地定义数据和操纵数据，并能够保证数据的安全性、完整性，以及多用户对数据的并发使用和发生故障后的系统恢复。

4．数据库系统

数据库系统（DataBase System，DBS）指在计算机系统中引入数据库后构成的系统、一般由数据库，数据库管理系统（及其开发工具）、应用系统、数据库管理员（DataBase Administrator，DBA）和用户五部分构成。

1.1.2 数据管理的发展

数据管理是指如何对数据分类、组织、编码、存储、检索和维护，是数据处理的中心问题。数据管理经历了人工管理、文件系统和数据库系统3个阶段。

1．人工管理阶段

在20世纪50年代中期以前，计算机主要用于科学计算。当时的硬件状况是，外存只有纸带、卡片、磁带，没有磁盘等直接存取的存储设备。软件状况是，没有操作系统，没有管理数据的软件；数据处理方式是批处理。

2．文件系统阶段

20世纪50年代后期到60年代中期，计算机的应用范围逐渐扩大，计算机不仅用于科学计算，而且还大量用于管理。这时硬件上已有了磁盘、磁鼓等直接存取的存储设备。软件方面，操作系统中已经有了专门的数据管理软件，一般称为文件系统；处理方式上不仅有了文件批处理，而且能够联机实时处理。

3．数据库系统阶段

20世纪60年代后期以来，计算机用于管理的规模更为庞大，应用越来越广泛，数据量急剧增长，同时多种应用、多种语言互相覆盖地共享数据集合的要求越来越强烈。这时硬件方面已经有了大容量磁盘。并且硬件价格不断下降，软件价格不断上升，这使得编制和维护系统软件及应用程序所需的成本相对增加。在处理方式上，更多的要求联机实时处理，并开始提出和考虑分布式处理。

在这种背景下，以文件系统作为数据管理手段已经不能满足应用的需求。为了解决多用户、多应用共享数据的需求，使数据尽可能多地为应用服务，数据库管理系统作为数据库技术和统一管理数据的专门的软件系统应运而生。

数据库技术从20世纪60年代中期产生至今仅仅几十年的历史，但其发展速度之快，使用范围之广是其他技术所不及的。20世纪60年代末出现了第一代数据库——层次数据库、网状数据库，20世纪70年代出现了第二代数据库——关系数据库。目前关系数据库已逐渐淘汰了层次数据库和网状数据库，成为当今最为流行的商用数据库。

1.1.3 数据库技术的研究领域

当前，数据库研究的范围有以下3个领域。

1．数据库管理系统软件的研制

数据库管理系统DBMS是数据库系统的基础。DBMS的研制包括研制DBMS本身及以DBMS为核心的一组相互联系的软件系统。研制的目标是扩大功能，提高性能和提高用户的生产率。

2．数据库设计

数据库设计的主要任务是在 DBMS 的支持下，按照应用的要求，为某一部门或组织设计一个结构合理、使用方便、效率较高的数据库及其应用系统。其中主要的研究方向包括数据库设计方法、设计工具和设计理论的研究，数据模型和数据建模的研究，计算机辅助数据库设计方法及其软件系统的研究，数据库设计规范和标准的研究等。

3．数据库理论

数据库理论的研究主要集中于关系的规范化理论、关系数据理论等。近年来，随着人工智能与数据库理论的结合以及并行计算机的发展，数据库逻辑演绎和知识推理、并行算法等理论研究，以及演绎数据库系统、知识库系统和数据仓库的研制都已成为新的研究方向。

1.2 数据模型

数据模型就是对现实世界的模拟。由于计算机不可能直接处理现实世界中的具体事物，所以人们必须事先把具体事物转换成计算机能够处理的数据。在数据库中用数据模型这个工具抽象、表示和处理现实世界中的数据和信息。根据模型应用的不同目的，可以将这些模型划分为两类，它们分属于两个不同的层次。第一类模型是概念模型，也称为信息模型，它是按用户的观点对数据和信息进行建模。另一类模型是数据模型，主要包括网状模型、层次模型和关系模型等，它是按计算机系统的观点对数据进行建模。

1.2.1 三种主要的数据模型

将现实世界的事物抽象为概念模型后，要将其用计算机来表示，还必须将概念模型转化为可以在计算机中进行表示的数据模型。目前最常用的数据模型有层次模型、网状模型和关系模型。其中层次模型和网状模型统称为非关系模型。

1．层次模型

层次模型是数据库系统中最早出现的数据模型，它用树形结构表示各类实体以及实体间的联系。层次模型数据库系统的典型代表是 IBM 公司的 IMS（Information Management Systems）数据库管理系统，这是一个曾经广泛使用的数据库管理系统。

在数据库中，对满足以下两个条件的数据模型称为层次模型。

（1）有且仅有一个结点无双亲，这个结点称为"根结点"。

（2）其他结点有且仅有一个双亲，但可以有多个后继。

若用图形来表示，层次模型像一棵倒立的树。结点层次（level）从根开始定义，根为第一层，根的孩子称为第二层，根称为其孩子的双亲，同一双亲的孩子称为兄弟。

图 1-1 给出了一个系的简单层次模型。

层次模型对具有一对多的层次关系的描述非常自然、直观、容易理解，这是层次数据库的突出优点。

2．网状模型

在数据库中，对满足以下两个条件的数据模型称为网状模型。

（1）允许一个以上的结点无双亲。

（2）一个结点可以有多于一个的双亲，也可以有多个后继。

网状模型数据库的典型代表是 DBTG 系统，也称 CODASYL 系统。这是 20 世纪 70 年代数据系统语言研究会（Conference On Data Systems Language，CODASYL）下属的数据库任务组（Data Base Task Group，DBTG）提出的一个系统方案。若用图形表示，网状模型像一个网络。图 1-2 给出了一个抽象的简单的网状模型。

自然界中实体型间的联系更多的是非层次关系，用层次模型表示非层次结构是很不直接的，网状模型则可以克服这一弊病。

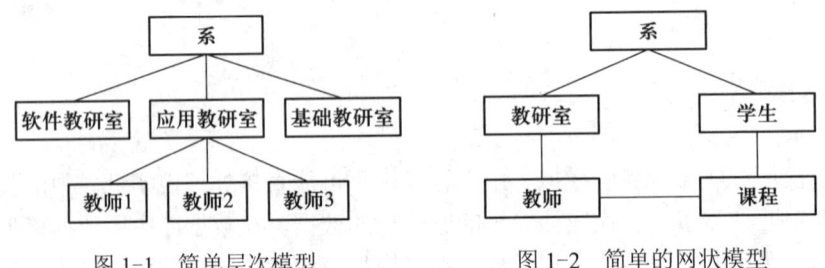

图 1-1　简单层次模型　　　　图 1-2　简单的网状模型

3．关系模型

关系模型是目前最重要的一种模型。美国 IBM 公司的研究员 F. E. Codd 于 1970 年发表了题为《大型共享系统的关系数据库的关系模型》的论文，文中首次提出了数据库系统的关系模型。20 世纪 80 年代以来，计算机厂商新推出的数据库管理系统几乎都支持关系模型，非关系系统的产品也大都加上了关系接口。数据库领域当前的研究工作大都是以关系模型为基础的。本书的重点也将放在关系数据模型上。在本章只简单勾画一下关系模型。

1.2.2　关系数据模型的三要素

关系数据模型由 3 个要素组成：数据结构、数据操纵和完整性约束。

1．数据结构

数据结构用于描述系统的静态特性，是所研究的对象类型的集合。数据模型按其数据结构的不同可以分为层次模型、网状模型和关系模型。

2．数据操纵

数据操纵用于描述系统的动态特性，是指对数据库中各种对象的实例允许执行的操作的集合。

3．完整性约束

数据的完整性约束是一组完整性规则的集合。完整性规则是对给定的数据及其联系所具有的制约和存储规则的定义，用以限定相关数据符合数据库状态以及状态的变化，以保证数据的正确、有效和相容。

1.2.3 概念模型

概念模型是现实世界到机器世界的一个中间层次。现实世界的事物反映到人脑中，人们把这些事物抽象为一种既不依赖于具体的计算机系统又不为某一 DBMS 支持的概念模型，然后再把概念模型转换为计算机上某一 DBMS 支持的数据模型。

1. 概念模型的主要概念

实体（Entity）：客观存在并相互区别的事物及其之间的联系。例如，一个学生、一门课程、学生的一次选课等都是实体。

属性（Attribute）：实体所具有的某一特性。例如，学生实体的属性包括学号、姓名、性别、出生年份、系、入学时间等。

码（Key）：唯一标识实体的属性集。例如，学号是学生实体的码，它可以唯一标识一个学生。

域（Domain）：属性的取值范围。例如，年龄的域为大于 15 小于 35 的整数，性别的域为（男，女）。

实体型（Entity Type）：用实体名及其属性名集合来抽象和刻画的同类实体。例如，学生（学号，姓名，性别，出生年份，系，入学时间）就是一个实体型。

实体集（Entity Set）：同型实体的集合称为实体集。例如，全体学生就是一个实体集。

联系（Relationship）：实体与实体之间以及实体与组成它的各属性间的关系。现实世界中的联系大体有 3 种类型：一对一的联系（1∶1），一对多的联系（1∶n），多对多的联系（m∶n）。

2. 概念模型的表示方法——E-R 图

概念模型的表示方法很多，最常用的是实体-联系方法（Entity-Relationship Approach）。该方法是用 E-R 图来描述现实世界的概念模型。E-R 图提供了表示实体型、属性和联系的方法。

（1）实体型：用矩形表示，矩形框内写明实体名。图 1-3 表示了学生实体和课程实体。

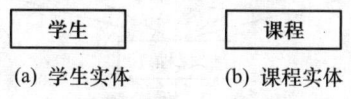

(a) 学生实体　　(b) 课程实体

图 1-3　实体图

（2）属性：用椭圆形表示，并用无向边将其与相应的实体连接起来。如学生实体有学号、姓名、性别、年龄、系别 5 个属性，课程有课程号、课程名、学分、学时、开课系 5 个属性，表示形式如图 1-4 所示。

（3）联系：用菱形表示，菱形框内写明联系名，并用无向边分别与有关实体连接起来。同时在无向边旁标上联系的类型（1∶1、1∶n 或 m∶n）。若实体之间的联系也有属性，则也要用无向边将属性与相应联系连接起来。如图 1-5 所示，分别给出了 3 种联系类型的例子。

综上所述，可以将学生选课的概念模型用 E-R 图表示出来，如图 1-6 所示。其中学生实体包括学号、姓名、性别、年龄、系别 5 个属性，课程实体包括课程号、课程名、学分、学时、开课系 5 个属性。一个学生可以选修多门课程，一门课程也可以被多个学生选修，学生和课程之间的选课联系是多对多的联系。

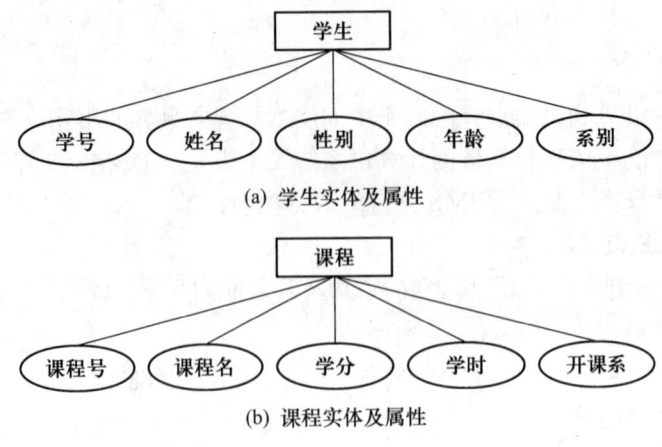

图 1-4 实体及属性图

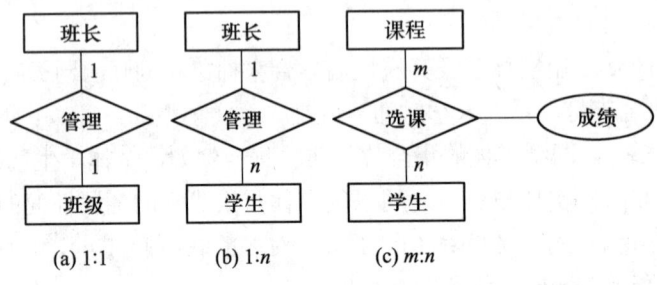

图 1-5 联系类型图

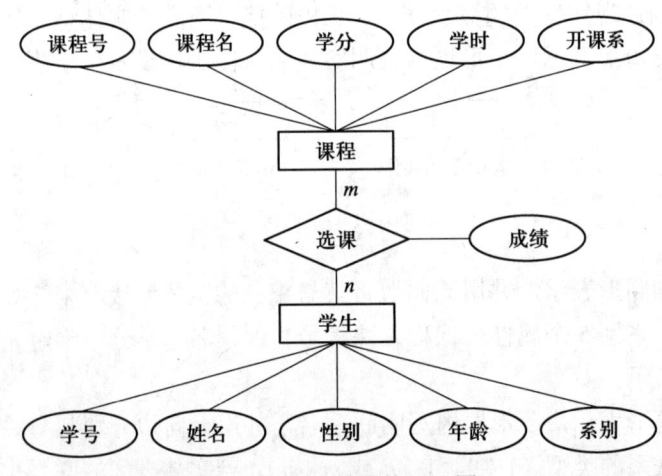

图 1-6 学生选课的 E-R 图

(1) 关系模型的数据结构。一个关系模型的数据结构也称为逻辑结构，是一张二维表，它由行和列组成。每一行称为一个元组，每一列称为一个字段。通常在关系模型中将表称为关系。

(2) 关系模型的数据操纵与完整性约束。关系模型的数据操纵主要包括查询、插入、删除和更新数据。这些操作必须满足关系的完整性约束条件。关系的完整性约束条件包括三大类：实体完整性、参照完整性和用户定义的完整性。其具体含义将在后面章节介绍。

（3）关系模型的存储结构。关系模型中，实体及实体间的联系都用表来表示，这是关系模型的逻辑结构。在数据库的物理组织中，表以文件形式存储，每一个表通常对应一种文件结构，因此关系模型的存储结构是文件。

（4）关系模型的优缺点。关系模型与非关系模型不同，它是建立在严格的数学概念的基础上的。

关系模型的概念单一，无论是实体还是实体之间的联系都用关系来表示，对数据检索的结果也用关系来表示。所以结构简单、清晰，用户易懂易用。

关系模型的存取路径对用户透明，从而具有更高的数据独立性，更好的安全保密性，也简化了程序员的工作和数据库开发建立的工作。所以关系数据模型诞生以后发展迅速，深受用户的喜爱。

当然，关系数据模型也有缺点。其中最主要的缺点是，由于存取路径对用户透明，查询效率往往不如非关系数据模型。因此，为了提高性能，必须对用户的查询请求进行优化，这增加了开发数据库管理系统的负担。

1.3 数据库系统的结构

从数据库管理系统角度看待数据库结构可以发现数据库系统采用三级模式结构。从数据库最终用户角度看，数据库系统的结构分为单用户结构、主从式结构、分布式结构和客户机/服务器结构。

1.3.1 数据库系统的模式结构

1. 数据库系统的三级模式结构

数据库系统的三级模式结构是指数据库系统是由外模式、模式和内模式三级组成。

（1）外模式。外模式也称子模式或用户模式，它是对数据库用户（包括应用程序员和最终用户）看见和使用的局部数据的逻辑结构和特征的描述，是数据库用户的数据视图，是与某一应用有关的数据的逻辑表示。一个数据库可以有多个外模式。

（2）模式。模式也称逻辑模式，是数据库中全体数据的逻辑结构和特征的描述，是所有用户的公用数据视图。一个数据库只有一个模式。

（3）内模式。内模式也称存储模式，它是对数据物理和存储结构的描述，是数据在数据库内部的表示方式。一个数据库只有一个内模式。

2. 数据库的二级映像与数据独立性

数据库系统在这三级模式之间提供了两层映像：外模式/模式映像和模式/内模式映像。正是这两层映像保证了数据库系统的数据能够具有较高的逻辑独立性和物理独立性。

模式描述的是数据的全局逻辑结构，外模式描述的是数据的局部逻辑结构。对应于同一个模式可以有任意多个外模式。对于每一个外模式，数据库系统都有一个外模式/模式映像，它定义了该外模式与模式之间的对应关系。当模式改变时（例如，增加新的数据类型、新的数据项、新的关系等），由数据库管理员对各个外模式/模式的映像作相应改变，可以使外模式保持不变，从而使得应用程序不必修改，保证了数据的逻辑独立性。

数据库中只有一个模式，也只有一个内模式，所以模式/内模式映像是唯一的，它定义了数据全局逻辑结构与存储结构之间的对应关系。当数据库的存储结构改变时（例如，采用了更先进的存储结构），由数据库管理员对模式/内模式映像作相应改变，可以使模式保持不变，从而保证了数据的物理独立性。

1.3.2 数据库系统的体系结构

从最终用户角度来看，数据库系统分为单用户结构、主从式结构、分布式结构和客户机/服务器结构。

1. 单用户结构

单用户结构是一种早期的最简单的结构。在这种结构中，整个数据库系统（包括应用程序、DBMS、数据）都装在一台计算机上，由一个用户独占，不同机器之间不能共享数据。

2. 主从式结构

主从式结构是指一个主机带有多个终端的多用户结构。在这种结构中，数据库系统（包括应用程序、DBMS、数据）都集中存放在主机上，所有处理任务都由主机来完成，各个用户通过主机的终端并发地存取数据库，共享数据资源。

3. 分布式结构

分布式结构是指数据库中的数据在逻辑上是一个整体，但物理地分布在计算机网络的不同结点上。网络中的每个结点都可以独立处理本地数据库中的数据，执行局部应用；同时也可以存取和处理多个异地数据库中的数据，执行全局应用。

4. 客户机/服务器结构

主从式数据库系统中的主机和分布式数据库系统中的每个结点机是一个通用计算机，既执行 DBMS 功能又执行应用程序。

随着工作站功能的增强和广泛使用，人们开始把 DBMS 功能和应用分开，网络中某个（些）结点上的计算机专门用于执行 DBMS 功能，称为数据库服务器，简称服务器，其他结点上的计算机安装 DBMS 的外围应用开发工具，支持用户的应用，称为客户机，这就是客户机/服务器结构的数据库系统。

在客户机/服务器结构中，客户端的用户请求被传送到数据库服务器，数据库服务器进行处理后，只将结果返回给用户（而不是整个数据），从而显著减少了网络上的数据传输量，提高了系统的性能、吞吐量和负载能力。另一方面，客户机/服务器结构的数据库往往更加开放。客户机与服务器一般都能在多种不同的硬件和软件平台上运行，可以使用不同厂商的数据库应用开发工具，使得应用程序具有更强的可移植性，同时也可以减少软件维护开销。

1.3.3 数据库管理系统

数据库管理系统是数据库系统的核心，是为数据库的建立、使用和维护而配置的软件。它建立在操作系统的基础上，是位于操作系统与用户之间的一层数据管理软件，负责对数据库进行统一的管理和控制。用户发出的或应用程序中的各种操作数据库中数据的命令，都要通过数据库管理系统来执行。数据库管理系统还承担着数据库的维护工作，能够按照数据库管理员所规定的要求，保证数据库的安全性和完整性。

1. DBMS 的功能

由于不同 DBMS 要求的硬件资源、软件环境是不同的，因此其功能与性能也存在差异，但一般说来，DBMS 的功能主要包括以下 6 个方面。

（1）数据定义功能。数据定义包括定义构成数据库结构的外模式、模式和内模式，定义各个外模式与模式之间的映射，定义模式与内模式之间的映射，定义有关的约束条件等。例如，为保证数据库中数据具有正确语义而定义的完整性规则，为保证数据库安全而定义的用户口令和存取权限等。

（2）数据操纵功能。数据操纵包括对数据库中数据的检索、插入、修改和删除等基本操作。

（3）数据库运行管理功能。对数据库的运行进行管理是 DBMS 运行时的核心部分，包括对数据库进行并发控制、安全性检查、完整性约束条件的检查和执行、数据库的内部维护（如索引、数据字典的自动维护）等。所有访问数据库的操作都要在这些控制程序的统一管理下进行，以保证数据的安全性、完整性、一致性以及多用户对数据库的并发使用。

（4）数据组织、存储和管理功能。数据库中需要存放多种数据，如数据字典、用户数据、存取路径等。DBMS 负责分门别类地组织、存储和管理这些数据，确定以何种文件结构和存取方式物理地组织这些数据，如何实现数据之间的联系，以便提高存储空间利用率以及随机查找、顺序查找、增、删、改等操作的时间效率。

（5）数据库的建立和维护功能。建立数据库包括数据库初始数据的输入与数据转换等。维护数据库包括数据库的转储与恢复，数据库的重组织与重构造，性能的监视与分析等。

（6）数据通信接口功能。DBMS 需要提供与其他软件系统进行通信的功能。例如，提供与其他 DBMS 或文件系统的接口，从而能够将数据转换为另一个 DBMS 或文件系统能够接收的格式，或者接收其他 DBMS 或文件系统的数据。

2. DBMS 的组成

为了提供上述 6 方面的功能，DBMS 通常由以下 4 个部分组成。

（1）数据定义语言及其翻译处理程序。DBMS 一般都提供数据定义语言（Data Definition Language，DDL）供用户定义数据库的外模式、模式、内模式、各级模式间的映射及有关的约束条件等。用 DDL 定义的外模式、模式和内模式分别称为源外模式、源模式和源内模式。各种模式翻译程序负责将它们翻译成相应的内部表示，即生成目标外模式、目标模式和目标内模式。

（2）数据操纵语言及其编译（或解释）程序。DBMS 提供了数据操纵语言（Data Manipulation Language，DML）实现对数据库的检索、插入、修改及删除等基本操作。DML 分为宿主型 DML 和自主型 DML 两类。宿主型 DML 本身不能独立使用，必须嵌入主语言中，例如，嵌入 C、COBOL、Fortran 等高级语言中。自主型 DML 又称为自含型 DML，它们是交互式命令语言，语法简单，可以独立使用。

（3）数据库运行控制程序。DBMS 提供了一些负责数据库运行过程中的控制与管理的系统运行控制程序，包括系统初启程序、文件读写与维护程序、存取路径管理程序、缓冲区管理程序、安全性控制程序、完整性检查程序、并发控制程序、事务管理程序、运行日志管理程序等，它们在数据库运行过程中监视着对数据库的所有操作，控制管理数据库资源，处理多用户的并发操作等。

（4）实用程序。DBMS 通常还提供一些实用程序，包括数据初始装入程序、数据转储程序、数据库恢复程序、性能监测程序、数据库再组织程序、数据转换程序、通信程序等。数据库用户可以利用这些实用程序完成数据库的建立与维护，以及数据格式的转换与通信。

本 章 小 结

本章主要讲述了数据库及数据模型的有关概念及知识，通过本章的学习，读者应该理解数据库的基本概念、数据库的三级模式结构和二级映像功能；掌握数据模型的三要素和 E-R 图的使用；熟悉 DBMS 的功能。

习 题 1

一、选择题

1. _____是位于用户与操作系统之间的一层数据管理软件。数据库在建立、使用和维护时由其统一管理、统一控制。
   A．DBMS　　　　B．DB　　　　　C．DBS　　　　　D．DBA
2. _____是长期存储在计算机内，有组织、可共享的数据集合。
   A．DATA　　　　B．INFORMATION　C．DB　　　　　D．DBS
3. 文字、图形、图像、声音、学生的档案记录、货物的运输情况等，这些都是_____。
   A．DATA　　　　B．INFORMATION　C．DB　　　　　D．其他
4. 数据库应用系统由数据库、数据库管理系统（及其开发工具）、应用系统、_____和用户构成。
   A．DBMS　　　　B．DB　　　　　C．DBS　　　　　D．DBA

二、填空题

1. 数据库就是长期存储在计算机内_____、_____的数据集合。
2. 数据管理技术经历了_____、_____和_____3 个发展阶段。
3. 数据模型通常都是由_____、_____和_____3 个要素组成。
4. 目前最常用的数据模型有_____、_____和_____。20 世纪 80 年代以来，_____逐渐占主导地位。

三、简答题

1. 常用的 3 种数据模型的数据结构各有什么特点？
2. 图书管理数据库用来管理图书、读者及借阅信息。图书按唯一的图书编号进行检索，需要记录书名、作者、出版社、出版日期、价格等基本信息。读者按照读者唯一的编号进行检索，需要记录读者的姓名、身份证号、级别等基本信息。一个读者可以借多本图书，一本图书也可以供多个读者借阅。请用 E-R 图画出该图书管理数据库的概念模型。
3. 从数据库管理系统的角度看，数据库系统的三级模式结构是什么？
4. 从用户角度看，数据库系统都有哪些体系结构？
5. 数据库管理系统有哪些主要功能？
6. 上网搜索大数据与数据库的关系的相关资料。

第 2 章 关系数据库

电子教案：
第 2 章 关系数据库（1）

本章学习目标

本章主要讲述关系模型的数据结构、数据操纵和完整性约束以及关系系统的定义和分类。通过本章的学习，读者应该掌握以下内容。

（1）关系模型的数据结构。
（2）并、交、差和笛卡儿积 4 种传统的集合运算。
（3）选择、投影、连接和 3 种专门的关系运算。
（4）关系的实体完整性规则和参照完整性规则。
（5）关系系统的定义和分类。

电子教案：
第 2 章 关系数据库（2）

2.1 关系模型的基本概念

系统而严格地提出关系模型的是美国 IBM 公司的 E. F. Codd，他于 1970 年提出关系数据模型（E. F. Codd. *A Relational Model of Data for Large Shared Data Banks*, *Communication of the ACM* 之后，进一步提出了关系代数和关系演算的概念，并于 1972 年提出了关系的第一、第二、第三范式。

20 世纪 80 年代后，关系数据库系统成为最重要、最流行的数据库系统。典型商用系统有 Oracle、SQL Server、DB2、MySQL、Sybase、Informix、Access。

关系模型建立在集合代数的基础上，关系数据结构的基本概念有关系、关系模式、关系数据库。

2.1.1 关系

1. 域

定义：域是一组具有相同数据类型的值的集合。例如：
学生集合={李勇，刘晨，王敏,...}
教师集合={张清玫，刘逸, ...}
班级集合={计算机班级，信管班级}

2. 笛卡儿积（Cartesian Product）

给定一组域 $D_1, D_2, \cdots, D_n$，$D_1, D_2, \cdots, D_n$ 的笛卡儿积为

$$D_1 \times D_2 \times \cdots \times D_n = \{(d_1, d_2, \cdots, d_n) \mid d_i \in D_i, i=1, 2, \cdots, n\}$$

注意：所有域的所有取值的一个组合不能重复。

【**例 2-1**】 给出 3 个域：

教师集合 D_1={张清玫，刘逸}

班级集合 D_2={计算机班级，信管班级}

学生集合 D_3={李勇，刘晨，王敏}

则 D_1，D_2，D_3 的笛卡儿积为

$D_1 \times D_2 \times D_3 =$

{(张清玫，计算机班级，李勇)，(张清玫，计算机班级，刘晨)，

(张清玫，计算机班级，王敏)，(张清玫，信管班级，李勇)，

(张清玫，信管班级，刘晨)，(张清玫，信管班级，王敏)，

(刘逸，计算机班级，李勇)，(刘逸，计算机班级，刘晨)，

(刘逸，计算机班级，王敏)，(刘逸，信管班级，李勇)，

(刘逸，信管班级，刘晨)，(刘逸，信管班级，王敏) }

- **基数（Cardinal Number）**：若 D_i（$i=1, 2, \cdots, n$）为有限集，其基数为 m_i（$i=1, 2, \cdots, n$），则 $D_1 \times D_2 \times \cdots \times D_n$ 的基数 M 为

$$M = \prod_{i=1}^{n} m_i$$

在上例中，基数：$2 \times 2 \times 3 = 12$，即 $D_1 \times D_2 \times D_3$ 共有 $2 \times 2 \times 3 = 12$ 个元组。

- **笛卡儿积的表示方法**：笛卡儿积可表示为一个二维表。表中的每行对应一个元组，表中的每列对应一域。例 2-1 中的 12 个元组可列成一张二维表，如表 2-1 所示。

表 2-1 D_1、D_2、D_3 的笛卡儿积

SUPERVISOR	SPECIALITY	POSTGRAD
张清玫	计算机班级	李勇
张清玫	计算机班级	刘晨
张清玫	计算机班级	王敏
张清玫	信管班级	李勇
张清玫	信管班级	刘晨
张清玫	信管班级	王敏
刘逸	计算机班级	李勇
刘逸	计算机班级	刘晨
刘逸	计算机班级	王敏
刘逸	信管班级	李勇
刘逸	信管班级	刘晨
刘逸	信管班级	王敏

3. 关系

笛卡儿积是没有实际语意的，它的子集（关系）才有实际意义。

关系 $D_1 \times D_2 \times \cdots \times D_n$ 的子集叫作在域 $D_1, D_2, \cdots, D_n$ 上的关系，表示为

$R(D_1, D_2, \cdots, D_n)$

R：关系名。

n：关系的目或度（degree）。

4．关系的性质

（1）列是同质的，即每一列中的分量是同一类型的数据，来自同一个域。

（2）不同的列可出自同一个域，称其中的每一列为一个属性，不同的属性要给予不同的属性名。

（3）列的顺序无所谓，即列的次序可以任意交换。

（4）任意两个元组不能完全相同。

（5）行的顺序无所谓，即行的次序可以任意交换。

（6）分量必须取原子值，即每一个分量都必须是不可再分的数据项。这是规范条件中最基本的一条。

2.1.2 关系数据结构

在用户看来，一个关系模型的逻辑结构是一张二维表，它由行和列组成。例如，表 2-2 中的学生记录就是一个关系模型，它涉及下列概念。

- 关系：一个关系对应一张二维表，表 2-2 中的这张学生记录表就是一个关系。
- 元组：表中的一行称为一个元组，若表 2-2 有 20 行，就有 20 个元组。
- 属性：表中的一列称为一个属性，表 2-2 有 5 列，对应 5 个属性：学号、姓名、性别、出生日期和班级编号。
- 码：表中的某个属性（组），它可以唯一确定一个元组，则称该属性组为"候选码"。若一个关系有多个候选码，则选定其中一个为主码。如表 2-2 中的学号列，可以作为该学生关系的码来唯一标识一个学生的信息。
- 域：属性的取值范围。如表 2-2 中性别的域是(男,女)。
- 分量：元组中的一个属性值。
- 关系模式：关系模式（Relation Schema）是对关系的描述，即表的数据结构。

关系模式通常可以简记为 $R(U)$ 或 $R(A_1, A_2, \cdots, A_n)$。

R 为关系名；$A_1, A_2, \cdots, A_n$ 为属性名。

注：

- 域名及属性常常直接说明为属性的类型、长度。
- 表 2-2 的学生关系可描述为：学生(学号, 姓名, 性别, 出生日期, 班级编号)。

表 2-2 学生记录表

学号	姓名	性别	出生日期	班级编号
9601001	岳艳玲	女	1977-08-21 00:…	9601
9601002	罗军	男	1975-11-05 00:…	9601
9601003	张英	女	1977-09-07 00:…	9601

续表

学号	姓名	性别	出生日期	班级编号
9601004	王静波	男	1976-02-03 00:…	9601
9601005	蔡尧	男	1974-06-23 00:…	9601
9601006	高峰	男	1973-10-26 00:…	9601
9601007	孙琴	女	1976-07-30 00:…	9601
9601008	罗军	男	1975-04-16 00:…	9601
9601009	李阳	男	1977-05-10 00:…	9601
9601010	王海鸥	男	1975-09-29 00:…	9601

- 关系模式：对关系的描述，是静态的、稳定的。
- 关系：关系模式在某一时刻的状态或内容（具体的表的值），是动态的、随时间不断变化的。
- 关系模式和关系往往统称为关系。

2.1.3 关系的完整性

关系模型的完整性规则是对关系的某种约束条件。关系模型中有 3 类完整性约束：实体完整性、参照完整性、用户定义的完整性。

实体完整性和参照完整性是关系模型必须满足的完整性约束条件，被称作关系的两个不变性，应该由关系系统自动支持。

1. 实体完整性规则

若属性 A 是基本关系 R 的主属性，则属性 A 不能取空值。

例如，学生(学号，姓名，…)，学号属性为主码，则学号不能取空值。

关系模型必须遵守实体完整性规则的原因如下。

（1）实体完整性规则是针对基本关系而言的。一个基本表通常对应现实世界的一个实体集或多对多联系。

（2）现实世界中的实体和实体间的联系都是可区分的，即它们具有某种唯一性标识。

（3）相应地，关系模型中以主码作为唯一性标识。

（4）主码中的属性即主属性不能取空值。空值就是"不知道"或"无意义"的值。主属性取空值，就说明存在某个不可标识的实体，即存在不可区分的实体，这与第（2）点相矛盾，因此这个规则称为实体完整性（Entity Integrity）。

2. 参照完整性规则

（1）关系间的引用。在关系模型中实体及实体间的联系都是用关系来描述的，因此可能存在着关系与关系间的引用。

例如，学生实体、班级实体以及学生与班级实体间的一对多联系（如表 2-2 和表 2-3 所示）：

学生（学号，姓名，性别，出生日期，班级编号）

班级（班级编号，班级名称）

班级关系如表 2-3 所示。

表 2-3　班 级 关 系

班级编号	班级名称
9601	96 计算机
9602	96 财会
9701	97 计算机
9702	97 财会

（2）外码（Foreign Key）。设 F 是基本关系 R 的一个或一组属性，但不是关系 R 的码。如果 F 与基本关系 S 的主码 K_s 相对应，则称 F 是基本关系 R 的外码。

例如：

学生（学号，姓名，性别，出生日期，班级编号）

班级（班级编号，班级名称）

基本关系 R(学生)的外码是班级编号，称为参照关系（Referencing Relation）。

基本关系 S(班级)的主码是班级编号，称为被参照关系（Referenced Relation）或目标关系（Target Relation）。

说明：关系 R 和 S 是不同的关系，被参照关系 S 的主码 K_s 和参照关系的外码 F 必须定义在同一个（或一组）域上，当外码与相应的主码属于不同关系时，往往取相同的名字，以便于识别。

（3）参照完整性。若属性（或属性组）F 是基本关系 R 的外码，它与基本关系 S 的主码 K_s 相对应，则对于 R 中每个元组在 F 上的值必须等于 S 中某个元组的主码值。

例如：

学生（学号，姓名，性别，出生日期，**班级编号**）

班级（**班级编号**，班级名称）

学生关系中每个元组的"班级编号"属性只取非空值，这时该值必须是班级关系中某个元组的"班级编号"值。班级编号是班级关系中的主属性，按照实体完整性和参照完整性规则，学生关系中班级编号只能取相应被参照关系中已经存在的主码值。

3. 用户定义的完整性规则

用户定义的完整性是针对某一具体关系数据库的约束条件，反映某一具体应用所涉及的数据必须满足的语义要求。关系模型应提供定义和检验这类完整性的机制，以便用统一的系统的方法处理它们，而不要由应用程序承担这一功能。

例如：

课程(**课程号**，课程名，学分)

"课程号"属性必须取唯一值，非主属性"课程名"也不能取空值，"学分"属性只能取值 {1，2，3，4}。

2.2　关系代数

关系代数是一种抽象的查询语言，用对关系的运算来表达查询。关系代数运算的 3 个要素：

运算对象、运算结果、运算符（包含4类，如表2-4所示）。

表2-4 关系代数运算符

运算符		含义	运算符		含义
集合运算符	∪	并	比较运算符	>	大于
	−	差		≥	大于或等于
	∩	交		<	小于
	×	广义笛卡儿积		≤	小于或等于
				=	等于
				≠	不等于
专门的关系运算符	σ	选择	逻辑运算符	¬	非
	∏	投影		∧	与
	⋈	连接		∨	或

2.2.1 传统的集合运算

传统的集合运算是二目运算，包括并、交、差和广义笛卡儿积4种运算。设关系 R 和关系 S 具有相同的目 n（即两个关系都具有 n 个属性），且相应的属性取自同一个域，表示记号如下。

（1）R，$t \in R$，$t[A_i]$。设关系模式为 $R(A_1, A_2, \cdots, A_n)$，它的一个关系设为 R。$t \in R$ 表示 t 是 R 的一个元组，$t[A_i]$ 则表示元组 t 中相应于属性 A_i 的一个分量。

（2）$\widehat{t_r t_s}$。R 为 n 目关系，S 为 m 目关系。$t_r \in R$，$t_s \in S$，$t_r t_s$ 称为元组的连接。它是一个 $n+m$ 列的元组，前 n 个分量为 R 中的元组列，后 m 个分量为 S 中的列元组。

4种运算定义如下。

1. 并

关系 R 与关系 S 的并由属于 R 或属于 S 的元组组成，其结果关系仍为 n 目关系，记作 $R \cup S$。R 和 S 具有相同的目 n（即两个关系都有 n 个属性），相应的属性取自同一个域。$R \cup S$ 由属于 R 或属于 S 的元组组成：

$R \cup S = \{ t | t \in R \vee t \in S \}$

2. 交

关系 R 与关系 S 的交由既属于 R 又属于 S 的元组组成，其结果关系仍为 n 目关系，记作 $R \cap S$，由既属于 R 又属于 S 的元组组成：

$R \cap S = \{ t | t \in R \wedge t \in S \}$

3. 差

关系 R 与关系 S 的差由属于 R 而不属于 S 的所有元组组成。其结果关系仍为 n 目关系，记作 $R-S$，由属于 R 而不属于 S 的所有元组组成：

$R-S = \{ t | t \in R \wedge t \notin S \}$

4. 广义笛卡儿积

R 为 n 目关系，有 k_1 个元组，S 为 m 目关系，有 k_2 个元组。

$R \times S$ 列：($n+m$) 列的元组的集合，元组的前 n 列是关系 R 的一个元组，后 m 列是关系 S 的一个元组。行：$k_1 \times k_2$ 个元组。

$R \times S = \{\widehat{t_r t_s} | t_r \in R \wedge t_s \in S\}$

【例 2-2】 有关系 R、S，则 $R \cup S$、$R \cap S$、$R - S$、$R \times S$ 的结果分别如图 2-1（c）～图 2-1（f）所示。

A	B	C
a_1	b_1	c_1
a_1	b_2	c_2
a_2	b_2	c_1

(a) 关系 R

A	B	C
a_1	b_2	c_2
a_1	b_3	c_2
a_2	b_2	c_1

(b) 关系 S

A	B	C
a_1	b_1	c_1
a_1	b_2	c_2
a_1	b_3	c_2
a_2	b_2	c_1

(c) $R \cup S$

A	B	C
a_1	b_2	c_2
a_2	b_2	c_1

(d) $R \cap S$

A	B	C
a_1	b_1	c_1

(e) R-S

A	B	C	A	B	C
a_1	b_1	c_1	a_1	b_2	c_2
a_1	b_1	c_1	a_1	b_3	c_2
a_1	b_1	c_1	a_2	b_2	c_1
a_1	b_2	c_2	a_1	b_2	c_2
a_1	b_2	c_2	a_1	b_3	c_2
a_1	b_2	c_2	a_2	b_2	c_1
a_2	b_2	c_1	a_1	b_2	c_2
a_2	b_2	c_1	a_1	b_3	c_2
a_2	b_2	c_1	a_2	b_2	c_1

(f) $R \times S$

图 2-1 传统的集合运算

2.2.2 专门的关系运算

专门的关系运算包括选择、投影、连接等。

1. 选择（Selection）

在关系 R 中选择满足给定条件的元组

$\sigma_F(R) = \{t | t \in R \wedge F(t) = '真'\}$

F：选择条件，是一个逻辑表达式

θ：比较运算符（>、≥、<、≤、=或<>）。

X_1、Y_1 等：属性名、常量、简单函数。属性名也可以用它的序号来代替。

φ：逻辑运算符（∧或∨），[ ]表示任选项。

因此，选择运算实际上是从关系 R 中选取使逻辑表达式 F 值为真的元组。这是从行的角度进行的运算。

设有一个学生—课程关系数据库，包括学生关系 S、课程关系 C 和选修关系 SC，如表 2-5 所示。下面的例子将对这 3 个关系进行运算。

表 2-5 学生—课程关系数据库

(a) 学生关系 S

学号 S#	姓名 SN	性别 SS	年龄 SA	所在系 SD
000101	李晨	男	18	信息系
000102	王博	女	19	数学系
010101	刘思思	女	18	信息系
010102	王国美	女	20	物理系
020101	范伟	男	19	数学系

(b) 课程关系 C

课程号 C#	课程名 CN	学分 CC
1	数学	6
2	英语	4
3	计算机	4
4	制图	3

(c) 选修关系 SC

学号 S#	课程号 C#	成绩 G
000101	1	90
000101	2	87
000101	3	72
010101	1	85
010101	2	42
020101	3	70

【例 2-3】 查询数学系学生的信息。

$\sigma_{SD='数学系'}(S)$

或

$\sigma_{5='数学系'}(S)$

结果如表 2-6 所示。

【例 2-4】 查询年龄<20 的学生的信息。

$\sigma_{SA<20}(S)$

或

$\sigma_{4<20}(S)$

结果如表 2-7 所示。

表 2-6 查询数学系学生的信息

学号 S#	姓名 SN	性别 SS	年龄 SA	所在系 SD
000102	王博	女	19	数学系
020101	范伟	男	19	数学系

表 2-7 查询年龄<20 的学生的信息

学号 S#	姓名 SN	性别 SS	年龄 SA	所在系 SD
000101	李晨	男	18	信息系
000102	王博	女	19	数学系
010101	刘思思	女	18	信息系
020101	范伟	男	19	数学系

2. 投影（Projection）

关系 R 上的投影是从 R 中选择出若干属性列组成新的关系。记作：

$\pi_A(R) = \{ t[A] \mid t \in R \}$

A：R 中的属性列。

投影操作是从列的角度进行的运算。投影之后不仅取消了原关系中的某些列，而且还可能取消某些元组，因为取消了某些属性列后，就可能出现重复行，应取消这些完全相同的行。

【例 2-5】查询学生的学号和姓名。

$\pi_{S\#, SN}(S)$

或

$\pi_{1, 2}(S)$

结果如表 2-8 所示。

表 2-8 查询学生的学号和姓名

学号 S#	姓名 SN
000101	李晨
000102	王博
010101	刘思思
010102	王国美
020101	范伟

【例 2-6】查询学生的所在系，即查询学生关系 S 在所在系属性上的投影。

$\pi_{SD}(S)$

或

$\pi_5(S)$

结果如表 2-9 所示。

表 2-9 查 询 结 果

所在系 SD
信息系
数学系
物理系

3. 连接（Join）

（1）连接也称为 θ 连接。

（2）连接运算的含义。从两个关系的笛卡儿积中选取属性间满足一定条件的元组：

$$R \underset{A\theta B}{\bowtie} S = \{\widehat{t_r t_s} \quad | t_r \in R \land t_s \in S \land t_r[A]\theta t_s[B]\}$$

A 和 B：分别为 R 和 S 上度数相等且可比的属性组。

θ：比较运算符，连接运算从 R 和 S 的广义笛卡儿积 $R \times S$ 中选取（R 关系）在 A 属性组上的值与（S 关系）在 B 属性组上值满足比较关系的元组。

（3）两类常用连接运算。等值连接（equitjoin）：θ 为 "＝" 的连接运算称为等值连接。等值连接的含义：从关系 R 与 S 的广义笛卡儿积中选取 A、B 属性值相等的那些元组，即等值连接为

$$R \underset{A=B}{\bowtie} S = \{\widehat{t_r t_s} \quad | t_r \in R \land t_s \in S \land t_r[A] = t_s[B]\}|$$

自然连接(natural join) (sql-2008 INNER JOIN)：自然连接是一种特殊的等值连接，两个关系中进行比较的分量必须是相同的属性组，在结果中把重复的属性列去掉。自然连接的含义：R 和 S 具有相同的属性组 B：

$$R \bowtie S = \{\widehat{t_r t_s} \quad | t_r \in R \land t_s \in S \land t_r[B] = t_s[B]\}$$

自然连接还需要取消重复列，所以是同时从行和列的角度进行运算。

结合上例，可以看出等值连接与自然连接的区别如下。

① 等值连接中不要求相等属性值的属性名相同，而自然连接要求相等属性值的属性名必须相同，即两关系只有在同名属性才能进行自然连接。

② 等值连接不将重复属性去掉，而自然连接去掉重复属性，也可以说，自然连接是去掉重复列的等值连接。

【例 2-7】 查询选修了 2 号课程的学生的学号。

$\pi_{S\#}(\sigma_{C\#='2'}(SC))$

【例 2-8】 查询选修了 3 号课程的学生的姓名。

$\pi_{SN}(\sigma_{C\#='3'}(SC \bowtie S))$

【例 2-9】 查询选修了数学课的学生的姓名和成绩。

$\pi_{SN,G}(\sigma_{CN='数学'}(C \bowtie SC \bowtie S)$

本 章 小 结

本章主要讲述了关系模型的数据结构、数据操作和完整性约束以及关系系统的定义和分

类。通过本章学习，读者应该理解关系模型的数据结构和关系的两种完整性规则；掌握选择、投影、连接3种专门的关系运算；能运用关系代数、关系演算进行简单操作；了解关系系统的定义和分类。

习 题 2

一、填空题

1. 关系数据模型中，实体及实体间的联系都用_____来表示。在数据库的物理组织中，它以_____形式存储。
2. 常用的关系操作有两类：传统的集合操作，如并、交、差、和_____。专门的关系操作，如_____、_____、_____和除等。
3. 关系数据库的完整性约束包括_____、_____和_____3类。

二、操作题

有如表 2-10～表 2-13 所示的 4 个关系。

表 2-10 供应商 S

SNO（供应商号）	SNAME（供应商姓名）	CITY（供应商所在城市）
S1	精益	天津
S2	万胜	北京
S3	东方	北京
S4	丰泰隆	上海
S5	康健	南京

表 2-11 零件 P

PNO（零件号）	PNAME（零件名称）	COLOR（零件颜色）	WEIGHT（零件重量）
P1	螺母	红	12
P2	螺栓	绿	17
P3	螺丝刀	蓝	14
P4	螺丝刀	红	14
P5	凸轮	蓝	40

表 2-12 项目 J

JNO（项目号）	JNAME（项目名称）	CITY（项目所在城市）
J1	三建	北京
J2	一汽	长春
J3	弹簧厂	天津
J4	造船厂	天津
J5	机车厂	唐山
J6	无线电厂	常州

表 2-13 供应情况 SPJ

SNO（供应商号）	PNO（零件号）	JNO（项目号）	QTY（供应数量）
S1	P1	J1	200
S1	P1	J3	100
S1	P1	J4	700
S1	P2	J2	100
S2	P3	J1	400
S2	P3	J2	200
S2	P3	J4	500
S2	P3	J5	400
S2	P5	J1	400
S2	P5	J2	100
S3	P1	J1	200
S3	P3	J1	200
S4	P5	J1	100

试用关系代数完成下列操作。

1. 求供应商供应的零件的零件号。
2. 求供应商 S5 供应的零件的零件号。
3. 求项目 J1 零件的供应商号。
4. 求项目 J1 零件 P1 的供应商号。
5. 求项目 J1 红色零件的供应商号。

三、简答题

1. 关系模型的完整性规则有哪几类？
2. 常用的关系数据库有哪些？
3. 在关系模型的参照完整性规则中，什么是外码？
4. 常用的关系运算有哪些？

第 3 章 SQL Server 2008 概述

电子教案：
第 3 章 SQL Server 2008 概述

本章学习目标

SQL Server 2008 是一款功能强大、操作方便的数据库管理系统，受到广大数据库用户的青睐。在学习 SQL Server 2008 之前，有必要了解和掌握其版本和安装方法。通过本章学习，读者应该掌握以下内容。

（1）SQL Server 2008 的体系结构。
（2）SQL Server 2008 的新特性。
（3）SQL Server 2008 的版本。
（4）SQL Server 2008 的安装方法。

3.1 SQL Server 2008 的体系结构

扩展阅读：
SQL Server 2008 的安装

3.1.1 SQL Server 2008 的客户机/服务器结构

SQL Server 2008 采用客户机/服务器计算模型，即中央服务器用来存储数据库，该服务器可以被多台客户机同时访问，数据库应用的处理过程分布在客户机和服务器上。客户机/服务器计算模型分为两层的客户机/服务器结构和多层的客户机/服务器结构。在两层的客户机/服务器系统中，客户机通过网络与运行 SQL Server 2008 实例的服务器相连，客户机用来完成数据表示和大部分业务逻辑的实现，服务器完成数据的存储，这种客户机被称为"胖客户机"（thick client）。在多层的客户机/服务器系统中，应至少经过 3 个处理层，第一层是客户机，但它只负责数据的表示；第二层是业务逻辑服务器，负责业务逻辑的实现，所有的客户机都可以对它进行访问；第三层是数据库。这种结构中的客户机被称为"瘦客户机"（thin client）。Internet 应用就是三层结构的一个典型例子。

数据库系统采用客户机/服务器结构的好处在于以下几方面。

（1）数据集中存储。数据集中存储在服务器上，而不是分开存储在客户机上，使所有用户都可以访问到相同的数据。

（2）业务逻辑和安全规则可以在服务器上定义一次，而后被所有的客户机使用。

（3）关系数据库服务器仅返回应用程序所需要的数据，这样可以减少网络流量。

（4）节省硬件开销，因为数据都存储到服务器上，不需要在客户机上存储数据，所以客户机硬件不需要具备存储和处理大量数据的能力，同样，服务器不需要具备数据表示的功能。

（5）因为数据集中存储在服务器上，所以备份和恢复起来很容易。

3.1.2 SQL Server 2008 的查询语言——交互式 SQL

查询语言是数据库的重要组成部分。许多关系数据库系统拥有作为高级查询语言的结构化查询语言（structure query language，SQL）。交互式 SQL（Transact-SQL，T-SQL）是 SQL Server 2008 的查询语言，它与 ANSI SQL-92 标准兼容，并对其进行了扩展。

如果希望开发的程序有更好的可移植性，那么应尽量使用标准的 ANSI SQL-92，否则，就应考虑使用 T-SQL，因为 T-SQL 可以带来更好的性能。

T-SQL 提供的命令可以完成如下功能。

（1）创建和管理数据库对象。
（2）访问和修改数据。
（3）数据聚合。
（4）管理安全性和权限。

3.2 SQL Server 2008 的新特性

Microsoft SQL Server 2008 扩展了 SQL Server 2000 的高性能、可靠性、可用性、可编程性和易用性等特点。SQL Server 2008 包含了多项新功能，这使它成为大规模联机事务处理(OLTP)、数据仓库和电子商务应用程序的优秀数据库平台。SQL Server 2008 具有以下新功能。

1. 可信任的

SQL Server 2008 为关键任务应用程序提供了强大的安全性、可靠性和可扩展性。通过简单的数据加密、外键管理、增强审查来增强它的安全性。通过改进数据库镜像，热添加 CPU 简化管理使其具有高可靠性的应用能力。提供了一个广泛的功能集合，使数据平台上的所有工作负载的执行都是可扩展的和可预测的。

2. 高效的

SQL Server 2008 降低了管理系统、.NET 架构和 Visual Studio Team System 的时间和成本，使得开发人员可以开发强大的下一代数据库应用程序。

SQL Server 2008 推出了陈述式管理架构（DMF），它是一个用于 SQL Server 数据库引擎的新的基于策略的管理框架。对 SQL Server 的服务生命周期提供了显著的改进，它重新设计了安装、建立和配置架构。提供了集成的开发环境和更高级的数据提取。在与 Visual Studio 的合作下，快速地创建偶尔连接系统。提供了新的数据类型使得开发人员和管理员可以有效地存储和管理非结构化数据。

3. 智能的

商业智能(BI)继续作为大多数公司投资的关键领域和对于公司所有层面的用户来说的一个无价的信息源。SQL Server 2008 提供了一个全面的平台，用于当用户需要时为其提供智能化。它集成任何数据，发送相应的报表，使用户获得全面的洞察力。

4. SQL Server 2008 基于 SQL Server 2005 强大的 OLAP 能力

为所有用户提供了更快的查询速度。这个性能的提升使得公司可以执行具有许多维度和聚合的非常复杂的分析。 SQL Server 2008 的设置和安装也有所改进。配置数据和引擎位已经分开了,所以它使创建基本的未配置系统的磁盘图像变得可能,它使分布到多个服务器变得更容易;另一个特点是有能力把安装 SQL、SP 和补丁用单一的步骤进行;最后,有能力卸载 SP 了。

5. SQL Server 2008 的管理能力

SQL Server 的每一个版本发布都会带来新的管理特性,它们通过自动进行管理工作、统一管理和使得管理员可以专注于更有价值和更具战略的工作,从而帮助降低用户的数据服务解决方案的总成本。Microsoft SQL Server 2008 推出了一个综合了性能数据收集器、数据仓库、报表和基于政策的管理解决方案,使用户获得了对基于 SQL Server 的企业数据服务解决方案的前所未有的控制。

6. SQL Server 2008 数据仓库

SQL Server 2008 提供了一个全面和可扩展的数据仓库平台,使得公司可以更快地将数据整合到数据仓库中,衡量和管理不断增长的数据和用户的空间,同时使所有的用户具有了洞察力。

7. 数据审计

数据稽核提供一种简单的方法追踪和记录与数据库和服务器相关的事件。用户可以审核登入动作、密码变更、数据访问和修改,以及许多其他事件。追踪这些事件有助于维护安全性,并且可提供宝贵的故障排除信息。审核的结果可存储至文件,或存储至 Windows 安全性或应用程序记录文件,供稍后分析或保存。

8. 改善 Microsoft Office Word 和 Excel 的呈现

Microsoft SharePoint Services 所生成的报表可以使用 Microsoft Office Excel 和 Microsoft Office Word 来查看与编辑。Microsoft Office Excel 呈现扩展插件可产生与 Excel 97 和以上的 Excel 版本兼容的 xls 文件。和先前的版本相比,它提供了改善的选项,例如子报表的呈现。SQL Server 2008 Reporting Services 中的新功能——Word 呈现扩展插件可产生与 Microsoft Office Word 2000 以上的版本兼容的 doc 文件。

3.3 SQL Server 2008 的安装

3.3.1 SQL Server 2008 的安装版本

根据应用程序的需要,安装要求可能有很大不同。SQL Server 2008 的不同版本能够满足企业和个人的性能、运行以及价格要求。需要安装哪些 SQL Server 2008 组件也可以根据企业或个人的需求而定。

SQL Server 2008 的版本包括企业版(enterprise edition)和标准版(standard edition)。

1. SQL Server 2008 企业版(32 位和 64 位)

企业版达到了支持超大型企业进行联机事务处理(OLTP)、高度复杂的数据分析、数据仓库系统和网站所需的性能水平。企业版的全面商业智能和分析能力及其高可用性功能(如故障转移群集），使它可以处理企业的大多数关键业务。

企业版是最全面的 SQL Server 版本，是超大型企业的理想选择，能够满足最复杂的要求。这个版本中对 CPU 和内存数量没有限制，对数据库大小也没有限制。

2．SQL Server 2008 标准版（32 位和 64 位）

标准版是适合中小型企业的数据管理和分析平台。它包括电子商务、数据仓库和业务流解决方案所需的基本功能。标准版的集成商业智能和高可用性功能可以为企业提供支持其运营所需的基本功能。

标准版是需要全面的数据管理和分析平台的中小型企业的理想选择。和 SQL Server 2008 企业版一样，标准版也对内存数量、数据库大小没有限制，因此只要操作系统和物理硬件支持，用户可以按照自己的需求来扩展它。不过，标准版最多支持 4 个 CPU。

3.3.2　SQL Server 2008 的安装步骤

Microsoft SQL Server 2008 安装向导基于 Windows 安装程序，并提供一个功能树用于安装所有 SQL Server 2008 组件。

（1）数据库引擎。
（2）Analysis Services。
（3）Reporting Services。
（4）Notification Services。
（5）Integration Services。
（6）复制。
（7）管理工具。
（8）连接组件。
（9）示例数据库、示例和 SQL Server 2008 文档。

在 Windows 7 下的具体安装步骤如下。（SQL Server 2008 企业版（64 位））

（1）在安装文件 setup.exe 上右击，选择"以管理员身份运行"命令，如图 3-1 所示。

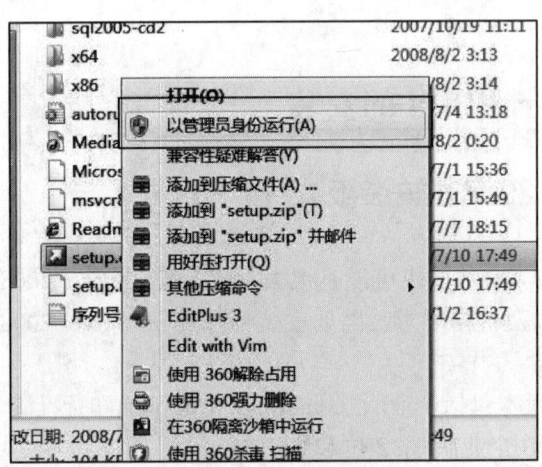

图 3-1　选择"以管理员身份运行"命令

（2）打开如图 3-2 所示的"SQL Server 安装中心"界面。

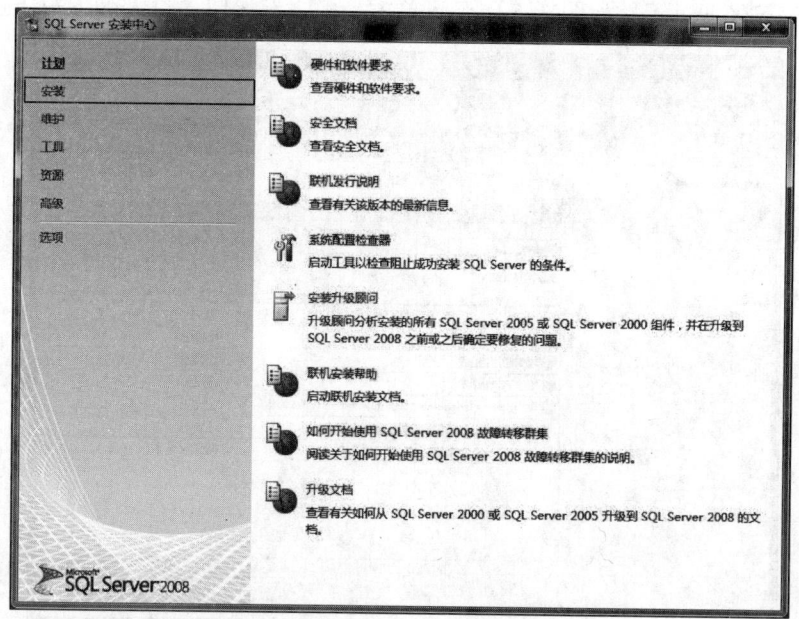

图 3-2 "SQL Server 安装中心"界面

（3）选择左边的"安装"选项，单击右边的"全新 SQL Server 独立安装或向现有安装添加功能"选项，如图 3-3 和图 3-4 所示。

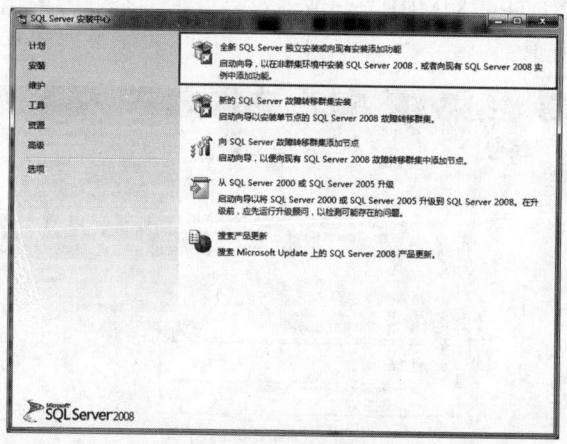

图 3-3 单击"全新 SQL Server 独立安装或向现有安装添加功能"选项

图 3-4 提示框

（4）在打开的"SQL Server 2008 安装程序"界面中出现"安装程序支持规则"界面，可以看到，一些检查已经通过了，如图 3-5 所示。单击"确定"按钮，进入到下一步。

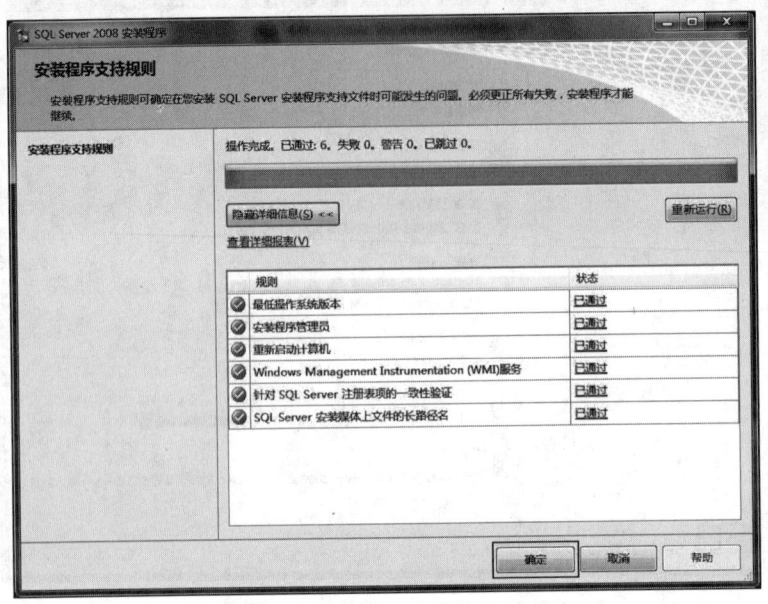

图 3-5 "安装程序支持规则"界面

（5）单击"确定"按钮后，出现输入产品密钥的提示，这里使用的密钥是企业版的："JD8Y6-HQG69-P9H84-XDTPG-34MBB"（或通过百度搜索企业版密钥），单击"下一步"按钮继续安装，如图 3-6 所示。

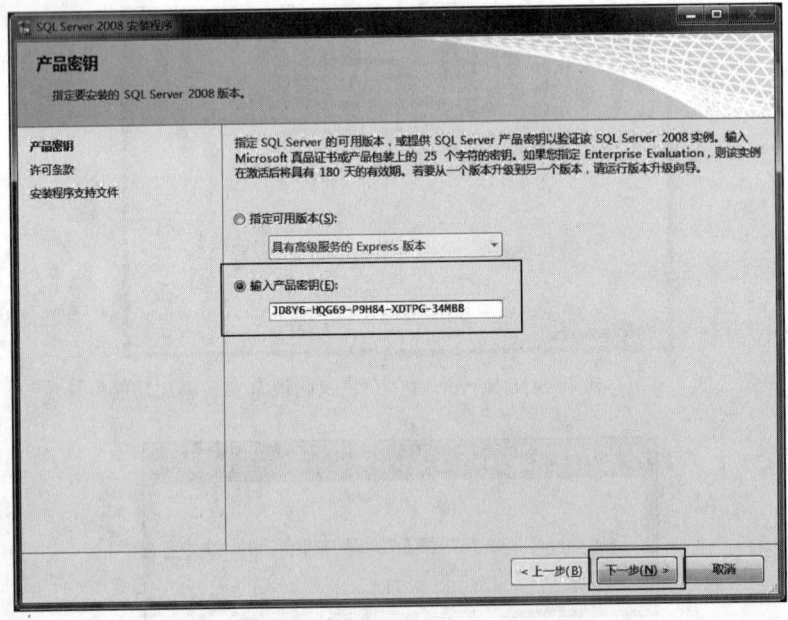

图 3-6 "产品密钥"界面

（6）在接下来的"许可条款"界面中勾选"我接受许可条款"复选框，如图 3-7 所示，单击"下一步"按钮继续安装。

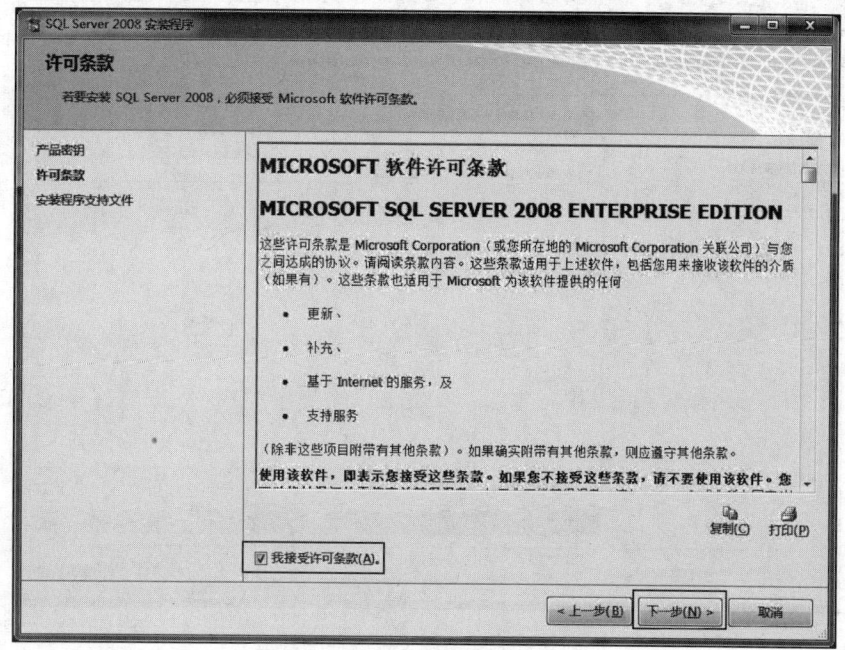

图 3-7 "许可条款"界面

（7）在出现的"安装程序支持文件"界面中，单击"安装"按钮，如图 3-8 所示。

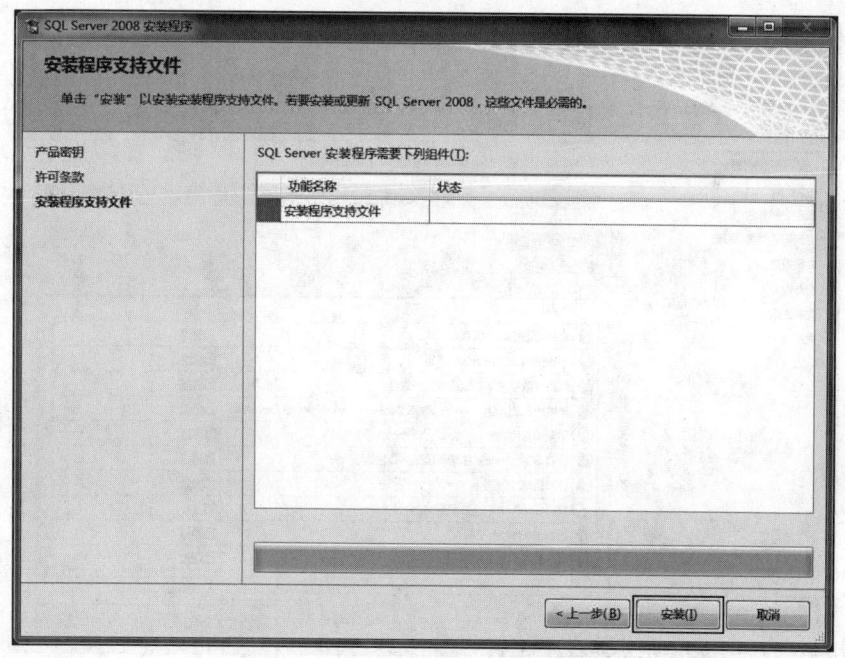

图 3-8 "安装程序支持文件"界面

（8）安装程序支持文件的过程如图 3-9 所示。

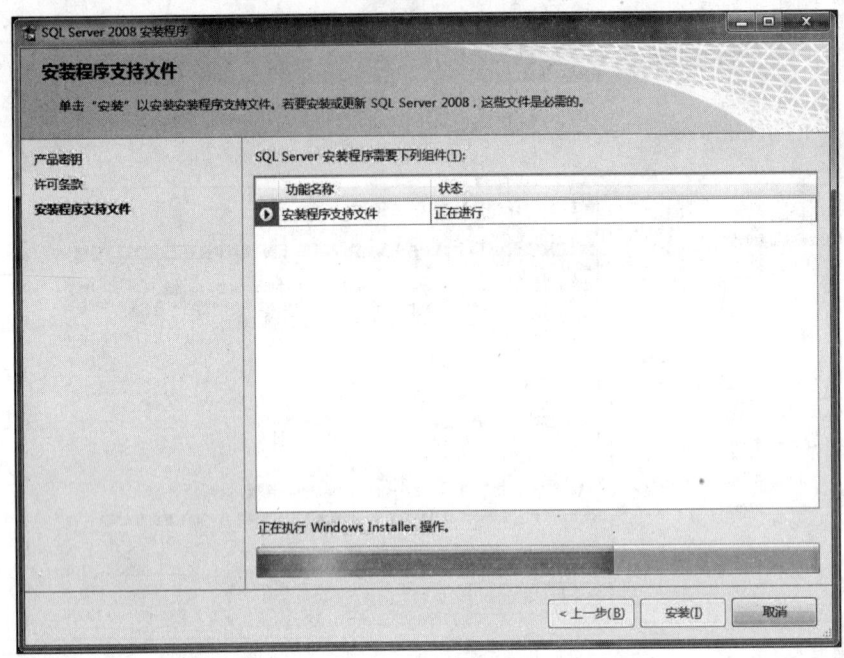

图 3-9　安装程序支持文件的过程

（9）之后出现了"安装程序支持规则"界面，如图 3-10 所示，只有符合规则才能继续安装，单击"下一步"按钮继续安装。

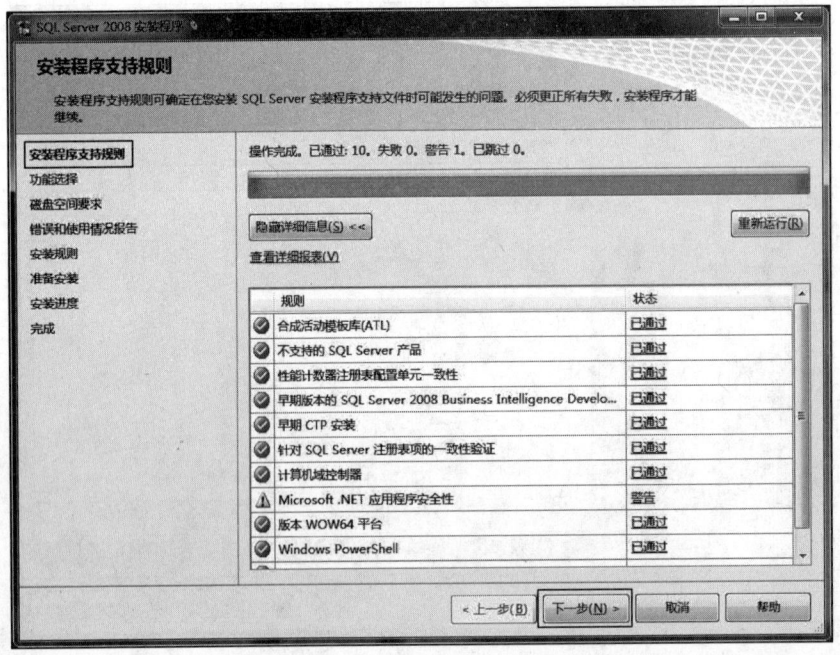

图 3-10　"安装程序支持规则"界面

(10)在"功能选择"界面中,单击"全选"按钮,并设置共享的功能目录,如图 3-11 所示,单击"下一步"按钮继续。

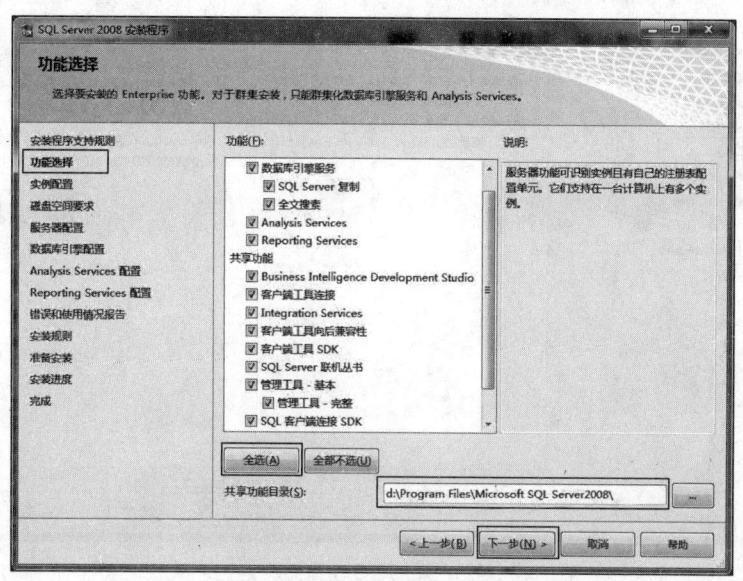

图 3-11 "功能选择"界面

(11)在"实例配置"界面中,选择默认实例,并设置实例的根目录,如图 3-12 所示,单击"下一步"按钮继续。

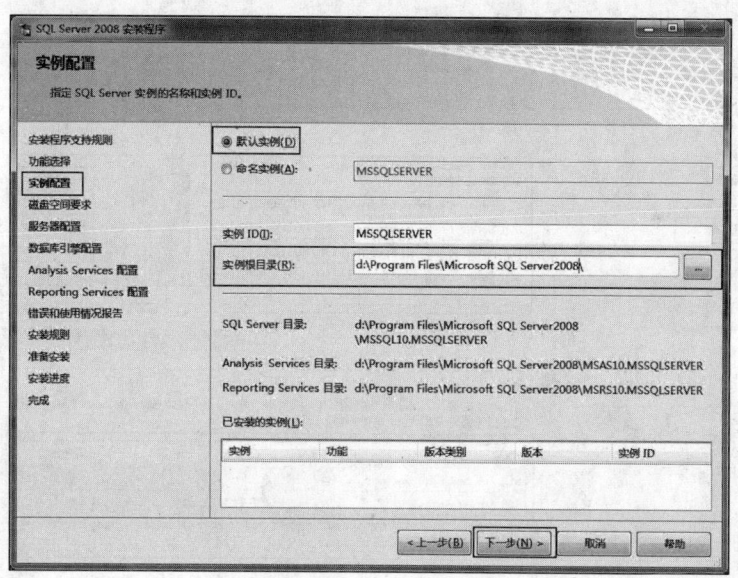

图 3-12 "实例配置"界面

(12)在"磁盘空间要求"界面中,显示了安装软件所需的空间,如图 3-13 所示,单击"下一步"按钮继续。

3.3 SQL Server 2008 的安装 / 31

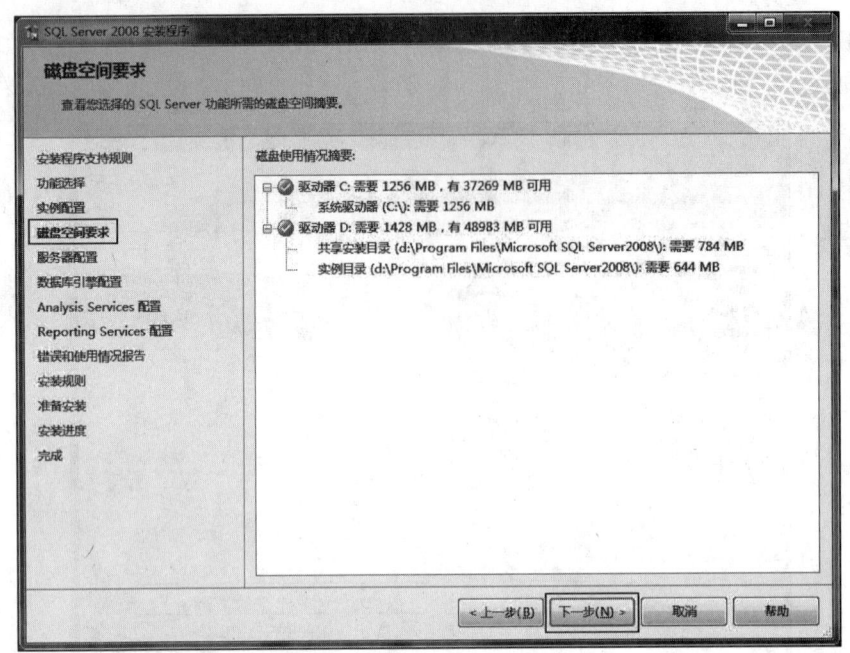

图 3-13 "磁盘空间要求"界面

（13）在"服务器配置"界面中，根据需要进行设置，如图 3-14 所示，单击"下一步"按钮继续安装。

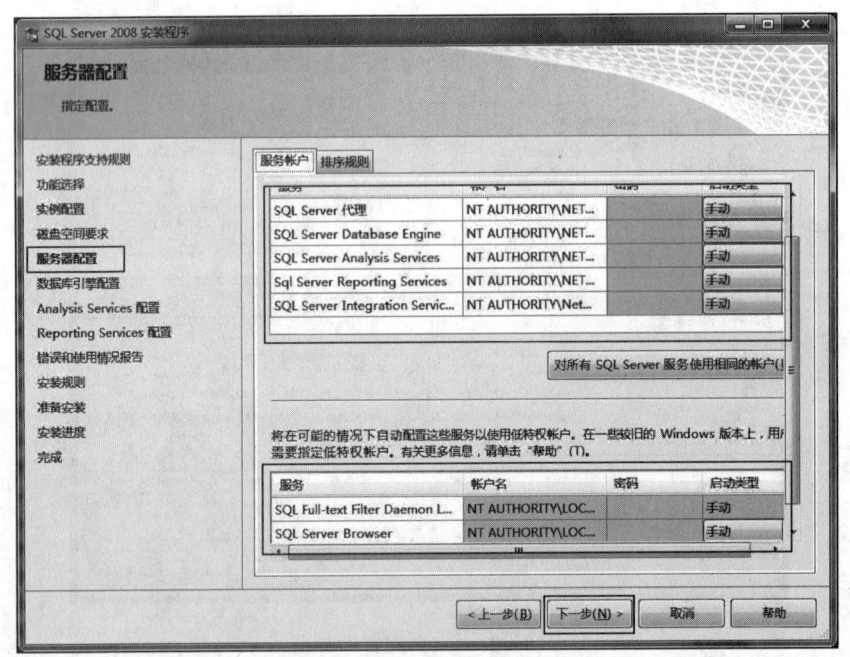

图 3-14 "服务器配置"界面

（14）在"数据库引擎配置"界面中，设置身份验证模式为混合模式，输入数据库管理员的密码,即 sa 用户的密码,并添加当前用户,单击"下一步"按钮继续安装,如图 3-15 所示。

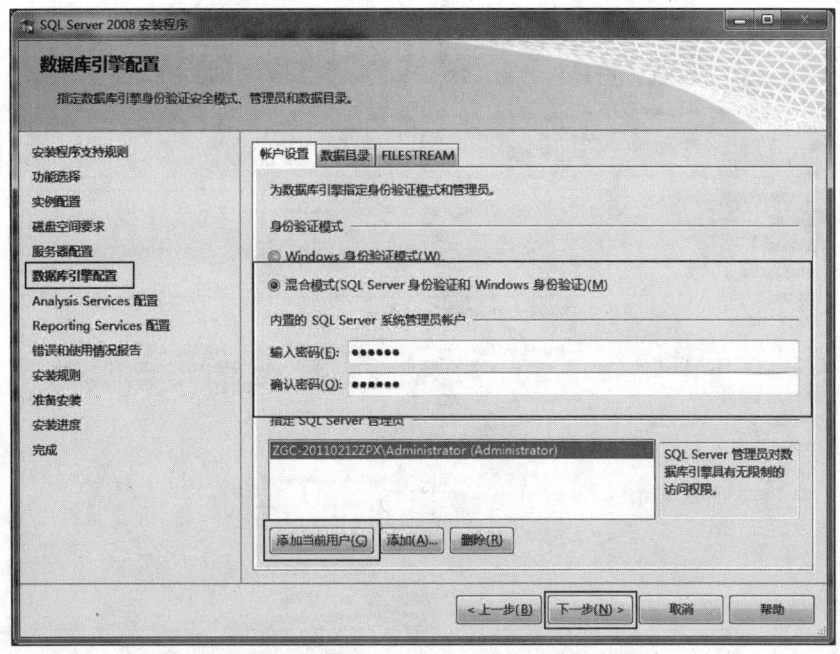

图 3-15 "数据库引擎配置"界面

(15)在"Analysis Services 配置"界面中,添加当前用户,单击"下一步"按钮,如图 3-16 所示。

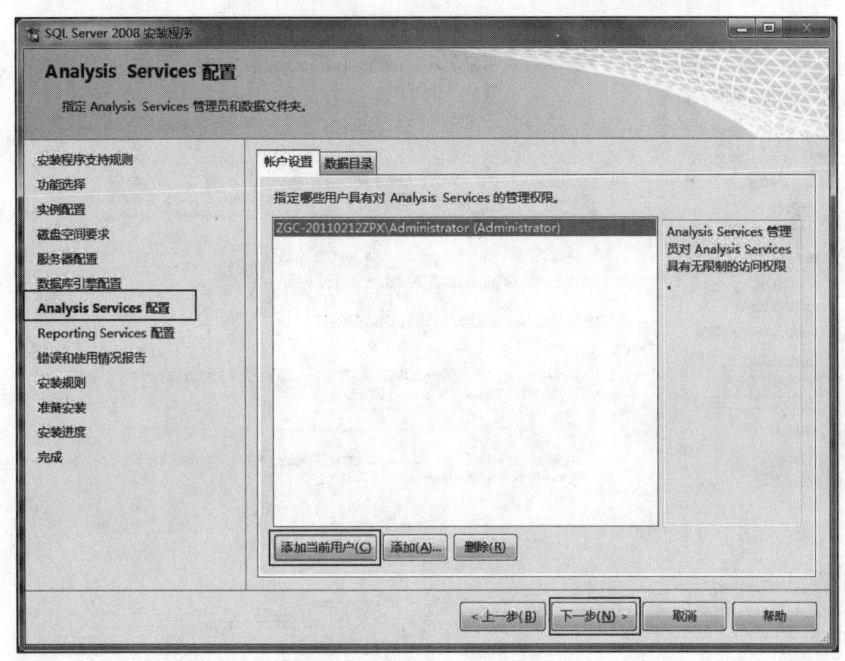

图 3-16 "Analysis Services 配置"界面

(16) 在"Reporting Services 配置"界面中,采用默认的设置,单击"下一步"按钮,如图 3-17 所示。

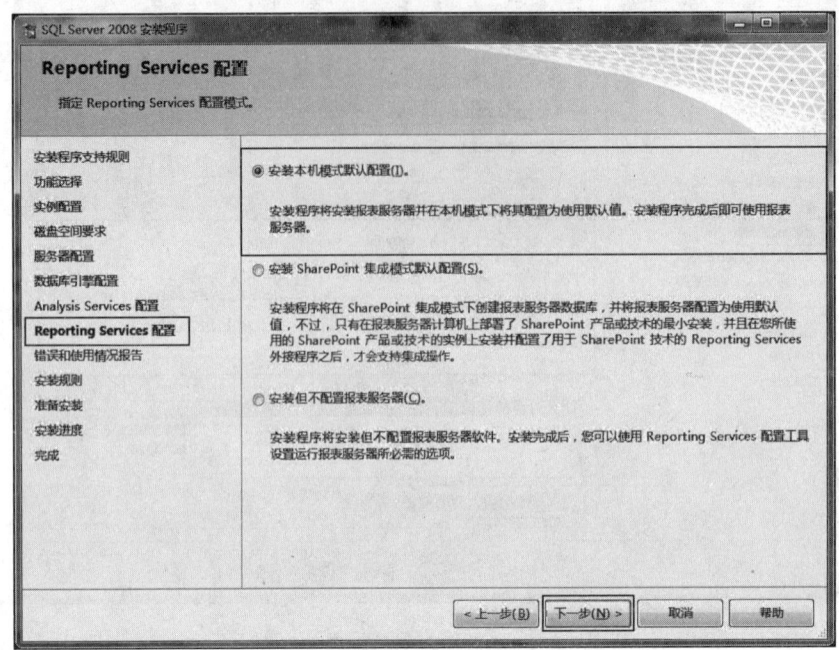

图 3-17 "Reporting Services 配置"界面

(17) 在"错误和使用情况报告"界面中,根据自己的需要进行选择,单击"下一步"按钮继续安装,如图 3-18 所示。

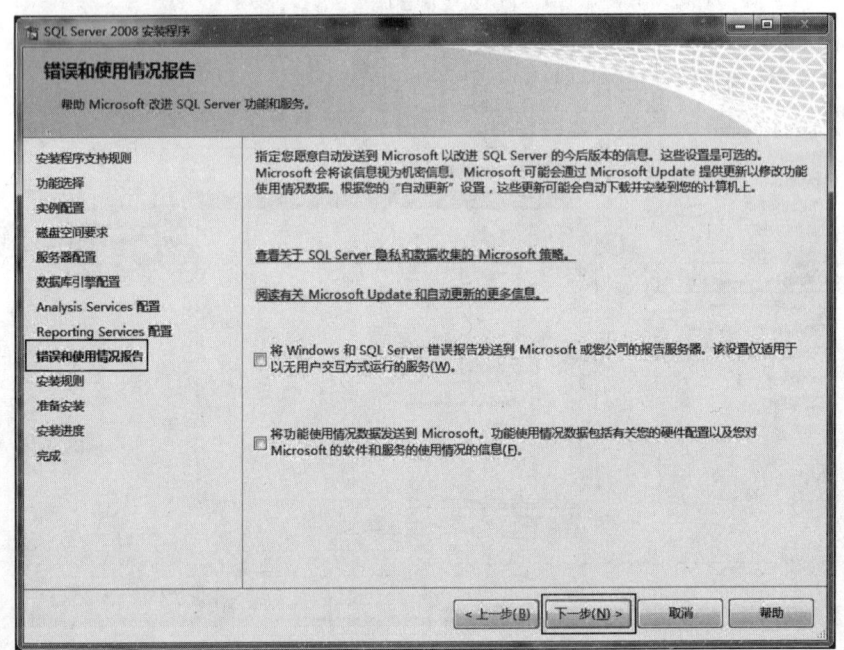

图 3-18 "错误和使用情况报告"界面

（18）在"安装规则"界面中，如果全部通过，单击"下一步"按钮继续，如图 3-19 所示。

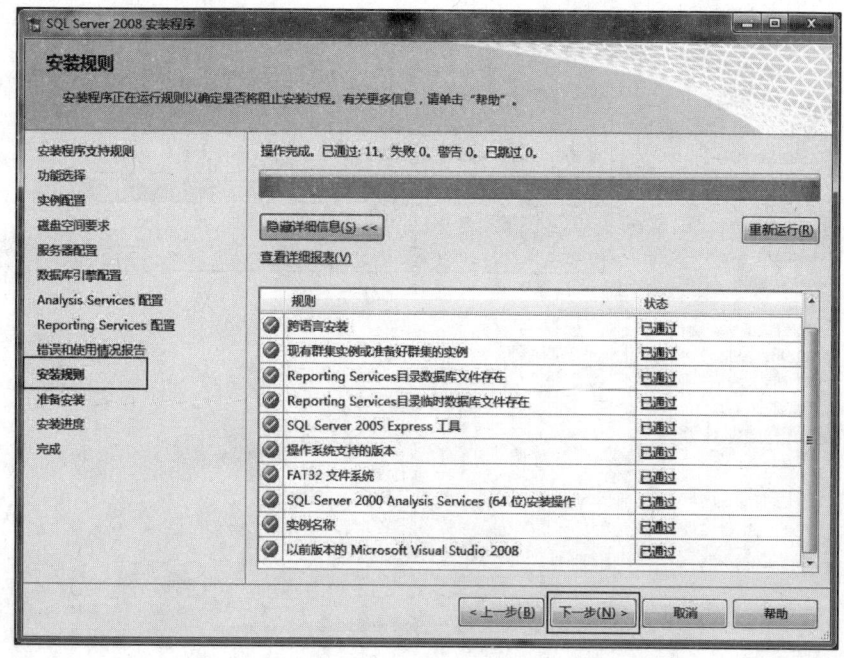

图 3-19 "安装规则"界面

（19）在"准备安装"界面中，看到了要安装的功能选项，单击"下一步"按钮继续安装，如图 3-20 所示。

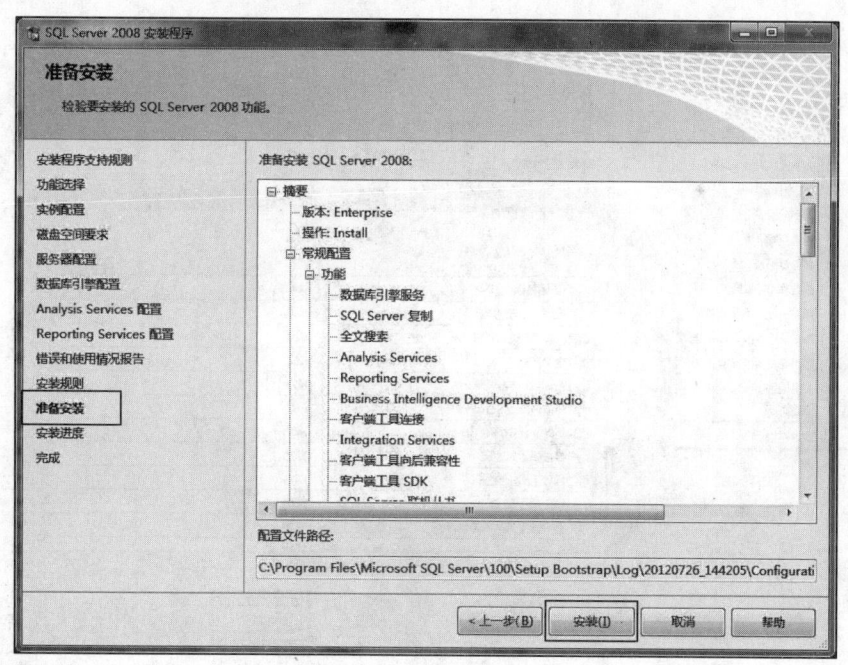

图 3-20 "准备安装"界面

（20）在"安装进度"界面中，可以看到正在安装 SQL Server 2008，如图 3-21 所示。

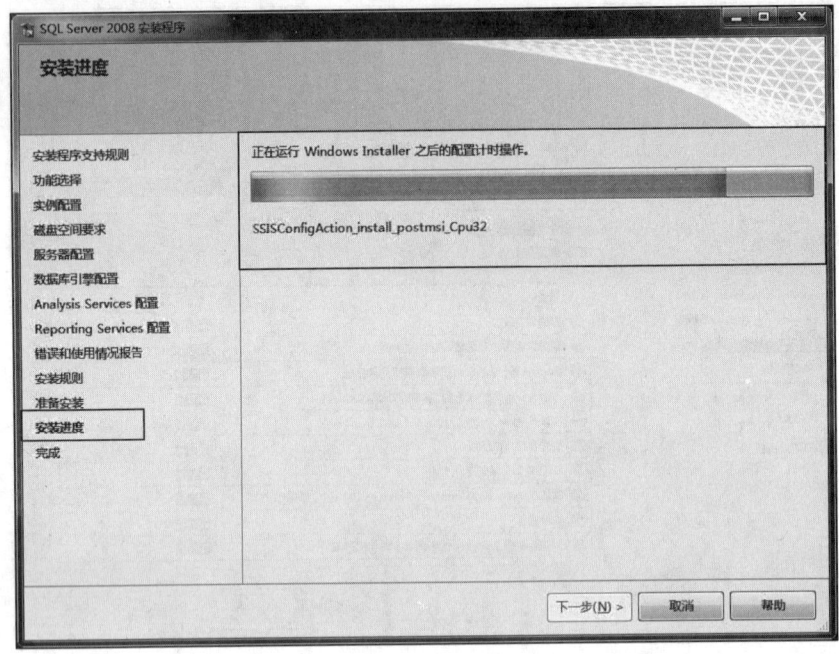

图 3-21 "安装进度"界面

（21）经过漫长的等待，SQL Server 2008 安装过程完成，而且没有错误，单击"下一步"按钮继续，如图 3-22 所示。

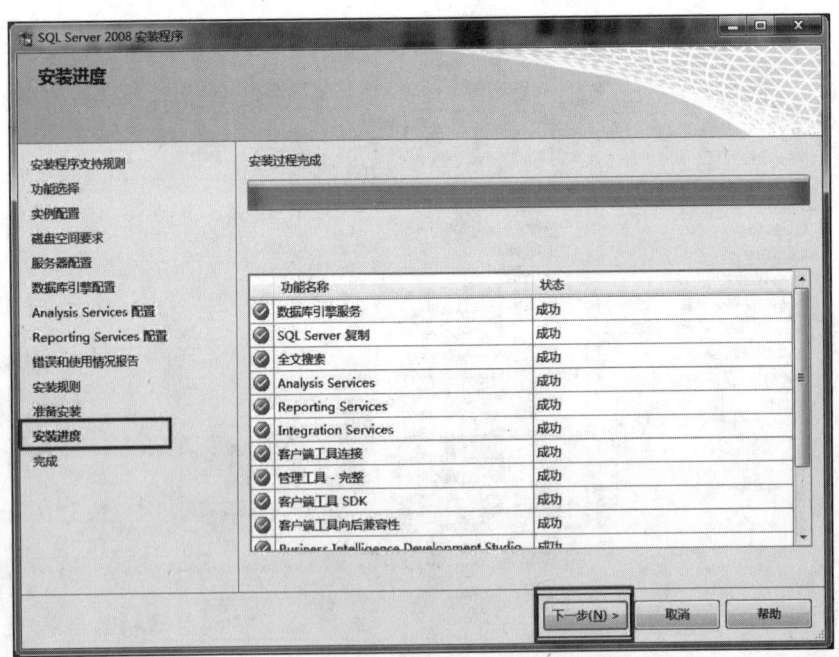

图 3-22 安装过程完成

（22）在"完成"界面中，可以看到"SQL Server 2008 安装已成功完成"的提示，单击"关闭"按钮结束安装，如图 3-23 所示。

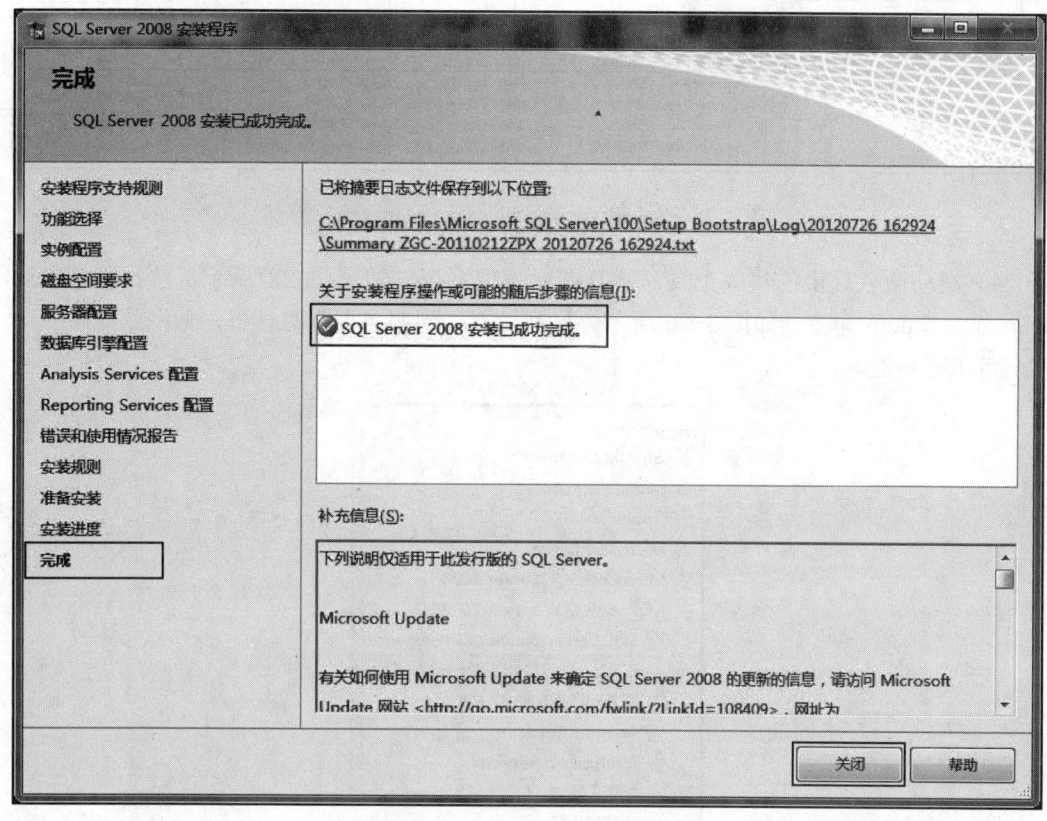

图 3-23 "完成"界面

（23）启动 SQL Server 2008，选择"开始"菜单中的 Microsoft SQL Server 2008 子菜单中的"SQL Server 配置管理器"命令，启动 SQL Server 服务，如图 3-24 和图 3-25 所示。

图 3-24 选择"SQL Server 配置管理器"命令

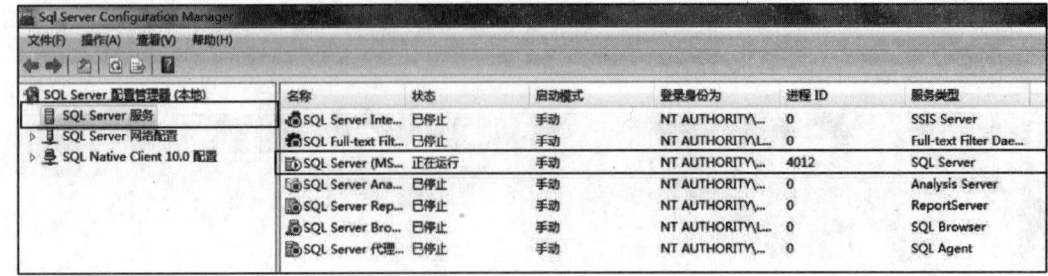

图 3-25　Sql Server Configuration Manager 界面

（24）启动微软提供的集成工具——数据库管理系统，如图 3-28 所示。选择 SQL Server Managernent Studio 命令，如图 3-26 所示，打开"连接到服务器"对话框，如图 3-27 所示，输入用户名和密码进入。

图 3-26　选择 SQL Server Management Studio 命令

图 3-27　"连接到服务器"对话框

（25）单击"连接"按钮，进入数据库管理系统，如图 3-28 所示。

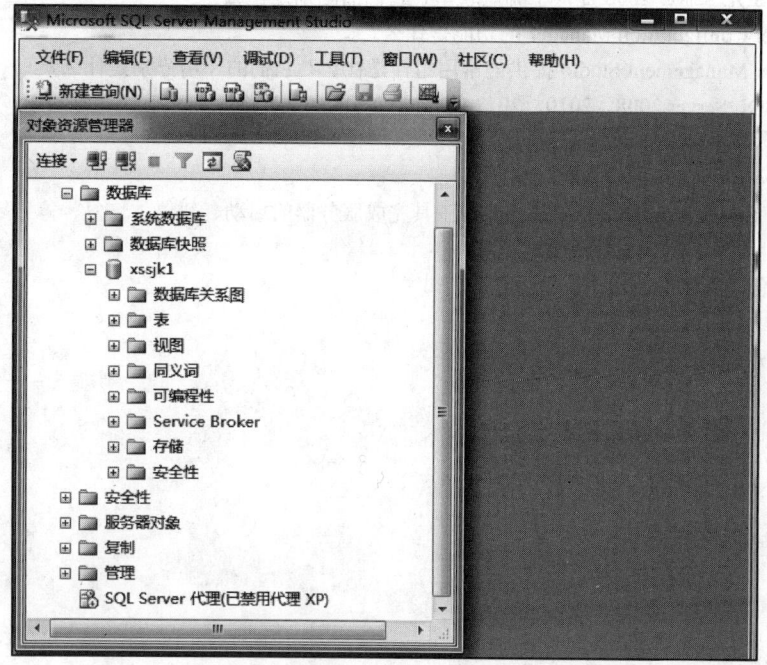

图 3-28 数据库管理系统

本章小结

本章首先介绍了 SQL Server 2008 的体系结构、新特性，进一步讲解了它的版本、安装要求及安装步骤，最后介绍了 SQL Server 2008 的常用工具。通过本章的学习，读者应该对 SQL Server 2008 的总体结构及新特性有初步的了解，并且能够掌握 SQL Server 2008 的安装方法和常用工具的使用方法。

习 题 3

一、填空题

1. Microsoft SQL Server 2008 采用_____体系结构。
2. SQL Server Management Studio 的工具组件包括_____、_____、解决方案资源管理器、模板资源管理器、摘要页和文档窗口等。
3. 当数据库引擎的图标为 ![] 时，表示其状态为_____。当数据库引擎的图标为 ![] 时，表示其状态为_____。
4. 在查询编辑窗口中用户可以输入 SQL 语句，并按_____键，或单击工具栏上的"运行"按钮，将其送到服务器执行，执行的结果将显示在输出窗口中。

二、简答题

1. Microsoft SQL Server 2008 提供了哪些版本？它们的区别是什么？
2. SQL Server Configuration Manager 的功能是什么？
3. SQL Server Management Studio 提供的常用组件是什么？它们的作用分别是什么？
4. Microsoft SQL Server 2008、2010、2012 的相同点与区别是什么？

三、操作题

1. 完成 Microsoft SQL Server 2008 的安装。
2. 使用 SQL Server Configuration Manager 工具完成服务器的启动、暂停、恢复、停止等操作，练习服务器的属性设置。
3. 完成一个创建数据库的操作。

第 4 章　可视化方式下数据库对象的操作

电子教案：
第4章　可视化方式
下数据库对象的操作

本章学习目标

本章主要讲解在 SQL Server Management Studio（简称 SSMS）可视化方式下，对对象资源管理器窗口中的数据库及常用对象进行创建操作和管理，主要包括数据库、表、关系图、视图等的创建和管理，介绍 SQL Server 2008 提供的数据类型以及数据的插入、修改和删除操作。通过本章学习，读者应该掌握以下内容。

（1）数据库的基本结构。
（2）数据库的创建和管理。
（3）SQL Server 2008 的数据类型。
（4）表的创建和管理。
（5）创建数据库关系图。
（6）数据的插入、修改和删除。
（7）创建视图。

4.1　数据库的创建

4.1.1　数据库的结构

1. 数据库文件和文件组

SQL Server 2008 用文件来存放数据库，即将数据库映射到操作系统文件上。数据库文件有 3 类。

主数据文件（primary database file）：也称主文件，主要用来存储数据库的启动信息、部分或全部数据，是数据库的关键文件。主数据文件是数据库的起点，包含指向数据库中其他文件的指针。每个数据库都有一个主数据文件。主数据文件的推荐文件扩展名是 mdf。

次要数据文件（secondary database file）：也称辅助数据文件，除主数据文件以外的所有其他数据文件都是次要数据文件。用于存储主数据文件中未存储的剩余数据和数据库对象。一个数据库可以没有，也可以有多个次要数据文件。次要数据文件的推荐文件扩展名是 ndf。

事务日志文件：简称日志文件，存放用来恢复数据库所需的事务日志信息，每个数据库必须有一个或多个日志文件。事务日志的推荐文件扩展名是 ldf。

SQL Server 2008 不强制使用 mdf、ndf 和 ldf 文件扩展名，但使用它们有助于标识文件的各种类型和用途。

　　SQL Server 2008 中的文件通常有两个名称：逻辑文件名和物理文件名。逻辑文件名是在所有 Transact-SQL 语句中引用物理文件时所使用的名称。逻辑文件名与物理文件名一一对应，其对应关系由 SQL Server 系统维护。逻辑文件名必须符合 SQL Server 的标识符命名规则，而且数据库中的逻辑文件名必须是唯一的。物理文件名是包括目录路径的物理文件名。它必须符合操作系统文件的命名规则。

　　一般情况下，一个简单的数据库可以只有一个主数据文件和一个日志文件。如果数据库很大，则可以设置多个次要数据文件和多个日志文件，并将它们放在不同的磁盘上，以提高数据存取和处理的效率。

　　日志空间与数据空间要分开管理。所以日志文件不包括在文件组内。

　　综上所述，SQL Server 的数据文件和文件组必须遵循以下规则。

（1）一个文件和文件组只能被一个数据库使用。

（2）一个文件只能属于一个文件组。

（3）日志文件不能属于文件组。

　　用户可以指定数据库文件的存放位置，如果用户不指定，则数据库文件将被存放在系统的默认存储路径上。SQL Server 2008 的默认存储路径是"C:\Program Files\Microsoft SQL Server\MSSQL.1\MSSQL\Data"。如果多个 SQL Server 实例在一台计算机上运行，则每个实例都会接收到不同的默认路径来保存在该实例中创建的数据库文件。

2．数据库对象

　　SQL Server 2008 数据库中的数据在逻辑上被组织成一系列对象，当一个用户连接到数据库后，他所看到的是这些逻辑对象，而不是物理的数据库文件。

　　SQL Server 2008 中有以下数据库对象：表（table）、数据库关系图、视图（view）、存储过程（stored procedures）、触发器（triggers）、用户定义数据类型（user-defined data types）、用户自定义函数（user-defined functions）、索引（indexes）、规则（rules）、默认值（defaults）等，如图 4-1 所示。

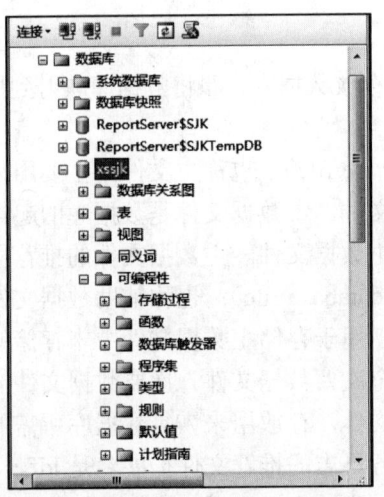

图 4-1 "对象资源管理器"窗口

在 SQL Server 2008 中创建的每个对象都必须有一个唯一的完全限定对象名，即对象的全名。完全限定对象名由 4 个标识符组成：服务器名、数据库名、所有者名和对象名，各个部分之间由句点"."连接。格式如下：

服务器名.数据库名.所有者名.对象名

例如：

server.database.owner.object

使用当前数据库内的对象可以省略完全限定对象名的某部分，省略的部分系统将使用默认值或当前值，例如：:

server.database..object	/* 省略所有者名称 */
server..owner.object	/* 省略数据库名称 */
database.owner.object	/* 省略服务器名称 */
server…object	/* 省略数据库及所有者名称 */
owner.object	/* 省略服务器及数据库名称 */
object	/* 省略服务器、数据库及所有者名称 */

4.1.2 系统数据库

在创建任何数据库之前，依次打开 SQL Server Management Studio 中"对象资源管理器"窗口的"服务器""数据库""系统数据库"目录，可以看到 4 个系统数据库，如图 4-2 所示。

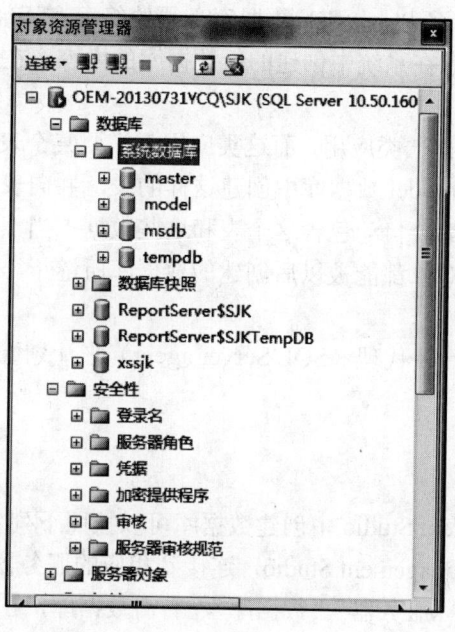

图 4-2 系统数据库

SQL Server 2008 的系统数据库分别是 master 数据库、tempdb 数据库、model 数据库和 msdb 数据库。

1．master 数据库

master 数据库记录 SQL Server 系统的所有系统级信息。这包括实例范围内的元数据（例如登录账户）、端点、链接服务器和系统配置设置。master 数据库还记录了所有其他数据库是否存在以及这些数据库文件的位置。另外，master 数据库还记录了 SQL Server 的初始化信息。因此，如果 master 数据库不可用，则 SQL Server 将无法启动。

在 SQL Server 2008 中，系统对象不再存储在 master 数据库中，而是存储在 Resource 数据库（资源数据库）中。Resource 数据库也是 SQL Server 2008 的一个系统数据库。Resource 数据库是只读数据库，它包含了 SQL Server 2008 中的所有系统对象。SQL Server 系统对象（例如 sys.objects）在物理上持续存在于 Resource 数据库中，但在逻辑上，它们出现在每个数据库的 sys 架构中。

2．tempdb 数据库

tempdb 数据库是连接到 SQL Server 实例的所有用户都可用的全局资源，它保存了所有临时表和临时存储过程。另外，它还用来满足所有其他临时存储的要求，例如存储 SQL Server 生成的临时工作表。

每次启动 SQL Server 时，都要重新创建 tempdb，以便系统启动时，该数据库总是空的。在断开连接时，系统会自动删除临时表和存储过程，并且在系统关闭后没有活动连接。因此 tempdb 中不会有什么内容从一个 SQL Server 会话保存到另一个会话。

3．model 数据库

model 数据库是在 SQL Server 实例上创建的所有数据库的模板。因为每次启动 SQL Server 时都会创建 tempdb，所以 model 数据库必须始终存在于 SQL Server 系统中。model 数据库相当于一个模子，所有在系统中创建的新数据库的内容，在刚创建时都和 model 数据库完全一样。

如果 SQL Server 专门用作一类应用，而这类应用都需要某个表，甚至在这个表中都要包括同样的数据，那么就可以在 model 数据库中创建这样的表，并向表中添加那些公共的数据，以后每一个新创建的数据库中都会自动包含这个表和这些数据。当然，也可以向 model 数据库中增加其他数据库对象，这些对象都能被以后创建的数据库所继承。

4．msdb 数据库

msdb 数据库由 SQL Server 代理（SQL Server agent）来计划警报和作业。

4.1.3　创建数据库

在 SQL Server Management Studio 中创建数据库可以按照下列步骤来操作。

（1）打开 SQL Server Management Studio，连接到相应的服务器。在"对象资源管理器"窗口中，逐个展开将被使用的"服务器""数据库"，右击数据库，在弹出的快捷菜单中选择"新建数据库"命令，如图 4-3 所示。

（2）在出现的"新建数据库"窗口中，左侧"选择页"选项中包括"常规""选项"和"文件组" 3 项。默认显示的是"常规"选项，如图 4-4 所示。在"常规"选项卡中，可以设置新建数据库的名称、数据库的所有者、数据文件、事务日志文件等信息。

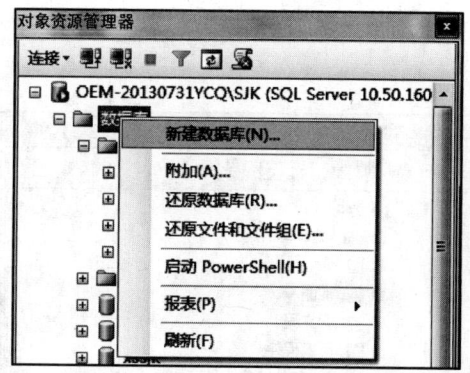

图 4-3 选择"新建数据库"命令

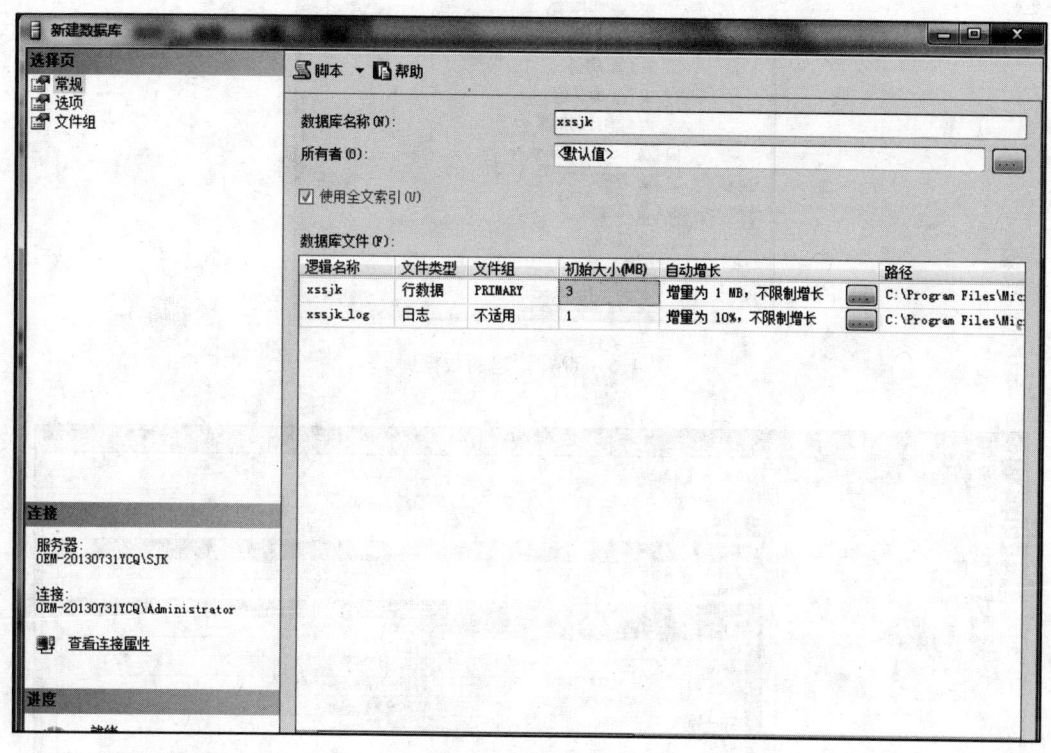

图 4-4 "新建数据库"窗口

在这里建立了 xssjk 数据库,在"数据库名称"文本框中输入"xssjk"。

在 SQL Server Management Studio 的"对象资源管理器"窗口中,会出现新的数据库 xssjk,如图 4-5 所示。

4.1.4 查看数据库信息

在 SQL Server Management Studio 的"对象资源管理器"窗口中,展开"服务器""数据库",

右击数据库 xssjk，在弹出的快捷菜单中选择"属性"命令，打开如图 4-6 所示的"数据库属性"窗口来查看数据库的信息。

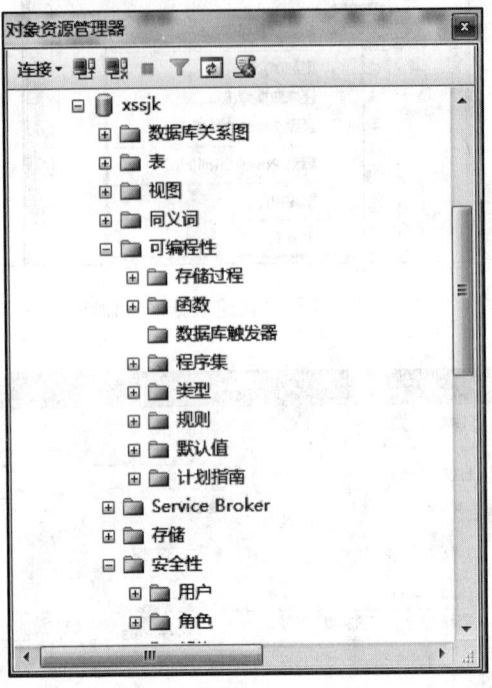

图 4-5　查看新建的数据库

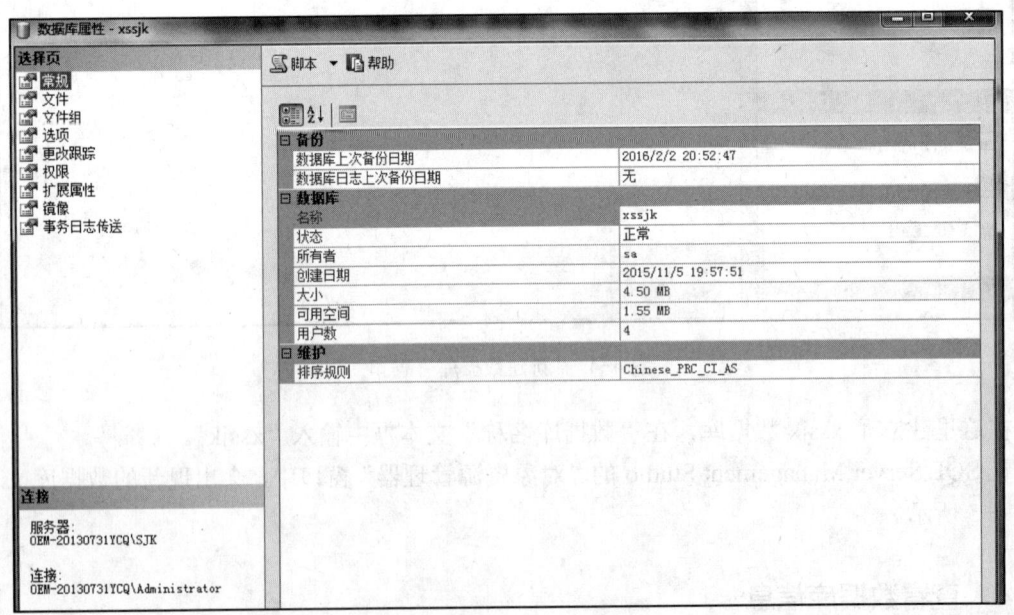

图 4-6　xssjk 数据库的属性窗口

"数据库属性"窗口包含"常规""文件""文件组""选项""更改跟踪""权限""扩

46　/　第 4 章　可视化方式下数据库对象的操作

展属性""镜像"和"事务日志传送"9 个选择页。可以通过它们查看、修改数据库的基本属性，在此不再具体说明。

4.1.5 修改数据库

修改数据库包括增减数据库文件，修改文件属性（包括更改文件名和文件大小等），修改数据库选项等。

在 SQL Server Management Studio 的"对象资源管理器"窗口中，展开"服务器""数据库"，右击要修改的数据库如 xssjk，在弹出的快捷菜单中选择"属性"命令，打开"数据库属性"窗口来修改数据库的信息。

1．增减数据库文件和文件组

用户可以使用"文件"选项卡增减数据库文件或修改数据库文件属性。使用"文件组"选项卡增加或删除一个文件组，修改现有文件组的属性。

2．修改数据库选项

使用"选项"选项卡可以修改数据库的选项。只需单击要修改的属性值后的下拉按钮，选择 True 或 False 选项，就可以非常容易地更改当前数据库的选项值，如图 4-7 所示。

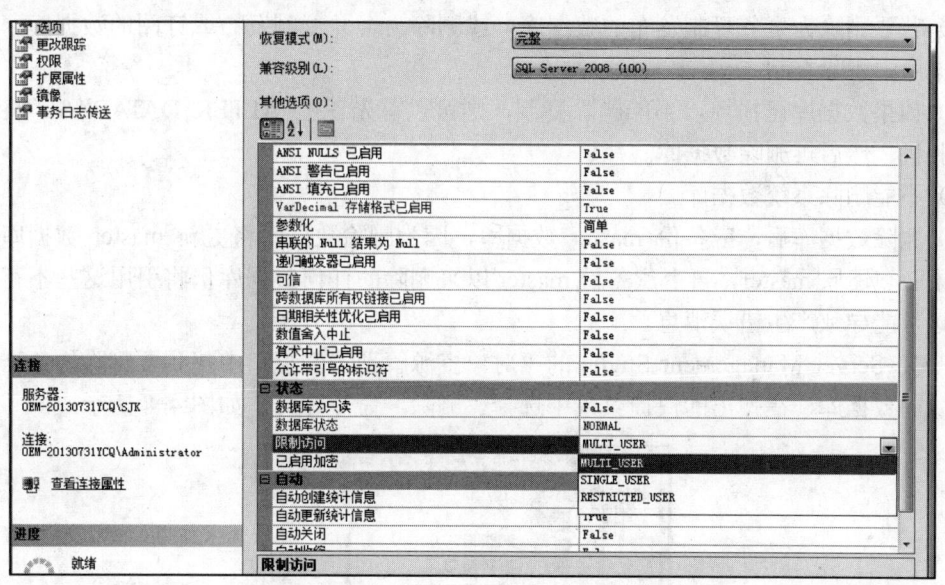

图 4-7 使用"选项"选项卡修改数据库选项

比较常用的数据库选项如下。

（1）限制访问：即限制访问数据库的用户，包括 MULTI_USER（多用户）、SINGLE_USER（单用户）和 RESTRICTED_USER（受限用户）。如果设置为 SINGLE_USER 之前已有用户在使用该数据库，那么这些用户可以继续使用，但新的用户必须等到所有用户都退出之后才能登录。

（2）只读：即数据库中的数据只能读取，而不能修改。

（3）自动关闭：用于指定数据库在没有用户访问并且所有进程结束时自动关闭，释放所有资源，当有新的用户要求连接时，数据库自动打开。数据库自动关闭后，数据库文件可以像普通文件一样处理（例如复制或作为电子邮件的附件发送），所以这个选项很适合移动用户。而对于网络应用数据库，则最好不要设置这个选项，因为频繁地关闭和重新打开操作会对数据库性能造成极大的影响。

（4）自动收缩：当数据或日志量较少时自动缩小数据库文件的大小，当设置了只读属性时，这个选项无效。

4.1.6 删除数据库

当不再需要用户定义的数据库，或者已将其移到其他数据库或服务器上时，可以删除该数据库。数据库删除之后，文件及其数据都从服务器的磁盘中删除。数据库一旦删除，将永久删除，并且不能进行检索，除非使用以前的备份。所以，删除数据库之前应格外小心。

可以删除数据库，而不管该数据库所处的状态。这些状态包括脱机、只读和可疑。

删除数据库时，应注意如下情况。

（1）如果数据库涉及日志传送操作，应在删除数据库之前取消日志传送操作。

（2）若要删除为事务复制发布的数据库，或删除为合并复制发布或订阅的数据库，必须首先从数据库中删除复制。

（3）如果数据库已损坏，不能删除复制，则可以首先使用 ALTER DATABASE 将数据库设置为脱机，然后再删除数据库。

（4）不能删除系统数据库。

（5）删除数据库后，应备份 master 数据库，因为删除数据库将更新 master 数据库中的信息。如果必须还原 master，自上次备份 master 以来删除的任何数据库仍将引用这些不存在的数据库。这可能导致产生错误消息。

在 SQL Server Management Studio 的"对象资源管理器"窗口中找到要删除的数据库，右击要删除的数据库，在弹出的快捷菜单中选择"删除"命令即可，如图 4-8 所示。

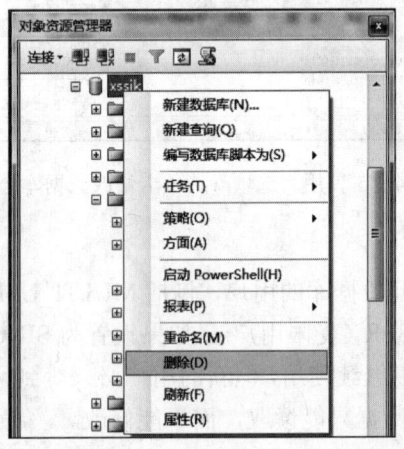

图 4-8 选择"删除"命令

4.2 数据表的创建

表是用来存储数据和操作数据的逻辑结构。关系数据库中的所有数据都存储在表中，因此表是 SQL Server 数据库最重要的组成部分。在介绍表的创建之前，先要介绍 SQL Server 2008 提供的数据类型。

4.2.1 数据类型

SQL Server 为了实现 T-SQL 的良好性能，提供了丰富的数据类型。

1. 数值型数据

（1）bigint。bigint 型数据可以存放从 $-2^{63} \sim 2^{63}-1$ 范围内的整型数据。以 bigint 数据类型存储的每个值占用 8 个字节，共 64 位，其中 63 位用于存储数字，1 位用于表示正负。

（2）int。int 也可以写作 integer，可以存储从 $-2^{31} \sim 2^{31}-1$ 范围内的全部整数。以 int 数据类型存储的每个值占用 4 个字节，共 32 位，其中 31 位用于存储数字，1 位用于表示正负。

（3）smallint。smallint 型数据可以存储从 $-2^{15} \sim 2^{15}-1$ 范围内的所有整数。以 smallint 类型存储的每个值占用 2 个字节，共 16 位，其中 15 位用于存储数字，1 位用于表示正负。

（4）tinyint。tinyint 型数据可以存储 0～255 范围内的所有整数。以 tinyint 数据类型存储的每个值占用 1 个字节。

整数型数据可以在较少的字节里存储较大的精确数字，而且存储结构的效率很高。所以，平时在选用数据类型时，应尽量选用整数型数据类型。

（5）decimal 和 numeric。事实上，numeric 数据类型是 decimal 数据类型的同义词，decimal 可以简写为 Dec。在 Transact-SQL 中，numeric 与 decimal 数据类型在功能上等效的。

使用 decimal 和 numeric 型数据可以精确指定小数点两边的总位数 p（precision，精度）和小数点右面的位数 s（scale，刻度）。

在 SQL Server 中，decimal 和 numeric 型数据的最高精度可以达到 38 位，即 $1 \leqslant p \leqslant 38, 0 \leqslant s \leqslant p$。decimal 和 numeric 型数据的刻度的取值范围必须小于精度的最大范围。

SQL Server 分配给 decimal 和 numeric 型数据的存储空间随精度的不同而不同，一般说来对应的比例关系如表 4-1 所示。

表 4-1 精度范围与对应的分配字节数

精度范围	分配字节数
1～9	5
10～19	9
20～28	13
29～38	17

（6）float 和 real。real 型数据范围为 $-3.40E+38 \sim 1.79E+38$，存储时使用 4 个字节，精度可

以达到 7 位。float 型数据范围为 –1.79E+38～1.79E+38。利用 float 来表明变量和表列时可以指定用来存储按科学记数法记录的数据尾数的 bit 数。如 float(n)，n 的范围是 1～53。当 n 的取值为 1～24 时，float 型数据可以达到的精度是 7 位，用 4 个字节来存储。当 n 的取值范围是 25～53 时，float 型数据可以达到的精度是 15 位，用 8 个字节来存储。

2. 字符数据类型

SQL Server 提供了 3 类字符数据类型，分别是 char、varchar 和 text。在这 3 类数据类型中，最常用的是 char 和 varchar 两类。

（1）char(n)。利用 char 数据类型存储数据时，每个字符占用一个字节的存储空间。char 数据类型使用固定长度来存储字符，最长可以容纳 8 000 个字符。利用 char 数据类型来定义表列或者变量时，应该给定数据的最大长度 n。如果实际数据的字符长度短于给定的最大长度，则多余的字节会以空格填充。如果实际数据的字符长度超过了给定的最大长度，则超过的字符将会被截断。在使用字符型常量为字符数据类型赋值时，必须使用单引号（' '）将字符型常量引起来。

（2）varchar(n)。varchar 数据类型的使用方式与 char 数据类型类似。SQL Server 利用 varchar 数据类型来存储最长可以达到 8 000 字符的变长字符。与 char 数据类型不同的是，varchar 数据类型的存储空间随存储在表列中的每一个数据的字符数的不同而变化。

例如，定义表列为 varchar(20)，那么存储在该列的数据最多可以长达 20 个字节。但是，在数据没有达到 20 个字节时并不会在多余的字节上填充空格，而是按实际占用的字符长度分配字节。

当存储在列中的数据的值大小经常变化时，使用 varchar 数据类型可以有效地节省空间。

（3）text。当要存储的字符型数据非常庞大以至于 8 000 字节完全不够用时，char 和 varchar 数据类型都失去了作用，这时应该选择 text 数据类型。

text 数据类型专门用于存储数量庞大的变长字符数据。最大长度可以达到 $2^{31}-1$ 个字符，约 2 GB。

3. 日期/时间数据类型

SQL Server 提供的日期/时间数据类型可以存储日期和时间的组合数据。以日期和时间数据类型存储日期或时间的数据比使用字符型数据更简单，因为 SQL Server 提供了一系列专门处理日期和时间的函数来处理这些数据。如果使用字符型数据来存储日期和时间，只有用户本人可以识别，计算机并不能识别，因而也不能自动将这些数据按照日期和时间来进行处理。

日期/时间数据类型有 datetime 和 smalldatetime 两类。

（1）datetime。datetime 数据类型范围从 1753 年 1 月 1 日到 9999 年 12 月 31 日，可以精确到 0.001 秒。datetime 数据类型的数据占用 8 个字节的存储空间。

（2）smalldatetime。smalldatetime 数据范围从 1900 年 1 月 1 日到 2079 年 6 月 6 日，可以精确到分。smalldatetime 数据类型占 4 个字节的存储空间。

SQL Server 在用户没有指定小时以上精度的数据时，会自动设置 datetime 和 smalldatetime 数据的时间为 00:00:00。

在 SQL Server 2008 中，用户可以使用 GETDATE()函数来得到系统时间，使用 SET DATEFORMAT 命令设置日期格式。

例如，设置日期格式为"月-日-年"。M 表示月，D 表示日，Y 表示年。

SQL Server 2008 提供了多种日期表达式，其中，年可以是 4 位数或 2 位数，月和日可以用 2 位数或 1 位数。系统默认的日期格式是"年-月-日"。常用的日期格式如下。

① 年。
② 年月日。
③ 月-日-年。
④ 月/日/年。
⑤ 年-月-日。

4．货币数据类型

货币数据类型专门用于货币数据处理。SQL Server 提供了 money 和 smallmoney 两种货币数据类型。

（1）money。money 数据类型存储的货币值由 2 个 4 字节整数构成。前面的一个 4 字节表示货币值的整数部分，后面的一个 4 字节表示货币值的小数部分。以 money 存储的货币值的范围为 $-2^{63} \sim 2^{63}-1$，可以精确到万分之一货币单位。

（2）smallmoney。由 smallmoney 数据类型存储的货币值由 2 个 2 字节整数构成。前面的一个 2 字节表示货币值的整数部分，后面的一个 2 字节表示货币值的小数部分。以 smallmoney 存储的货币值的范围为 $-2^{31} \sim 2^{31}-1$，也可以精确到万分之一货币单位。

在把值加入定义为 money 或 smallmoney 数据类型的表列时，应该在最高位之前放一个货币记号$或其他货币单位的记号，但是也没有严格要求。

5．二进制数据类型

所谓二进制数据是一些用十六进制来表示的数据。例如，十进制数 245 表示成十六进制数据就应该是 F5。在 SQL Server 中，可以使用 3 种数据类型来存储二进制数据，分别是 binary、varbinary 和 image。

二进制数据类型同字符数据类型非常相似。使用 binary 数据类型定义的列或变量，具有固定的长度，最大长度可以达到 8 KB；使用 varbinary 数据类型定义的列或变量具有不固定的长度，其最大长度也不得超过 8 KB；image 数据类型可以用于存储字节数超过 8 KB 的数据，比如 Microsoft Word 文档、Microsoft Excel 图表，以及图像数据（包括 gif、bmp、jpeg 文件）等。

一般说来，最好使用 binary 或 varbinary 数据类型来存储二进制数据。只有在数据的字节数超过了 8 KB 的情况下，才使用 image 数据类型。

在对二进制数据进行插入操作时，必须在数据常量前面增加一个前缀 0x。

6．双字节数据类型

SQL Server 提供的双字节数据类型共有 3 类，分别是 nchar、nvarchar、ntext。

（1）nchar(n)。nchar(n)是固定长度的双字节数据类型，括号里的 n 用来定义数据的最大长度。n 的取值范围是 1～4 000，所以使用 nchar 数据类型所能存储的最大字符数是 4 000 字符。由于存储的都是双字节字符，所以双字节数据的存储空间为：字符数×2（字节）。

nchar 数据类型的其他属性及使用方法与 char 数据类型一样。例如，在有多余字节的情况下也会自动加上空格进行填充。

（2）nvarchar(n)。nvarchar(n)数据类型存储可变长度的双字节数据类型，括号里的 n 用来定义数据的最大长度。n 的取值为 0～4 000。所以使用 nvarchar 数据类型所能存储的最大字符数也是 4 000。nvarchar 数据类型的其他属性及使用方法与 varchar 数据类型一样。

（3）ntext。ntext 数据类型存储的是可变长度的双字节字符，ntext 数据类型突破了前两种双字节数据类型不能超过 4 000 字符的规定，最多可以存储多达 $2^{30}-1$ 个双字节字符。ntext 数据类型的其他属性及使用方法与 text 数据类型一致。

7．图像、文本数据的使用

为了方便用户存储和使用文本、图像等大型数据，SQL Server 提供了 text、ntext 和 image 3 种数据类型。

文本和图像数据在 SQL Server 中是用 text、ntext 和 image 数据类型来表示的。这 3 种数据类型很特殊，因为它们的数据量往往较大，所以它们不像表中其他类型的数据那样一行一行地依次存放在数据页中，而是经常被存储在专门的页中，在数据行的相应位置处只记录指向这些数据实际存储位置的指针。在 SQL Server 7.0 以前的版本中，文本和图像数据都是这样与表中的其他数据分开存储的。SQL Server 2008 提供了将小型的文本和图像数据在行中存储的功能。

当将文本和图像数据存储在数据行中时，SQL Server 不需要为访问这些数据而去访问另外的页，这使得读写文本和图像数据可以与读写 varchar、nvarchar 和 varbinary 字符串一样快。

为了指定某个表的文本和图像数据在行中存储，需要使用系统存储过程 sp_tableoption 设置该表的 text in row 选项为 TRUE。当指定 text in row 选项时，还可以指定一个文本和图像数据大小的上限值，这个上限值应在 24 字节到 7 000 字节之间。当同时满足以下两个条件时，文本和图像数据可以直接存储在行中。

（1）文本和图像数据的大小不超过指定的上限值。
（2）数据行有足够的空间存放这些数据。

8．用户定义数据类型及使用

用户定义数据类型并不是真正的数据类型，它只是提供了一种加强数据库内部和基本数据类型之间一致性的机制。通过使用用户定义数据类型能够简化对常用规则和默认值的管理。

4.2.2　创建表结构

在创建表及其对象之前，最好先规划并确定表的下列特征。
（1）表要包含的数据的类型。
（2）表中的列数，每一列中数据的类型和长度（如果必要）。
（3）哪些列允许空值。

下面在数据库 xssjk 中创建如下 4 个表：学生、课程、成绩、班级。表的结构特征如表 4-2 所示。

表 4-2　表 的 结 构

(a) 学生

列名	数据类型	可否为空	备注
sno	char(7)	Not null	学号

续表

列名	数据类型	可否为空	备注
sname	varchar(20)	Not null	姓名
sage	tinyint	Null	年龄
ssex	char(4)	Null	性别：男、女
sbirthday	smalldatetime	Null	出生日期
depart	char(20)	Null	系别
classno	char(4)	Null	班级编号

(b) 课程

列名	数据类型	可否为空	备注
cno	char(3)	Not null	课程号
cname	varchar(40)	Not null	课程名
credit	char(4)	Null	学分
notes	varchar(200)	Null	备注

(c) 成绩

列名	数据类型	可否为空	备注
sno	char(7)	Not null	学号
cno	char(3)	Not null	课程号
degree	tinyint	Null	成绩

(d) 班级

列名	数据类型	可否为空	备注
classno	char(4)	Not null	班级编号
classname	char(20)	Not null	班级名称
			所属院系

表的创建也有两种方式：一是通过 SQL Server Management Studio 创建，二是用 T-SQL 命令创建。

利用 SQL Server Management Studio 提供的图形界面创建表，步骤如下。

（1）在"对象资源管理器"窗口的树形目录中找到要建表的数据库 xssjk，展开该数据库。

（2）选择"表"选项，右击，在弹出的快捷菜单中选择"新建表"命令，编辑前 200 行设计器，如图 4-9 所示。

（3）表设计器的上半部分有一个表格，在这个表格中输入列的属性，表格的每一行对应设置一列。对每一列都需要进行以下设置。

① 列名：为每一列设定一个列名。

② 数据类型：数据类型是一个下拉列表框，其中包括了所有的系统数据类型和用户定义数据类型。用户可根据需要来选择数据类型和长度。

③ 允许 NULL 值：单击该行的复选框，可以切换是否允许该列为空值的状态。勾选表示允许为空值，不勾选表示不允许为空值，默认状态下是允许为空值的。

表设计器的下半部分是某个列的详细属性。

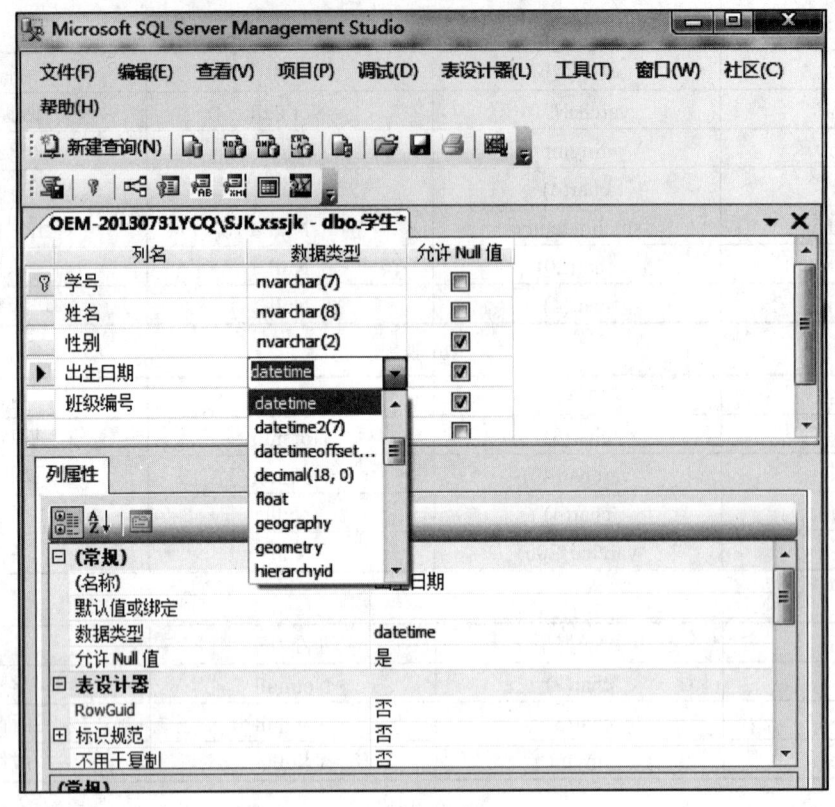

图 4-9 表设计器

（4）逐个定义好表中的列，单击工具栏的"保存"按钮。若没有在表设计器中给出表的名称，会出现"选择名称"对话框，提示用户输入表的名称，如图 4-10 所示。单击"确定"按钮，S 表就建立完成了。

图 4-10 "选择名称"对话框

4.2.3 查看和修改表结构

在 SQL Server Management Studio 的"对象资源管理器"窗口中找到要查看的表所在的数据库，选中树形结构中的"表"结点，在列表中选择一个要查看和修改的表，右击，打开快捷菜单，选择"设计"命令，如图 4-11 所示。可以在此查看和修改表结构等。

选中某一列，右击，选择"删除列"命令，则可删除某一列。用跟建表时相似的方法可以对列值进行修改。例如，给基本表设置主键，如图 4-12 和图 4-13 所示。

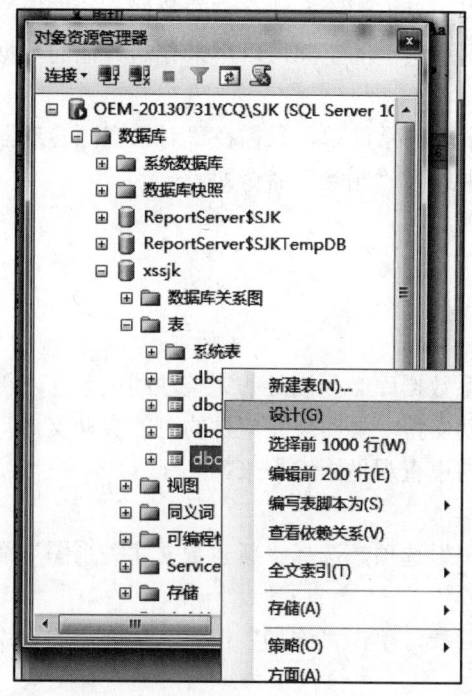
图 4-11 选择"设计"命令

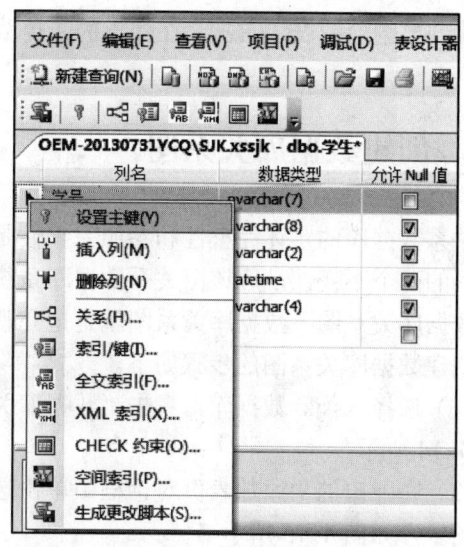
图 4-12 选择"设置主键"命令

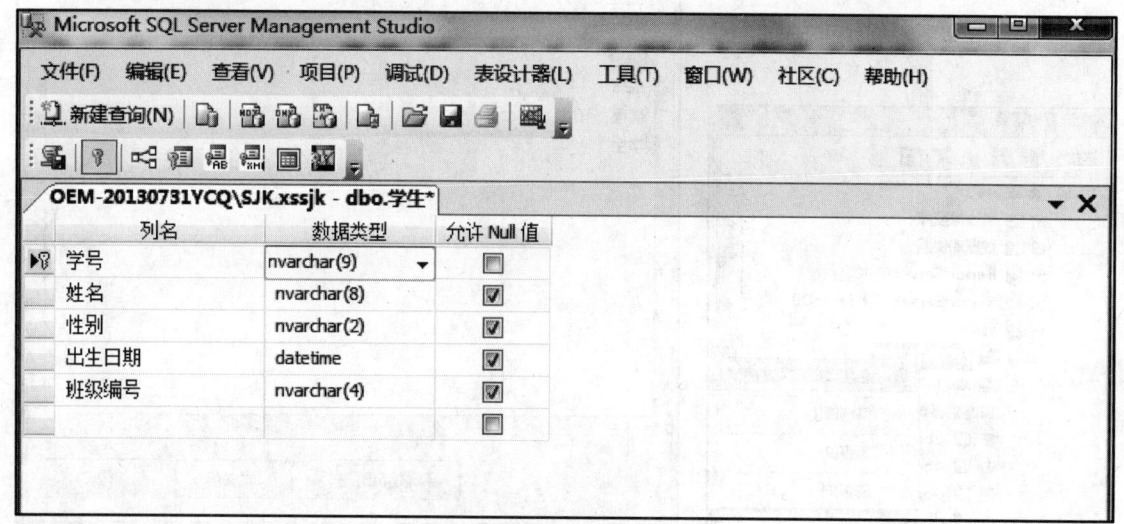
图 4-13 修改 S 表的结构

若两个以上属性组成主键，按住 Ctrl 键的同时，选择另外一个属性，再右击，选择"设置主键"命令即可。

4.2 数据表的创建 / 55

4.2.4 删除表

当不再需要某个表时,可以将其删除。一个表一旦被删除,那么它的数据、结构定义、约束、索引等都将被永久地删除,以前用来存储数据和索引的空间可以用来存储其他的数据库对象了。

使用 SQL Server Management Studio 删除一个表非常简单,只需在"对象资源管理器"窗口中找到要删除的表,右击,在弹出的快捷菜单中选择"删除"命令即可。

4.3 创建数据库关系图

关系数据库的实体完整性和参照完整性是关系数据库必须满足的完整性约束条件,被称作是关系的两个不变性,应该由关系数据库系统自动支持。要实现完整性约束的自动支持,必须创建数据库关系图,数据库关系图就是把完整性约束直观地固定下来。

创建数据库关系图的步骤如下。

(1)选择 xssjk 数据库,右击"数据库关系图"选项,选择"新建数据库关系图"命令,如图 4-14 所示。

(2)在弹出的"添加表"对话框中单击选定的表,单击"添加"按钮,把选定的表添加到关系图中,如图 4-15 所示。

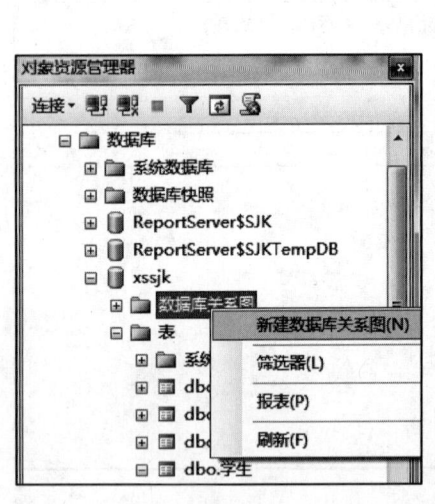

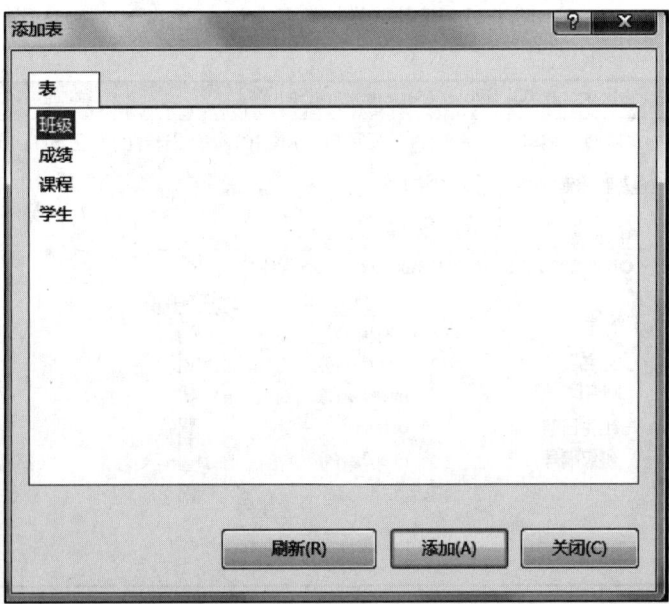

图 4-14 选择"新建数据库关系图"命令　　　图 4-15 "添加表"对话框

(3)按照表间的参照关系,建立它们之间的连接,如图 4-16 所示。

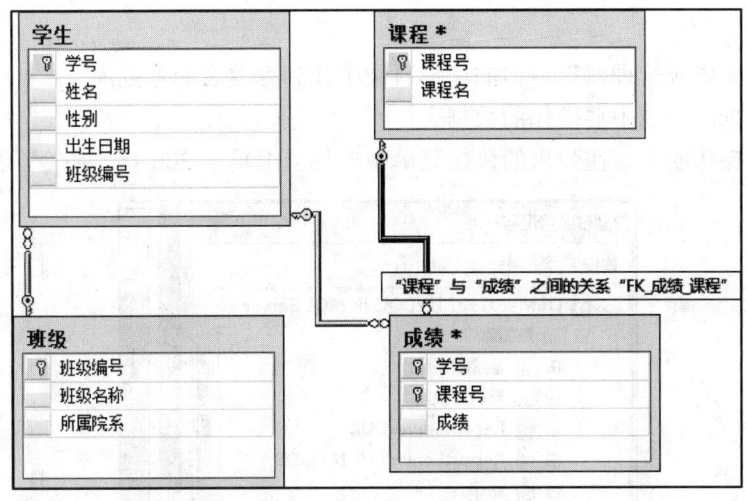

图 4-16　建立表间的连接

（4）保存数据库关系图为参照关系图，如图 4-17 所示。

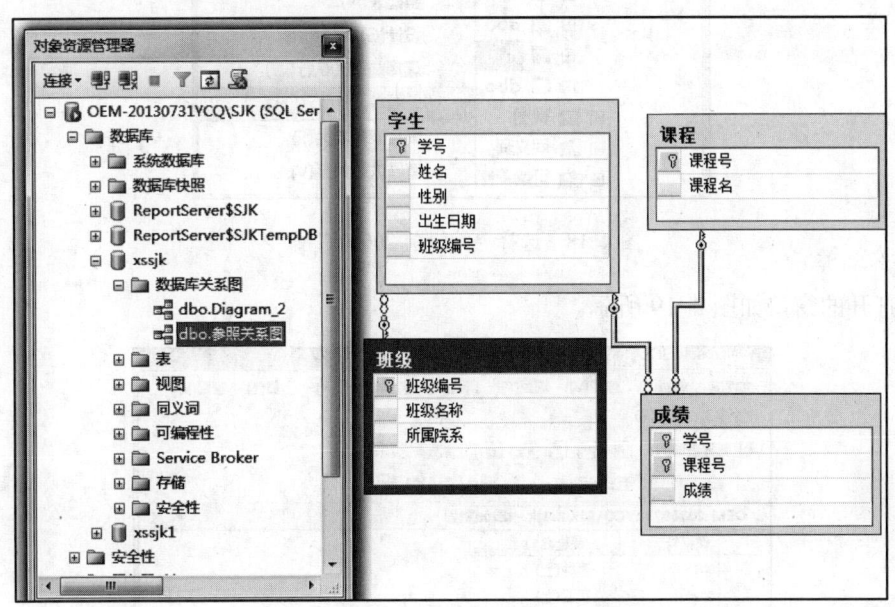

图 4-17　保存数据库关系图为参照关系图

4.4　数据更新

新创建的表中没有任何数据，可以通过数据更新操作向表中插入新数据，修改表中的数据和删除表中的数据。

使用 SQL Server Management Studio 可以对一个表中的数据进行查看、插入、修改及删除等操作，方法如下。
（1）在"对象资源管理器"窗口的树形目录中找到存放表的数据库。
（2）展开数据库，选中要操作的数据表。
（3）右击要操作的表，在弹出的快捷菜单中选择"编辑前 200 行"命令，如图 4-18 所示。

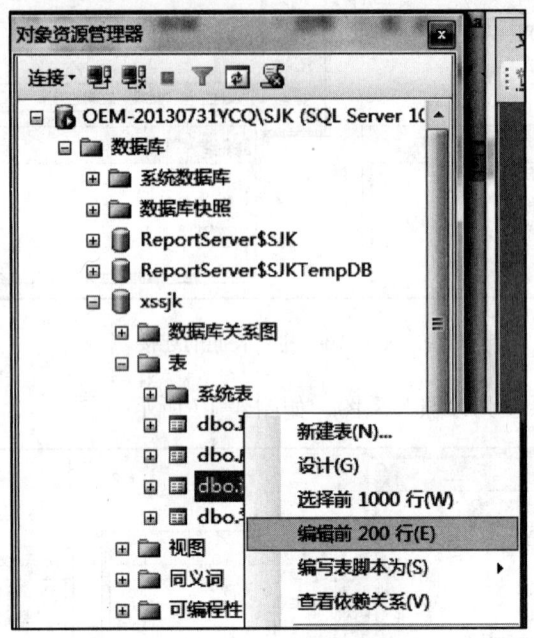

图 4-18　选择"编辑前 200 行"命令

（4）打开的窗口如图 4-19 所示。

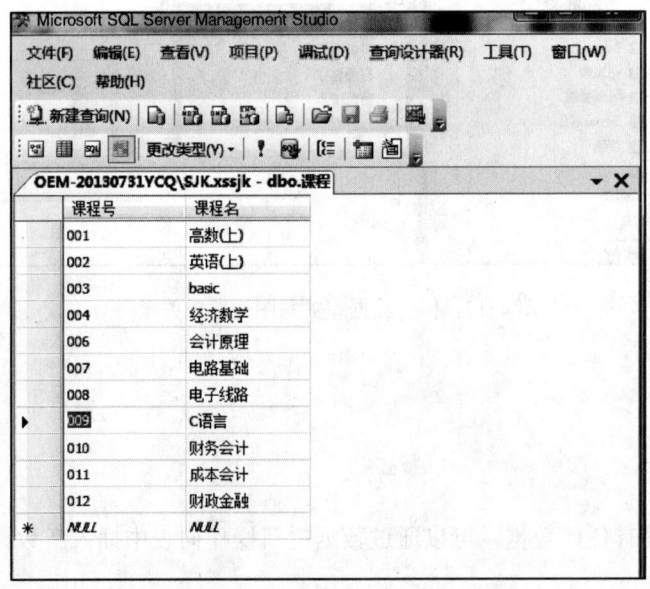

图 4-19　显示表中的数据

58　/　第 4 章　可视化方式下数据库对象的操作

在此窗口可以实现查看表中的数据，为表添加数据，修改数据以及删除数据的操作。

4.5 视图

4.5.1 视图的概念

视图是从一个或多个表（或视图）中导出的表。例如，对于一个学校，其学生的情况保存在数据库的一个或多个表中，而作为学校的不同职能部门，所关心的学生数据内容是不同的。即使是同样的数据，也可能有不同的操作要求，于是就可以根据他们的不同需求，在数据库上定义他们对数据库所要求的数据结构，这种根据用户观点所定义的数据结构就是视图。

视图与表（有时为了与视图区别，也称表为基本表）不同，视图是一个虚表，即对视图中的数据不进行实际存储。数据库中只存储视图的定义，对视图的数据进行操作时，系统根据视图的定义去操作与视图相关联的基本表。若基本表的数据发生变化，则这种变化可以自动地反映到视图中。

视图一经定义，就可以像基本表一样被查询和有条件更新。

视图有以下优点。

（1）为用户集中数据，简化用户的数据查询和处理。有时用户所需要的数据分散在多个表中，定义视图可将它们集中在一起，从而方便用户的数据查询和处理。

（2）屏蔽数据库的复杂性。用户不必了解复杂的数据库中的表结构，而且数据表的更改也不会影响用户对数据库的使用。

（3）简化用户权限的管理。只需授予用户使用视图的权限，而不必指定用户只能使用表的特定列，既简化了权限管理，也增加了安全性。

（4）便于数据共享。用户可以根据自己的需要对数据库中的数据定制不同的视图模式，从而共享数据库中的数据。

（5）可以重新组织数据以便输出到其他应用程序中。

使用视图时，要注意以下事项。

（1）只有在当前数据库中才能创建视图。

（2）视图的命名必须遵循标识符命名规则，且不能与表同名。而且对于每个用户，视图名必须是唯一的，即对不同用户，即使是定义相同的视图，也必须使用不同的名字。

（3）不能把规则、默认值或 AFTER 触发器与视图相关联。

（4）不能在视图上建立任何索引，包括全文索引。

（5）可以基于已存在的视图创建新视图。Microsoft SQL Server 2008 允许嵌套视图，但嵌套不得超过 32 层。根据视图的复杂性及可用内存，视图嵌套的实际限制可能低于该值。

（6）定义视图的查询不能包含 COMPUTE 子句、COMPUTE BY 子句或 INTO 关键字。

（7）定义视图的查询不能包含 ORDER BY 子句，除非在 SELECT 语句的选择列表中还有一个 TOP 子句。

4.5.2 创建视图

视图在数据库中是作为一个对象来存储的。创建视图前,要保证创建视图的用户已被数据库所有者授权使用 CREATE VIEW 语句,并且有权操作视图所涉及的表或其他视图。在 SQL Server 2008 中,创建视图可以在 SQL Server Management Studio 中进行,也可以使用 Transact-SQL 的 CREATE VIEW 语句来创建。

用户使用 SQL Server Management Studio,可以在图形界面下创建视图,这是一种最快捷的方式。下面以在 xssjk 数据库中创建"不及格成绩表"(描述学生选课的情况)视图来说明创建视图的过程。

(1) 打开 SQL Server Management Studio,在"对象资源管理器"窗口中展开需要建立视图的数据库 xssjk,选中"视图"选项,右击,在弹出的快捷菜单中选择"新建视图"命令,出现"添加表"对话框,如图 4-20 所示。

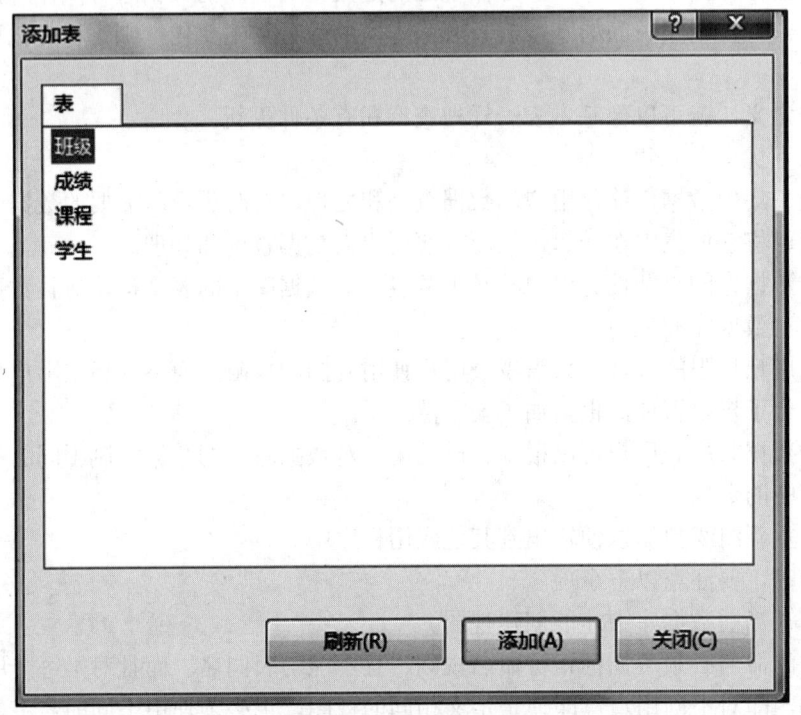

图 4-20 "添加表"对话框

(2) 添加对象完毕,单击"关闭"按钮,进入视图设计窗口。该窗口又分为多个子窗口,如图 4-21 所示。

第一个子窗口显示了视图所用到的对象的图形表示,如图 4-22 所示。用户可以在此选择视图中要包含的列,只需选中列前的复选框即可。对于多个表之间的连接操作,可以通过在某个表的相关列上按下鼠标左键,拖动鼠标移动到要连接的表的相应列上来实现。

图 4-21 创建视图窗口

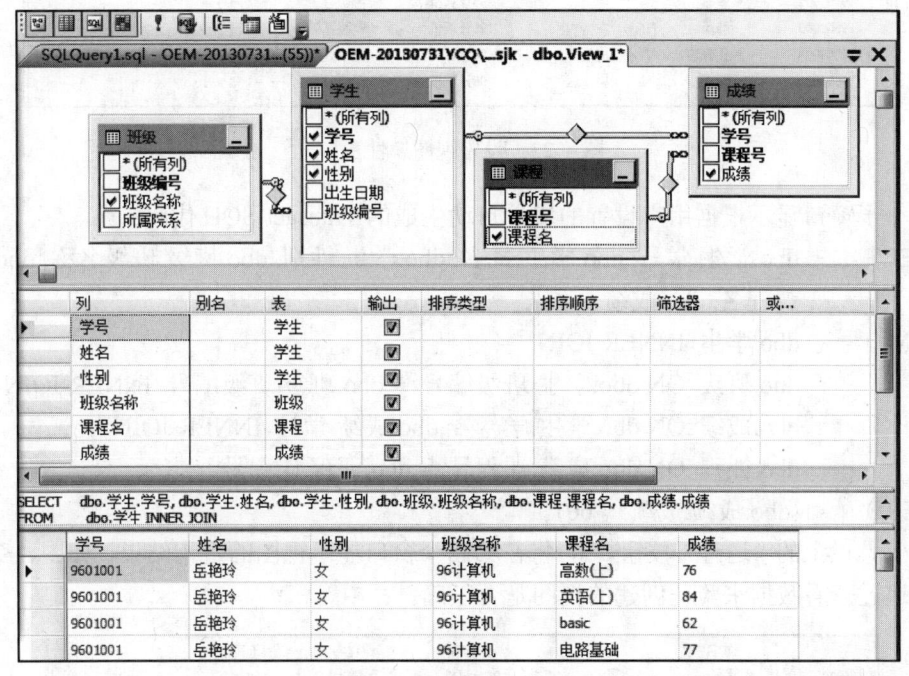

图 4-22 选择列窗口

第二个子窗口显示了用户选择的列的列名、别名、表名、是否输出、顺序类型等属性，用户可以在此设置视图属性，如图 4-23 所示。

可以在"别名"列为选择列设置一个别名。可以在"排序类型"和"排序顺序"列上选择排序依据的列和排序的方式。在筛选器上还可以编辑选择的条件"成绩<60"。出现在此列的多个条件之间将以"AND"来连接。若要编辑以"OR"来连接的条件，可以在每个"或…"列

4.5 视图 / 61

上编辑一个条件。

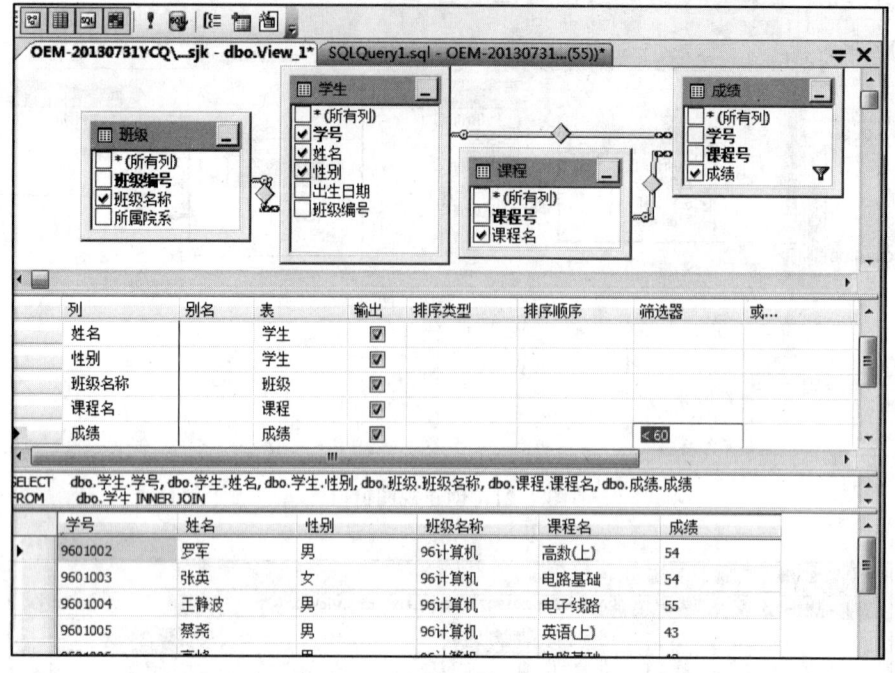

图 4-23　设置视图属性窗口

第三个子窗口显示根据用户设置的属性自动生成的 Transact-SQL 代码：

SELECT　　dbo.学生.学号, dbo.学生.姓名, dbo.学生.性别, dbo.班级.班级名称, dbo.课程.课程名, dbo.成绩.成绩

FROM　　　dbo.学生　INNER JOIN

　　　　　dbo.班级　ON dbo.学生.班级编号　= dbo.班级.班级编号　INNER JOIN

　　　　　dbo.成绩　ON dbo.学生.学号　= dbo.成绩.学号　INNER JOIN

　　　　　dbo.课程　ON dbo.成绩.课程号　= dbo.课程.课程号

WHERE　　 (dbo.成绩.成绩 ＜ 60)

单击工具栏上的"运行"按钮，将在第四个窗口显示视图的查询结果，如图 4-24 所示。在此可以通过查看数据来验证创建的视图是否正确。

图 4-24　显示视图的查询结果

设置完视图的各个属性后，单击工具栏上的"保存"按钮，输入视图的名称，单击"确定"按钮，视图即可创建完成。

4.5.3 更新视图

通过更新视图数据（包括插入、修改和删除）可以修改基本表数据，但并不是所有的视图都可以更新，只能对满足更新条件的视图进行更新。

满足下列条件，即可通过视图修改基本表中的数据。

（1）任何修改都只能引用一个基本表的列。

（2）视图中要求修改的列必须直接引用表列中的基本数据。不能通过任何其他方式对这些列进行派生，如通过统计函数、计算列、集合运算等。

（3）被修改的列不受 GROUP BY、HAVING、DISTINCT 或 TOP 子句的影响。

另外还应注意以下附加准则。

（1）如果在视图定义中使用了 WITH CHECK OPTION 子句，则所有在视图上执行的数据修改语句都必须符合定义视图的 SELECT 语句中所设置的条件。当通过视图修改行时注意不让它们在修改完成后从视图中消失。任何可能导致行消失的修改都会被取消，并显示错误。

（2）INSERT 语句必须为不允许为空值并且没有 DEFAULT 定义的基础表中的所有列指定值。在基础表的列中修改的数据必须符合对这些列的约束，例如为空值、约束及 DEFAULT 定义等。如果要删除一行，则相关表中的所有基于 FOREIGN KEY 的约束必须仍然得到满足，删除操作才能成功。

（3）不能对视图中的 text、ntext 或 image 列使用 READTEXT 语句和 WRITETEXT 语句。

本 章 小 结

本章主要讲述了数据库的结构，数据库和表的创建与管理，SQL Server 2008 提供的数据类型以及表中数据的添加、修改、删除。通过本章的学习，读者应能建立和管理数据库和表。熟悉对于表中数据的操作，包括插入、修改和删除，并向表中添加一定量的数据，为后面的数据查询作准备。

习 题 4

一、填空

1．SQL Server 提供的系统数据类型有_____、_____、_____、_____、_____和货币数据，也可以使用用户定义的数据类型。

2．SQL Server 的数据库包含 3 类文件：_____、_____和_____，4 个系统数据库：_____、_____、_____和 msdb 数据库。

3．可以使用系统存储过程_____来查看表的定义，后面加上要查看的_____作为参数。

二、操作题

1．创建用户定义的数据类型：编号（非空，长度为 8 的字符型）。

2．创建图书数据库（BookSys），并在数据库中建立如表 4-3～表 4-5 所示的数据表，要求图书编号、读者编号使用用户定义类型：编号。

表 4-3　图书信息（tsxx）表

图书编号	书名	价格	出版社	出版日期	作者
（tusbh）	（shum）	（jiag）	（chubs）	（chubrq）	（zuoz）

说明：图书编号、书名不能为空。

表 4-4　读者信息（dzxx）表

读者编号	姓名	身份证号	级别
（duzbh）	（xingm）	（shenfzh）	（jib）

说明：读者编号、姓名不能为空。

表 4-5　借阅信息（jyxx）表

读者编号	图书编号	借阅日期	还书日期	是否续借
（duzbh）	（tusbh）	（jieyrq）	（huansrq）	（shifxj）

说明：读者编号、图书编号不能为空。

3．完成如下操作。

（1）向读者信息表中添加列：联系方式（可以为空）。

（2）修改"出版社"列的定义：长度修改为 200。

（3）删除"联系方式"列。

4．完成如下数据操作。

（1）向各表插入若干数据。

（2）修改读者信息表中编号为"00001001"的读者的级别为"2"级。

（3）删除借阅信息表中读者编号为"00001001"、借阅"10010001"图书的记录。

5．完成第 12 章实验 2 的相关操作。

第 5 章 Transact-SQL 基础及应用

电子教案：
第5章 T-SQL 基础及应用

本章学习目标

本章讲解 Transact-SQL 语言基础与应用，主要包括数据定义、数据查询、数据操纵功能。SELECT 语句具有强大的查询功能，有的用户甚至只需要熟练掌握 SELECT 语句的一部分，就可以轻松地利用数据库来完成自己的工作。通过本章学习，读者应该掌握以下内容。

（1）数据库和表的创建。
（2）基于单表的简单查询。
（3）基于多表的连接查询。
（4）子查询的建立和使用。
（5）视图的创建、修改和删除。

5.1 SQL 语言的发展

SQL（Structrued Query Language，结构化查询语言）是 1974 年由 Boyce 和 Chamberlin 提出的。1975 年至 1979 年 IBM 公司 San Jose Research Laboratory 研制的关系数据库管理系统的原型系统 System R 实现了这种语言。由于它功能丰富，语言简洁，使用方法灵活，倍受用户及计算机工业界欢迎，被众多计算机公司和软件公司所采用。经各公司的不断修改、扩充和完善，SQL 语言最终发展成为关系数据库的标准语言。1986 年 10 月由美国国家标准局（ANSI）公布将 SQL 作为关系数据库语言的美国标准，1987 年国际标准化组织（ISO）也通过了这一标准。

自 SQL 成为国际标准语言以后，各个数据库厂家纷纷推出各自支持的 SQL 软件或与 SQL 兼容的接口软件。这就有可能使将来大多数数据库均用 SQL 作为共同的数据存取语言和标准接口，使不同数据库系统之间的交互操作有了共同的基础。

SQL 成为国际标准，对数据库以外的领域也产生了很大影响，有不少软件产品将 SQL 语言的数据查询功能与图形功能、软件工程工具、软件开发工具、人工智能程序结合起来。SQL 已成为关系数据库领域中的一个主流语言。

SQL 语言集数据查询、数据操纵、数据定义和数据控制功能于一体。它是一个综合的、通用的，功能极强，同时又简洁易学的语言。其主要特点包括以下几个方面。

1. 综合统一

非关系模型（层次模型、网状模型）的数据语言一般分为模式数据定义语言（Data Definition Language，模式 DDL）、外模式数据定义语言（外模式 DDL）、子模式数据定义语言

（子模式 DDL）以及数据操纵语言（Data Manipulation Language，DML）。它们分别完成模式、外模式、内模式的定义和数据存取、处理等功能。而 SQL 语言则集数据定义语言（DDL）、数据操纵语言（DML）、数据控制语言（DCL）的功能于一体，语言风格统一，可以独立完成数据库生命周期中的全部活动，包括定义关系模式，录入数据以建立数据库，查询、更新、维护数据库，数据库重构，数据库安全性控制等一系列操作，这就为数据库应用系统开发提供了良好的环境。

2．高度非过程化

非关系数据模型的数据操纵语言是面向过程的语言。要完成某项请求，必须指定存取路径。而用 SQL 语言进行数据操作，用户只需提出"做什么"，而不必指明"怎么做"。因此用户无须了解存取路径，存取路径的选择以及 SQL 语句的操作过程由系统自动完成。这不但大大减轻了用户负担，而且有利于提高数据独立性。

3．用同一种语法结构提供两种使用方式

SQL 语言既是自含式语言，又是嵌入式语言。作为自含式语言，它能够独立地用于联机交互的使用方式，用户可以在终端键盘上直接输入 SQL 命令对数据库进行操作。作为嵌入式语言，SQL 语句能够嵌入到高级语言（如 C、COBOL、FORTRAN、PL/1）程序中，供程序员设计程序时使用。而在两种不同的使用方式下，SQL 语言的语法结构基本上是一致的。这种以统一的语法结构提供两种不同的使用方式的做法，为用户提供了极大的灵活性与方便性。

4．语言简洁，易学易用

SQL 语言功能极强，但由于设计巧妙，语言十分简洁，完成数据定义、数据操纵、数据控制的核心功能只用了 9 个命令动词：CREATE、DROP、ALTER、SELECT、INSERT、UPDATE、DELETE、GRANT 和 REVOKE，如表 5-1 所示。而且 SQL 语言语法简单，接近英语口语，因此容易学习，容易使用。

表 5-1 SQL 语言的命令动词

SQL 功能	动　　词
数据查询	SELECT
数据定义	CREATE、DROP、ALTER
数据操纵	INSERT、UPDATE、DELETE
数据控制	GRANT，REVOKE

Transact-SQL 语言是 Microsoft 开发的一种 SQL 语言，简称 T-SQL 语言。它不仅包含了 SQL-86 和 SQL-92 的大多数功能，而且还对 SQL 进行了一系列的扩展，增加了许多新特性，增强了可编程性和灵活性。该语言是一种非过程化语言，功能强大，简单易学，既可以单独执行，直接操作数据库，也可以嵌入到其他语言中执行。Transact-SQL 语言主要包括以下几种。

（1）数据定义语言（DDL）。
（2）数据操纵语言（DML）。
（3）数据控制语言（data control language，DCL）。
（4）系统存储过程（system stored procedure）。
（5）一些附加的语言元素。

5.2 Transact-SQL 的语法规则

1. 语法中的符号约定

Transact-SQL 语法中的符号及其含义如表 5-2 所示。

表 5-2 符号及其含义

符号	含义
大写	关键字
斜体或中文	参数，使用时需要替换成具体内容
|	分隔括号或大括号内的语法项目，只能选一项
[ ]	可选的语法项
< >	必选的语法项
[,…n]	前面的项可重复 n 次，各项之间用逗号分隔
[,…n]	前面的项可重复 n 次，各项之间用空格分隔

例如，SELECT 子句的语法如下：
SELECT [ALL|DISTINCT]
    <目标列表达式> [别名] [,<目标列表达式> [别名]] …
FROM   <表名或视图名> [别名]
    [,<表名或视图名> [别名]] …
 [WHERE <条件表达式>]
 [GROUP BY <列名 1>[,<列名 1'>] …
[HAVING   <条件表达式>]]
[ORDER BY <列名 2> [A 成绩|DE 成绩]
    [,<列名 2'> [A 成绩|DE 成绩]] …]

2. 数据库对象名的表示

数据库对象名由 4 部分组成：
[服务器名.[数据库名].[所有者名].
| 数据库名.[所有者名].
|[所有者名.]]
对象名

当引用某个特定对象时，如果对象属于当前默认的服务器、数据库或所有者，则可以省略服务器名、数据库名或所有者名，但中间的句点不能省略。

例如，以下对象名格式都有效：
服务器名.数据库名.所有者名.对象名
服务器名.数据库名..对象名
服务器名..所有者名.对象名

服务器名...对象名
数据库名.所有者名.对象名
数据库名..对象名
所有者名.对象名
对象名

3．标识符

标识符用于标识服务器、数据库、数据库对象、变量等。标识符有两种类型：常规标识符、分隔标识符。

（1）常规标识符。指符合标识符的格式规则的标识符。标识符的格式规则如下：

① 长度不超过 128 个字符。

② 开头字母为 a～z 或 A～Z、#、_ 或 @ 以及来自其他语言的字母字符。

③ 后续字符可以是 a～z、A～Z，来自其他语言的字母字符、数字、#、$、_、@。

④ 不允许嵌入空格或其他特殊字符。

⑤ 不允许与保留字同名。

（2）分隔标识符。对于不符合格式规则的标识符，当用于 Transact-SQL 语句时，必须用双引号或方括号括起来。

4．数据类型

使用 SQL Server 创建数据库中的表时，要对表中的每一列定义一种数据类型，数据类型决定了表中的某一列可以存放什么数据。除了定义表需要指定数据类型外，使用视图、存储过程、变量、函数等都需要用到数据类型。

SQL Server 提供了丰富的系统定义的数据类型，用户还可以在此基础上自己定义数据类型。

5．变量

变量是可以保存特定类型的单个数据值的对象，SQL Server 的变量分为两种：用户自己定义的局部变量（内存变量）和基本表中定义的列变量。

局部变量的作用范围仅限制在程序的内部。常用来保存临时数据。例如，可以使用局部变量保存表达式的计算结果，作为计数器保存循环执行的次数，或者用来保存由存储过程返回的数据值。

（1）局部变量的定义。

格式：

DECLARE {@局部变量名　数据类型}[,…n]

说明：

① 局部变量名：必须以@开头，符合标识符的命名规则

② 数据类型：系统定义的数据类型；用户定义数据类型。不能是 text、ntext 或 image 数据类型。

局部变量定义后初始值为 NULL。

局部变量的作用范围是在其中定义的局部变量的批处理、存储过程或语句块。

批处理：批处理是客户端作为一个单元发出的一个或多个 SQL 语句的集合，从应用程序一次性地发送到 SQL Server 执行。

语句块：包含在 BEGIN 和 END 语句之间的多个 Transact-SQL 语句组合为一个语句块。

NULL：空值。在数据库内 NULL 是特殊值，代表未知值的概念。NULL 不同于空字符或 0。空字符实际上是有效字符，0 是有效数字。NULL 也不同于零长度字符串，NULL 只是表示该值未知这一概念。

【例 5-1】 定义变量@MyCounter 为 int 类型。

DECLARE @MyCounter int

【例 5-2】 定义变量@LastName 为 nvarchar(30)类型，定义变量@FirstName 为 nvarchar(20)类型，定义变量@State 为 nchar(2)类型。

DECLARE @LastName nvarchar(30),

@FirstName nvarchar(20),@State nchar(2)

（2）局部变量的赋值。

① 用 SET 语句给局部变量赋值。

格式：

SET　@局部变量名 = 表达式

【例 5-3】 定义局部变量@myvar，并为其赋值，最后显示@myvar 的值。

DECLARE @myvar char(20)
SET @myvar = 'This is a test'   --用 SET 赋值
PRINT @myvar   --用 PRINT 语句显示

② 用 SELECT 语句给局部变量赋值。

格式：

SELECT {@局部变量名 = 表达式}[,…n]

【例 5-4】 定义局部变量@myvar1 和@myvar2，并为它们赋值，最后显示@myvar1 和@myvar2 的值。

DECLARE @myvar1 char(20),@myvar2 char(20)
SELECT　@myvar1 = 'Hello!', @myvar2 = 'How are you!'   --用 SELECT 赋值
SELECT @myvar1, @myvar2   --用 SELECT 显示

6．运算符

此部分内容省略。

7．函数

这里省略常用函数，只介绍聚合函数。

聚合函数用于对数据库表中的一列或几列数据进行统计汇总，常用于查询语句中，如表 5-3 所示。

表 5-3　聚合函数及其功能

聚合函数	功　　能
AVG（表达式）	返回表达式（含列名）的平均值
COUNT（表达式）	对表达式指定的列值进行计数，忽略空值
COUNT（*）	对表或组中的所有行进行计数，包含空值
MAX（表达式）	表达式中最大的值
MIN（表达式）	表达式中最小的值
SUM（表达式）	表达式值的合计

8. 流程控制语句

流程控制语句用于控制 Transact-SQL 语句、语句块和存储过程的执行流程。这些语句可用于 Transact-SQL 语句、批处理和存储过程中。如果不使用流程控制语句，则各 Transact-SQL 语句按其出现的先后顺序执行。使用流程控制语句可以按需要控制语句的执行次序和执行分支。

（1）BEGIN…END 语句。BEGIN…END 语句用于将多个 Transact-SQL 语句定义成一个语句块。语句块可以在程序中视为一个单元处理。BEGIN…END 语句的语法如下：

BEGIN
    { SQL 语句|语句块 }
END

其中，SQL 语句为一条 Transact-SQL 语句；语句块为用 BEGIN 和 END 定义的语句块。可以看出，在一个语句块中可以包含另一个语句块。

（2）IF…ELSE 语句。IF…ELSE 语句的语法如下：

IF 布尔表达式
    { SQL 语句 1 | 语句块 1 }
[ELSE
    { SQL 语句 2 | 语句块 2 }]

布尔表达式：返回 TRUE 或 FALSE 的表达式。

SQL 语句：一条 Transact-SQL 语句。

语句块：用 BEGIN 和 END 定义的语句组。

功能：当布尔表达式的值为 TRUE 时，执行 SQL 语句 1 或语句块 1；当布尔表达式的值为 FALSE 时，执行 SQL 语句 2 或语句块 2。如果省略 ELSE 部分，则表示当布尔表达式的值为 FALSE 时不执行任何操作。

【例 5-5】 设有一个 xssjk 数据库，数据库中有一个"学生"表，该表包含学号、姓名、出生日期等列。要给本月出生的学生举办庆祝生日会，每月 1 日选出要过生日的学生名单。

```
USE xssjk
DECLARE @Today int
SET @Today=DAY(GETDATE())
IF (@Today=1)
    BEGIN
        SELECT 学号,姓名 AS 本月寿星,出生日期
        FROM 学生
        WHERE 出生日期= MONTH(GETDATE())
    END
```

（3）WHILE 循环语句。格式：

WHILE 布尔表达式
    { SQL 语句 | 语句块 }

功能：从 WHILE 语句开始，计算布尔表达式的值，当布尔表达式的值为 TRUE 时，执行循环体，然后返回 WHILE 语句，再计算布尔表达式的值，如果仍为 TRUE，则再执行循环体，

直到某次布尔表达式的值为 FALSE 时，则不执行循环体，而直接执行 WHILE 循环之后的其他语句。

【例 5-6】 求 1 到 100 之间的奇数和。

```
DECLARE @i smallint,@sum smallint
SET @i=1
SET @sum=0
WHILE @i<=100
   BEGIN
      SET @sum=@sum+@i
      SET @i=@i+1
   END
PRINT '1 到 100 之间的奇数和为'+str(@sum)
```

（4）注释语句。注释用于对代码行或代码段进行说明，或暂时禁用某些代码行。注释是程序代码中不执行的文本字符串。使用注释对代码进行说明，可以使程序代码更易于理解和维护。注释通常用于说明代码的功能，描述复杂计算或解释编程方法，记录程序名称、作者姓名、主要代码更改的日期等。向代码中添加注释时，需要用一定的字符进行标识。SQL Server 支持两种类型的注释字符。

/* … */：可与代码处在同一行，也可另起一行，甚至用在可执行代码内。从/*到*/之间的全部内容均为注释部分。对于多行注释，必须使用/*开始注释，使用*/结束注释。注释行上不应出现其他注释字符。

【例 5-7】 使用/* … */给程序添加注释。

```
/*打开 xssjk 数据库*/
USE xssjk
/*从学生表中选择所有的行和列*/
SELECT * FROM 学生
ORDER BY 学号 A 成绩      /*按学号列的升序排序*/
/*这里不一定要指定 A 成绩，因为
A 成绩是默认值*/
```

--：可与代码处在同一行，也可另起一行。从双连字符开始到行尾均表示注释。对于多行注释，必须在每个注释行的开始使用双连字符。

【例 5-8】 使用--给程序添加注释。

```
--打开 xssjk 数据库
USE xssjk
--从 S 表中选择所有的行和列
SELECT * FROM S
```

（5）RETURN 语句。

格式：

RETURN [整数表达式]

功能：用于无条件地终止一个查询、存储过程或者批处理，当执行 RETURN 语句时，位于 RETURN 语句之后的程序将不会被执行。

说明：在存储过程中可以在 RETURN 后面使用一个具有整数值的表达式，用于向调用过程或应用程序返回整型值（关于存储过程的使用将在第 7 章介绍）。

5.3 数据定义

1. 使用 CREATE 语句创建数据库

T-SQL 提供了数据库创建语句 CREATE DATABASE。其语法格式如下：

```
CREATE DATABASE database_name    /*指定数据库逻辑名称*/
    [ON
    [<filespec>[,…n]]
    [,<filegroup>[,…n]]]           /*指定数据文件及文件组属性*/
    [LOG ON  {<filespec>[,…n]}]    /*指定日志文件属性*/
    [COLLATE <collation_name>]     /*指定数据库的默认排序规则*/
    [FOR LOAD|FOR ATTACH]  /*FOR LOAD 从一个备份数据库向新建数据库加载数据；
                            FOR ATTACH 从已有的数据文件向数据库添加数据*/
```

说明：

（1）database_name 是所创建的数据库的逻辑名称。数据库名称在当前服务器中必须唯一，且符合标识符的命名规则，最多可以包含 128 个字符。

（2）ON 子句用于指定数据文件及文件组属性，具体属性值在<filespec>中指定。<filespec>格式如下：

```
<filespec>::=  [PRIMARY]
               (NAME='逻辑文件名',
               FILENAME='存放数据库的物理路径和文件名'
               [, SIZE=数据文件的初始大小]
               [, MAXSIZE=指定文件的最大大小]
               [, FILEGROWTH=指出文件每次的增量])
```

<filegroup>项用以定义用户文件组及其文件。<filegroup>格式如下：

```
<filegroup>::= FILEGROUP  文件组名
```

（3）LOG ON 子句用于指定事务日志文件的属性，具体属性值在<filespec>中指定。

如果在定义时没有指定 ON 子句和 LOG ON 子句，系统将采用默认设置，自动生成一个主数据文件和一个事务日志文件，并将文件存储在系统默认路径上。

【例 5-9】创建一个名为 XSSJK 的数据库。要求有 3 个文件，其中，主数据文件为 10 MB，最大大小为 50 MB，每次增长 20%；辅助数据文件属于文件组 Fgroup，文件为 10 MB，大小不受限制，每次增长 10%；事务日志文件大小为 20 MB，最大 100 MB，每次增长 10 MB。文件存储在"c:\db"路径下。

```
CREATE DATABASE   XSSJK                          /*数据库名*/
    ON PRIMARY                                   /*主文件组*/
    ( NAME='XSSJK_Data1',                        /*主文件逻辑名称*/
    FILENAME='c:\db\XSSJK_Data1.mdf',            /*主文件物理名称*/
    SIZE=10mb,
    MAXSIZE=50mb,
    FILEGROWTH=20%),
    FILEGROUP Fgroup                             /*文件组*/
    (NAME='XSSJK_Data2',                         /*辅助文件逻辑名称*/
    FILENAME='c:\db\ XSSJK_Data2.ndf',           /*辅助文件物理名称*/
    MAXSIZE=UNLIMITED,                           /*增长不受限制*/
    SIZE=10mb,
    FILEGROWTH=10mb)
    LOG ON
    (NAME='XSSJK_Log',                           /*日志文件逻辑名称*/
    FILENAME='c:\db\ XSSJK_Log.ldf',             /*日志文件物理名称*/
    SIZE=20mb,
    MAXSIZE=100mb,
    FILEGROWTH=10mb)
```

说明：XSSJK 数据库的物理文件创建在"c:\db\"路径下，在运行此语句前要首先确定此路径是存在的。

2. 使用 T-SQL 语句修改数据库

T-SQL 提供了数据库修改语句 ALTER DATABASE。其基本语法格式如下：

```
ALTER DATABASE database_name                     /*指定要修改的数据库的名称*/
   {ADD FILE <filespec>[,…n][TO FILEGROUP filegroup_name]
                                                 /*在文件组中增加数据文件*/
    |ADD LOG FILE <filespec>[,…n]                /*增加事务日志文件*/
    |REMOVE FILE logical_file_name               /*删除数据文件*/
    |ADD FILEGROUP filegroup_name                /*增加文件组*/
    |REMOVE FILEGROUP filegroup_name             /*删除文件组*/
    |MODIFY FILE <filespec>                      /*修改文件属性*/
    |MODIFY NAME=new_dbname                      /*更新数据库名称*/
   }
```

【例 5-10】为 XSSJK 数据库增加一个数据文件 XSSJK_Data3，物理文件名为 XSSJK_Data3.ndf，初始大小为 5 MB，最大大小为 50 MB，每次扩展 1 MB。

```
ALTER DATABASE XSSJK
ADD FILE
(NAME ='XSSJK_Data3',
```

```
FILENAME='c:\db\XSSJK_Data3.ndf',
SIZE=5MB,
MAXSIZE=50MB,
FILEGROWTH=1MB)
```

其中，ADD FILE 是指增加一个数据文件，还可以使用 ADD LOG FILE 来增加事务日志文件。

关于 ALTER DATABASE 语句的更详细的用法可以参考 SQL Server 2008 的联机丛书。

3．使用 T-SQL 语句查看数据库信息

使用系统存储过程 sp_helpdb 查看数据库信息。其语法格式如下：

sp_helpdb [数据库名]

4．使用 T-SQL 语句删除数据库

使用 T-SQL 提供的 DROP DATABASE 语句可以删除数据库。使用 DROP DATABASE 语句可以一次删除多个数据库。其语法格式如下：

DROP DATABASE databasename

【例 5-11】 删除数据库 BookSys。

DROP DATABASE BookSys

5．使用 CREATE TABLE 命令创建表

在 T-SQL 中，可以用 CREATE TABLE 命令来创建表，表中列的定义必须用括号括起来。一个表最多 1 024 列。CREATE TABLE 的基本语法格式如下：

CREATE TABLE <表名>
　　(<列名><数据类型>[<列级完整性约束条件>]
　　[,<列名><数据类型>[<列级完整性约束条件>]] …
　　[,<表级完整性约束条件>]);

表名：所要定义的基本表的名字。

列名：组成该表的各个属性（列）。

列级完整性约束条件：涉及相应属性列的完整性约束条件。

表级完整性约束条件：涉及一个或多个属性列的完整性约束条件。

【例 5-12】 建立一个"学生"表，它由学号、姓名、性别、出生日期、班级编号 5 个属性组成。其中学号不能为空，值是唯一的，并且姓名取值也唯一。

```
use xssjk
go

CREATE TABLE 学生
(学号  nvarchar(7)NOT NULL,
姓名  nvarchar(8),
性别  nvarchar(2),
出生日期  datetime,
班级编号  nvarchar(4));
```

6. SQL SERVER 2008 常用完整性约束

主码约束：

[CONSTRAINT <约束名>] PRIMARY KEY(<列名>)

唯一性约束：

UNIQUE

非空值约束：

NOT NULL

参照完整性约束：

FOREIGN KEY

约束指定某一个列或一组列作为外码，其中，包含外码的表称为从表，包含外部键所引用的主键或唯一键的表称为主表。

系统保证从表在外码上的取值要么是主表中某一个主码值，要么取空值。以此保证两个表之间的连接，确保了实体的参照完整性。

FOREIGN KEY 既可用于列约束，也可用于表约束，其语法格式如下：

[CONSTRAINT <约束名>] FOREIGN KEY (<列名>)   REFERENCES <主表名> (<列名> [{<列名>}])

【例 5-13】 分别创建学生表、课程表、成绩表，并定义主键和参照完整性。

创建学生表：

CREATE TABLE 学生

(学号 nvarchar(7)NOT NULL,

姓名 nvarchar(8),

性别 nvarchar(2),

出生日期 datetime,

CONSTRAINT s1 PRIMARY kEY(学号));

创建课程表：

CREATE TABLE 课程 (

课程号[nvarchar](3) NOT NULL,

课程名[nvarchar](24) NULL,

CONSTRAINT C1 PRIMARY kEY(课程号));

创建成绩表，为学号、课程号列定义主键：

CREATE TABLE 成绩

(学号 nvarchar(7),

课程号 nvarchar(3),

成绩 smallint,

CONSTRAINT p1 PRIMARY KEY(学号,课程号),

CONSTRAINT p2 FOREIGN KEY (学号) REFERENCES 学生(学号),

CONSTRAINT p3 FOREIGN KEY (课程号) REFERENCES 课程(课程号));

7. 使用 ALTER TABLE 语句修改表结构

（1）添加列。向表中增加一列时，应使新增加的列有默认值或允许为空值，SQL Server 将向表中已存在的行填充新增列的默认值或空值。如果既没有提供默认值也不允许为空值，那么新增列的操作将会出错，因为 SQL Server 不知道该怎么处理那些已经存在的行。

向表中添加列的语法格式如下：

ALTER TABLE　表名

ADD　列名 列的描述

【例 5-14】 向学生表中添加两个新的列：邮箱 Email 和电话 phone。

use Xssjk

go

alter table　学生

add Email varchar(20) null,

　　phone char(20) null

可以一次向表中添加多个列，各列之间用逗号分开即可。

（2）删除列。删除一列的语法格式如下：

ALTER TABLE　表名

DROP COLUMN　列名

【例 5-15】 删除学生表的 Email 列。

use Xssjk

go

alter table 学生

drop column Email

（3）修改列定义。表中的每一列都有其定义，包括列名、数据类型、数据长度以及是否允许为空值等，这些值都可以在表创建好以后修改。

修改列定义的语法格式如下：

ALTER TABLE　表名

ALTER COLUMN　列名 列的描述

【例 5-16】 将学生表的姓名列 email 改为最大长度为 21 的 varchar 型数据

use Xssjk

go

alter table　学生

alter column email varchar(21)

8．使用 DROP TABLE 语句删除表

在 T-SQL 语句中，DROP TABLE 语句可以用来删除表。其语法格式如下：

DROP TABLE　表名

需要注意的是，DROP TABLE 语句不能用来删除系统表。

【例 5-17】 删除 Xssjk 数据库中的表学生 1。

use Xssjk

go

drop table　学生 1

5.4 Transact-SQL 简单查询

SELECT 语句在任何一种 SQL 语言中，都是使用频率最高的语句。可以说 SELECT 语句是 SQL 语言的灵魂。SELECT 语句的作用是让数据库服务器根据客户端的要求搜寻出用户所需要的信息资料，并按用户规定的格式进行整理后返回给客户端。用户使用 SELECT 语句除了可以查看普通数据库中的表格和视图的信息外，还可以查看 SQL Server 的系统信息。

本章通过对 xssjk 数据库的查询操作来讲解 SELECT 语句的使用，对于查询的结果使用文本方式显示。

SELECT 语句的一般格式如下：
SELECT [ALL|DISTINCT]
    <目标列表达式> [别名] [,<目标列表达式> [别名]] …
FROM   <表名或视图名> [别名]
      [,<表名或视图名> [别名]] …
 [WHERE <条件表达式>]
 [GROUP BY <列名 1>[,<列名 1'>] …
[HAVING   <条件表达式>]]
[ORDER BY <列名 2> [A 成绩|DE 成绩]
     [,<列名 2'> [A 成绩|DE 成绩]] …]

目标列表达式格式如下。
（1）[<表名>.] *
（2）[<表名>.]<属性列名表达式>[,[<表名>.]<属性列名表达式>] …

属性列名表达式：由属性列、作用于属性列的集函数和常量、任意算术运算（+、-、*、/）组成的运算公式。

SELECT 子句：指定要显示的属性列。
FROM 子句：指定查询对象（基本表或视图）。
WHERE 子句：指定查询条件。
GROUP BY 子句：对查询结果按指定列的值分组，该属性列值相等的元组为一个组。通常会在每组中作用于集函数。
HAVING 短语：筛选出只满足指定条件的组。
ORDER BY 子句：对查询结果表按指定列值的升序或降序排序。

5.4.1 最简单的 SELECT 语句

1. SELECT 语句的常规使用方式

SELECT   * /*用 "*" 表示表中所有的列*/
FROM   表名

使用该形式，可以选择表中的全部列。

【例5-18】 查询学生表中所有的学生。

use Xssjk
go

select *
from 学生
go

服务器返回的结果如图5-1所示。

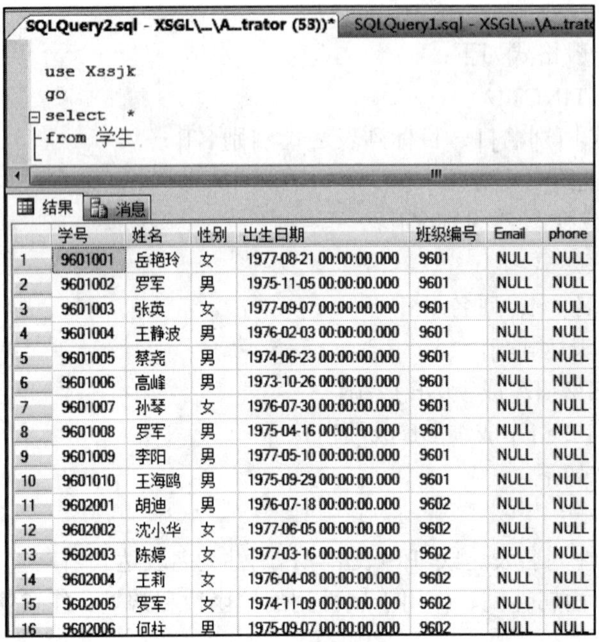

图5-1 返回的结果

这个查询结果一共返回了40行数据，通过这一查询可以看出使用SQL语句所操作的是数据集合，而不是单独的行。在上述查询里，返回的是所有行中相同目标列上的数据。

2．选择表中部分列

当要求输出表中的部分列时，其语法格式如下：

SELECT 属性列名1，属性列名,…
FROM 表名

服务器会按用户指定列显示。

【例5-19】 查看学生表中的所有学生学号、姓名信息。

select 学号，姓名
from 学生
go

服务器返回的结果如图 5-2 所示。

图 5-2　返回的结果

3．使用 TOP 关键字

SQL Server 2008 提供了 TOP 关键字，让用户指定返回前面一定数量的数据。当查询到的数据量非常庞大（例如有 100 万行），但又没有必要对所有数据进行浏览时，使用 TOP 关键字查询可以大大减少查询花费的时间。

语法格式如下：

SELECT [TOP *n* | TOP *n* PERCENT]　列名 1[, 列名 2,…,列名 *n*]

FROM　表名

说明：

（1）TOP *n*：表示返回最前面的 *n* 行数据，*n* 表示返回的行数。

（2）TOP *n*　PERCENT：表示返回前面的百分之 *n* 行数据。

【例 5-20】　从 Xssjk 数据库的学生表中返回前 5 行数据。

select top 5 *

from　学生

go

服务器返回结果如图 5-3 所示。

图 5-3　返回的结果

【例 5-21】　从 Xssjk 数据库的学生表中返回前 10%的数据。

use Xssjk

go

select top 10 percent *
from 学生
go

服务器返回结果如图 5-4 所示，4 行受影响。

学号	姓名	性别	出生日期	班级编号	Email	phone
9601001	岳艳玲	女	1977-08-21 00:00:00.000	9601	NULL	NULL
9601002	罗军	男	1975-11-05 00:00:00.000	9601	NULL	NULL
9601003	张英	女	1977-09-07 00:00:00.000	9601	NULL	NULL
9601004	王静波	男	1976-02-03 00:00:00.000	9601	NULL	NULL

图 5-4　返回的结果

4．使用 DISTINCT 关键字

前面介绍的最基本的查询方式会返回从表格中搜索到的所有行的数据，而不管这些数据是否重复，这常常不是用户所希望看到的。使用 DISTINCT 关键字能够从返回的结果数据集合中删除重复的行，使返回的结果更简洁。

在使用 DISTINCT 关键字后，如果表中有多个为 NULL 的数据，服务器会把这些数据视为相等。

【例 5-22】　查询所有学生所在的班级编号。

select 班级编号
from 学生
go

服务器返回结果如图 5-5 所示，40 行受影响。

	班级编号
1	9601
2	9601
3	9601
4	9601
5	9601
6	9601
7	9601
8	9601
9	9601
10	9601
11	9602

图 5-5　返回的结果

由于一个班级中的学生有多个，所以会有重复的班级编号出现。若使用 DISTINCT 关键字，

就可以过滤掉重复的院系名。

【例 5-23】 查询所有学生所在的班级编号（要求重复信息只输出一次）。

use Xssjk

go

select distinct 班级编号

from 学生

go

服务器返回的结果如图 5-6 所示，4 行受影响。

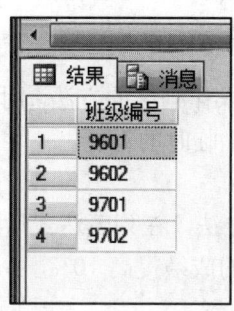

图 5-6 返回的结果

只返回了 4 个班级编号，有 36 个重复的数据被过滤掉了。

当同时对两列或多列数据进行查询时，如果使用了 DISTINCT 关键字，将返回这两列或多列数据的唯一组合。

5．使用计算列

在进行数据查询时，经常需要对查询到的数据进行再次计算处理。T-SQL 允许直接在 SELECT 语句中使用计算列。计算列并不存在于表格所存储的数据中，它是通过对某些列的数据进行演算得来的。

【例 5-24】 将成绩表中各门课程的成绩提高 10%。

use Xssjk

go

select 学号, 课程号, 成绩,成绩+成绩* 0.1

from 成绩

go

服务器返回的结果如图 5-7 所示，180 行受影响。

由于没有为计算列指定列名，所以在返回的结果上看不到计算列的名字，此列将显示无列名。

在 Transact-SQL 的计算列上，允许使用+、-、*、/、% 以及按照位来进行计算的逻辑运算符号 AND（&）、OR（|）、XOR（^）、NOT（~）以及字符串连接符（+）。

	学号	课程号	成绩	(无列名)
1	9601001	001	76	83.6
2	9601001	002	84	92.4
3	9601001	003	62	68.2
4	9601001	007	77	84.7
5	9601001	008	66	72.6
6	9601001	009	85	93.5
7	9601002	001	54	59.4
8	9601002	002	81	89.1
9	9601002	003	73	80.3
10	9601002	007	63	69.3
11	9601002	008	67	73.7

图 5-7 返回的结果

6．操作查询的列名

T-SQL 提供了在 SELECT 语句中操作列名的方法。用户可以根据实际需要对查询数据的列标题进行修改，或者为无标题的列加上临时的标题。

对列名进行操作有 3 种方式。

（1）采用符合 ANSI 规则的标准方法，在列表达式后面给出列名。

【例 5-25】将成绩表中各门课程的成绩提高 10%，并以"调整后成绩"作为新成绩的列名。

use Xssjk

go

select 学号, 课程号, 成绩 '原始成绩', 成绩+成绩* 0.1 '调整后成绩'

from 成绩

go

服务器查询结果如图 5-8 所示，180 行受影响。

	学号	课程号	原始成绩	调整后成绩
1	9601001	001	76	83.6
2	9601001	002	84	92.4
3	9601001	003	62	68.2
4	9601001	007	77	84.7
5	9601001	008	66	72.6
6	9601001	009	85	93.5
7	9601002	001	54	59.4
8	9601002	002	81	89.1
9	9601002	003	73	80.3
10	9601002	007	63	69.3

图 5-8 返回的结果

（2）用"="来连接列表达式。

use Xssjk

go

select '学号'=学号,'课程号'=课程号,'原始成绩'=成绩,　'调整后成绩'=成绩+成绩* 0.1

from 成绩
go

(3) 用 AS 关键字来连接列表达式和指定的列名。
use Xssjk
go

select 学号 as '学号', 课程号 as '课程号', 成绩 as '原始成绩', 成绩+成绩* 0.1 as '调整后成绩'
from 成绩
go

执行（2）、（3）与（1）返回结果相同。

5.4.2 带条件的查询

使用 WHERE 子句的目的是从表格的数据集中过滤出符合条件的行。
语法格式如下：
SELECT 列名 1[, 列名 2, …,列名 n]
FROM   表名
WHERE   条件

使用 WHERE 子句可以限制查询的范围，提高查询效率。在使用时，WHERE 子句必须紧跟在 FROM 子句之后。WHERE 子句中的条件表达式包括算术表达式和逻辑表达式两种；SQL Server 对 WHERE 子句中的查询条件的数目没有限制。

1. 使用算术表达式

使用算术表达式的搜索条件的一般表达形式如下：
表达式 算术操作符 表达式
其中表达式可以是常量、变量和列表达式的任意有效组合。
WHERE 子句中允许使用的算术操作符包括=、>=、<=、>、<、<>。

【例 5-26】 查询成绩表中成绩达到优秀的信息。
use Xssjk
go

select 学号, 课程号, 成绩
  from 成绩
    where 成绩>=90

服务器查询结果如图 5-9 所示。

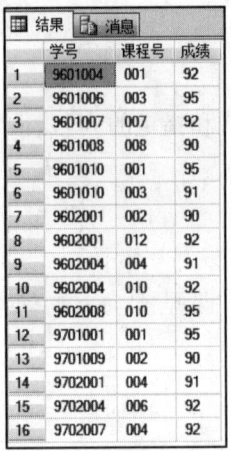

图 5-9 返回的结果

2．使用逻辑表达式

在 T-SQL 里的逻辑表达式共有 3 个，分别如下。

（1）NOT：非，对表达式的否定。

（2）AND：与，连接多个条件，所有的条件都成立时为真。

（3）OR：或，连接多个条件，只要有一个条件成立就为真。

3 种运算的优先级关系为：NOT－AND－OR，可以通过括号改变其优先级关系。

在 T-SQL 中逻辑表达式共有 3 种可能的结果值，分别是 TRUE、FALSE 和 UNKNOWN。UNKNOWN 是由值为 NULL 的数据参与逻辑运算得出的结果。表 5-4~5-6 分别列出了进行逻辑运算时各种情况下的结果。

表 5-4 AND 运算各种情况

AND 运算	TRUE	UNKNOWN	FALSE
TRUE	TRUE	UNKNOWN	FALSE
UNKNOWN	UNKNOWN	UNKNOWN	FALSE
FALSE	FALSE	FALSE	FALSE

表 5-5 OR 运算各种情况

OR 运算	TRUE	UNKNOWN	FALSE
TRUE	TRUE	TRUE	TRUE
UNKNOWN	TRUE	UNKNOWN	UNKNOWN
FALSE	TRUE	UNKNOWN	FALSE

表 5-6 NOT 运算各种情况

NOT 运算	运算结果
TRUE	FALSE
UNKNOWN	UNKNOWN
FALSE	TRUE

【例 5-27】 查询信息系所有男生的信息。

```
select  *
  from  学生
    where 性别='男' and 班级编号='9601'
```

查询结果如图 5-10 所示。

	学号	姓名	性别	出生日期	班级编号	Email	phone
1	9601002	罗军	男	1975-11-05 00:00:00.000	9601	NULL	NULL
2	9601004	王静波	男	1976-02-03 00:00:00.000	9601	NULL	NULL
3	9601005	蔡尧	男	1974-06-23 00:00:00.000	9601	NULL	NULL
4	9601006	高峰	男	1973-10-26 00:00:00.000	9601	NULL	NULL
5	9601008	罗军	男	1975-04-16 00:00:00.000	9601	NULL	NULL

图 5-10　返回的结果

3. 使用 BETWEEN 关键字

使用 BETWEEN 关键字可以更方便地限制查询数据的范围。范围搜索返回介于两个指定值之间的所有值。使用 BETWEEN 限制查询数据范围时包括了边界值，而用 NOT BETWEEN 进行查询时没有包括边界值。

语法格式如下：

表达式 [NOT] BETWEEN　表达式 1 AND 表达式 2

使用 BETWEEN 表达式进行查询的效果完全可以用含有>=和<=的逻辑表达式来代替。使用 NOT　BETWEEN 进行查询的效果完全可以用含有>和<的逻辑表达式来代替。

4. 使用 IN 关键字

使用 IN 关键字可以选择与列表中的任意值匹配的行。同 BETWEEN 关键字一样，IN 的引入也是为了更方便地限制检索数据的范围。灵活使用 IN 关键字，可以用简洁的语句实现结构复杂的查询。

语法格式如下：

表达式 [NOT]　IN　（表达式 1, 表达式 2 [, …, 表达式 *n*]）

IN 关键字之后的各项必须用逗号隔开，并且括在括号中。

【例 5-28】 查询 9601、9602、9701 这 3 个班中的学生信息。

```
use  Xssjk
go

select  *
from 学生
where 班级编号  IN ('9601', '9602','9701')
go
```

【例 5-29】 查询所有不在上述 3 个班中的学生的信息。

```
use  Xssjk
go
```

```
select *
   from 学生
      where 班级编号 not in ('9601','9602','9701')
go
```

5. 空值处理

当需要判断一个列是否是 NULL（空）值时，可以使用 IS（NOT）NULL 关键字来判断。

【例 5-30】 查询成绩表中成绩为空的学生的信息。

```
use  Xssjk
go

select   *
from 学生
where 成绩 IS NULL
go
```

5.4.3 模糊查询

在实际的应用中，用户有时不能给出精确的查询条件。因此，经常需要根据一些并不确切的线索来搜索信息。T-SQL 提供了 LIKE 子句来进行这类模糊搜索。LIKE 关键字搜索与指定模式匹配的字符串、日期或时间值。

语法格式如下：

表达式 [NOT] LIKE 模式表达式

模式表达式通常与通配符配合使用。

LIKE 关键字使用常规表达式包含值所要匹配的模式。模式表示要搜索的字符串的形式，模式字符串中可以包含通配符。SQL Server 提供了以下 4 种通配符供用户灵活实现复杂的查询条件。

(1) %（百分号）： 表示从 0~n 个任意字符。
(2) _（下划线）：表示单个的任意字符。
(3) [ ]（封闭方括号）：表示方括号中列出的任意一个字符。
(4) [^]：任意一个没有在方括号里列出的字符。

下面来看一下模糊查询的使用方法。

【例 5-31】 查询所有姓"李"的学生。

```
select   *
from 学生
where 姓名 like '李%'
go
```

查询结果如图 5-11 所示。

	学号	姓名	性别	出生日期	班级编号	Email	phone
1	9601009	李阳	男	1977-05-10 00:00:00.000	9601	NULL	NULL
2	9602010	李辉	男	1976-08-09 00:00:00.000	9602	NULL	NULL
3	9701002	李勇路	男	1978-02-01 00:00:00.000	9701	NULL	NULL
4	9701006	李小默	女	1978-05-24 00:00:00.000	9701	NULL	NULL

图 5-11　返回的结果

【例 5-32】 查询所有学号以“96”开头，第四位是“2”的学生的信息。

```
select *
from 学生
where 学号  like  '96_2%'
go
```

查询结果如图 5-12 所示。

	学号	姓名	性别	出生日期	班级编号	Email	phone
1	9602001	胡迪	男	1976-07-18 00:00:00.000	9602	NULL	NULL
2	9602002	沈小华	女	1977-06-05 00:00:00.000	9602	NULL	NULL
3	9602003	陈婷	女	1977-03-16 00:00:00.000	9602	NULL	NULL
4	9602004	王莉	女	1976-04-08 00:00:00.000	9602	NULL	NULL
5	9602005	罗军	女	1974-11-09 00:00:00.000	9602	NULL	NULL
6	9602006	何柱	男	1975-09-07 00:00:00.000	9602	NULL	NULL
7	9602007	伏琳	女	1977-03-22 00:00:00.000	9602	NULL	NULL
8	9602008	崔莹	女	1977-05-03 00:00:00.000	9602	NULL	NULL
9	9602009	陈婷	女	1976-12-04 00:00:00.000	9602	NULL	NULL
10	9602010	李辉	男	1976-08-09 00:00:00.000	9602	NULL	NULL

图 5-12　返回的结果

用户必须注意的是，所有通配符都只有在 LIKE 子句中使用才有意义，否则通配符会被当作普通字符处理。在前面举过的查找所有姓“李”的学生的例子中，若使用下面的查询语句，将一无所获。

```
use  Xssjk
go

select  *
from 学生
where 姓名＝ '李%'
```

返回结果如图 5-13 所示。

	学号	姓名	性别	出生日期	班级编号	Email	phone

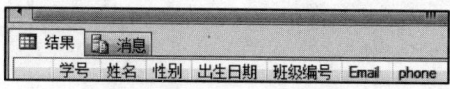

图 5-13　返回的结果

所影响的行数为 0 行，因为并不存在一个学生名字叫“李%”。

5.4.4 函数的使用

为了有效处理用户通过使用 SQL 查询得到的数据集合，SQL Server 提供了一系列统计函数。这些函数把存储在数据库中的数据描述为一个整体而不是一行行孤立的记录。通过使用这些函数可以实现数据集合的汇总或求平均值等各种统计运算。

1. 常用统计函数

最常见的统计函数如表 5-7 所示。

表 5-7 SQL Server 的统计函数

函数名	功能
sum()	返回一个数字列或计算列的总和
avg()	返回一个数字列或计算列的平均值
min()	返回一个数字列或计算列的最小值
max()	返回一个数字列或计算列的最大值
count()	返回满足 SELECT 语句中指定条件的记录数
count(*)	返回找到的行数

【例 5-33】 查询所有学生的平均成绩。

use Xssjk
go

select avg(成绩)
from 成绩
go

返回的结果是 73。

使用统计函数所返回的结果同使用计算列一样，没有列标题。不过用户可以像使用计算列一样，为统计函数返回的结果指定一个临时列名。如可以为上例的"avg(成绩)"指定列名为"平均成绩"。

2. 与统计函数一起使用 WHERE 子句

通过与 where 子句一起使用统计函数，可以指定统计操作中应该包括哪些行。

【例 5-34】 查询课程号为 002 的平均成绩。

use Xssjk
go

select avg(成绩)
　from 成绩
　　where 课程号 = '002'

3. 与统计函数一起使用 DISTINCT 关键字

在 T-SQL 中，允许与统计函数如 count()、sum() 和 avg() 一起使用 DISTINCT 关键字，来处

理列或表达式中不同的值。

【例 5-35】 查询学生所在院系的数量。

use Xssjk

go

select count(distinct 班级编号)
　　from 学生

返回的结果是 4。

若不用 DISTINCT 关键字，则返回结果为 15。

5.4.5 查询结果排序

如果没有指定查询结果的显示顺序，DBMS 将按其最方便的顺序（通常是元组在表中的先后顺序）输出查询结果。为了方便阅读和使用，可以对查询的结果进行排序。在 T-SQL 语言中，用于排序的是 ORDER BY 子句。

语法格式如下：

ORDER BY 表达式 1 [A 成绩 | DE 成绩] [, 表达式 2[A 成绩 | DE 成绩][, …n]]

其中表达式是用于排序的列。可以用多列进行排序，各列在 ORDER BY 子句中的顺序决定了排序过程中的优先级。

text、ntext 或 image 类型的列不允许出现在 ORDER BY 子句中。

在默认的情况下，ORDER BY 按升序进行排列，即默认使用的是 A 成绩关键字。如果用户特别要求按降序进行排列，必须使用 DE 成绩关键字。

【例 5-36】 查询成绩表中课程号为 002 的信息，并按成绩升序排列。

use Xssjk

go

select *
from 成绩
where 课程号 = '002'
order by 成绩

如果在某一列中使用了一个计算列，例如对某一列的值使用了函数或者表达式，而用户又希望针对该列的值进行排序，那么必须在 ORDER BY 子句中再包含该函数或者表达式，或者使用为该计算列临时分配的列名。

用户也可以根据未曾出现在 SELECT 列表中的值进行排序。

【例 5-37】 查询学生表中学生的学号、姓名，并按出生日期降序排序。

use Xssjk

go

select   学号,姓名

from   学生

order by   出生日期   desc

也可以根据两列或多列的结果进行排序,只要用逗号分隔开不同的排序关键字即可。

【例5-38】 查询学生的学号、姓名,并用出生日期降序,学号升序排列。

use   Xssjk

go

select   学号,姓名,出生日期

　　from 学生

　　order by   出生日期   desc, 学号

 go

查询结果如图5-14所示。

图5-14 返回的结果

5.4.6 使用分组

在大多数情况下,使用统计函数返回的是所有数据行的统计结果。如果需要按某一列数据的值进行分类,在分类的基础上再进行查询或统计,就要使用GROUP BY子句了。

1. 简单分组

【例5-39】 查询各门课程的选课人数。

use xssjk

go

select 课程号,COUNT(课程号) as 选课人数

from   成绩

group by 课程号

go

查询结果如图 5-15 所示，2 行受影响。

	课程号	选课人数
1	001	20
2	002	40
3	003	20
4	004	20
5	006	20
6	007	10
7	008	10
8	009	10
9	010	10
10	011	10
11	012	10

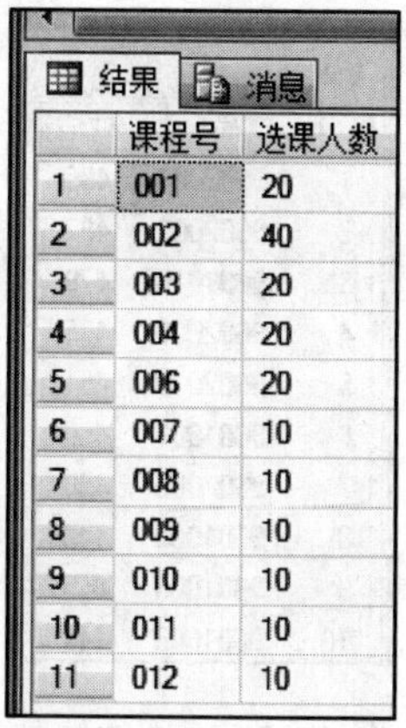

图 5-15　返回的结果

通过这个结果可以看出，GROUP BY 子句可以将查询结果中的各行按一列或多列依据取值相等的原则进行分组。所有的统计函数都是在对查询出的每一行数据进行了分组以后，再进行的统计计算。所以在结果集合中，对所进行分类的列的每一种数据都有一行统计结果值与之对应。分组一般与统计函数一起使用。

GROUP BY 子句中不支持对列分配的假名，也不支持任何使用了统计函数的集合列。另外，对 SELECT 后面每一列数据除了出现在统计函数中的列以外，都必须再出现 GROUP BY 子句中。

如图 5-16 所示的查询是错误的。

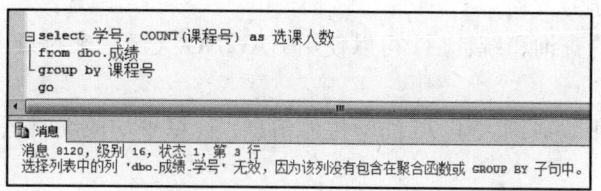

图 5-16　错误的查询

选择列表中的列“学号”无效，因为该列没有包含在聚合函数或 GROUP BY 子句中。

也可以根据多列进行分组。这时，统计函数按照这些列的唯一组合来进行统计计算。

【例 5-40】 查询每个学生的总成绩，并进行降序排列，查询结果如图 5-17 所示。

use　Xssjk

go

select 学号, sum(成绩) as 总成绩

from　成绩
　　　group by　学号
　　　order by sum(成绩) desc

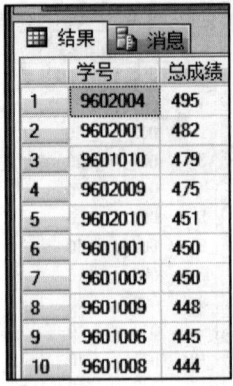

图 5-17　返回的结果

2. 使用 HAVING 筛选结果

可以对符合条件的信息进行分组统计。

【例 5-41】　查询所有学生的平均成绩，只将及格成绩计算在内。

use Xssjk
go

select　学号 '学号', avg(成绩) '平均成绩'
　　from　成绩
　　　where　成绩>=60
　　　　group by　学号

当完成数据结果的查询和统计后，可以使用 HAVING 关键字来对查询和统计的结果进行进一步的筛选。

【例 5-42】　查询平均成绩大于 75 的学生的信息，计算平均成绩时只将及格成绩计算在内。

use Xssjk
go

select　学号 '学号', avg(成绩) '平均成绩'
　　from　成绩
　　　where　成绩>=60
　　　　group by　学号
　　　　　having avg(成绩)>75

由本例可以发现，WHERE 子句是在求平均值之前从表中选择所需要的行，HAVING 子句则是在进行统计计算后产生的结果中选择所需要的行。

5.5　Transact-SQL 高级查询

5.5.1　连接查询

在数据库的应用中，经常需要从多个相关的表中查询数据，这就需要使用连接查询。
连接使用比较运算符，根据每个表的通用列中的值匹配两个表中的行。
其语法格式如下：
SELECT　列
FROM　表 1 [INNER] JION　表 2
ON 表 1.列 1 比较运算符　表 2.列 2

或

SELECT　列
FROM　表 1，表 2
WHERE 表 1.列 1　比较运算符　表 2.列 2

在 SQL-92 标准中，可以在 FROM 子句或 WHERE 子句中指定内部连接。这是 WHERE 子句中唯一一种 SQL-92 支持的连接类型。WHERE 子句中指定的内部连接称为旧式内部连接。

当连接所用的比较运算符为"="时，这种内连接称为等值连接。自然连接是一种特殊的等值连接，它要求两个关系（表）中进行比较的分量必须是相同的属性组，并且在结果中把重复的属性列去掉。它是组合两个表的常用方法。

【例 5-43】从学生表和成绩表中输出学生的学号、姓名和成绩信息。
use　Xssjk
go

select 学生.学号，学生.姓名，成绩.成绩
　　from 学生 join 成绩
　　　　on 学生.学号=成绩.学号
　　　　　go

在上述查询中学生表与成绩表通过学号列进行连接，这样可以在一次查询中从两个表获得数据。用第二种形式，上例可写成如下形式：
select 学生.学号，学生.姓名，成绩.成绩
　　from 学生,成绩
　　where 学生.学号=成绩.学号

当在查询中引用多个表时，所有列引用都必须是明确的。在查询所引用的两个或多个表中，任何重复的列名都必须用表名加以限定。如上例中学号列在两个表中都存在，引用时要加上表名加以限定。

如果某个列名在查询用到的两个或多个表中不重复,则对该列的引用就不必加表名来限定。但由于没有指明提供每个列的表,因此这样的 SELECT 语句有时会难以理解。如果所有的列都用它们的表名加以限定,将会提高查询的可读性。

【例 5-44】 查询学生的学号、姓名、所选课程的课程号、课程名和成绩信息。

use Xssjk
go

SELECT   学生.学号, 学生.姓名, 学生.性别, 课程.课程名, 成绩.成绩
    FROM   课程 INNER JOIN
            成绩 ON 课程.课程号 = 成绩.课程号 INNER JOIN
            学生 ON 成绩.学号 = 学生.学号 INNER JOIN

用第二种形式,上例可写成如下形式:
SELECT   学生.学号, 学生.姓名, 学生.性别,课程.课程名,成绩.成绩
   FROM   课程 , 成绩, 学生
       where (课程.课程号 = 成绩.课程号) and (成绩.学号 = 学生.学号)

通过上述查询可以将学生、课程和成绩 3 个表连接起来,把学生、课程和成绩信息对应起来。

5.5.2 子查询

子查询是指将 SELECT…FROM…WHERE 语句块作为另一条 SELECT 语句的一部分,外层的 SELECT 语句被称为外部查询,内层的 SELECT 语句被称为内部查询(或子查询)。

子查询受下列限制的制约。

(1)通过比较运算符引入的子查询选择列表只能包括一个表达式或列名称(对 SELECT * 执行的 EXISTS 或对列表执行的 IN 子查询除外)。

(2)如果外部查询的 WHERE 子句包括列名称,它必须与子查询选择列表中的列是连接兼容的。

(3) text、ntext 和 image 数据类型不能用在子查询的选择列表中。

(4)由于必须返回单个值,所以由未修改的比较运算符(即后面未跟关键字 ANY 或 ALL 的运算符)引入的子查询不能包含 GROUP BY 和 HAVING 子句。

(5)包含 GROUP BY 的子查询不能使用 DISTINCT 关键字。

(6)不能指定 COMPUTE 和 INTO 子句。

(7)只有指定了 TOP 时才能指定 ORDER BY。

(8)不能更新使用子查询创建的视图。

子查询分两种:嵌套子查询和相关子查询。

1. 嵌套子查询

嵌套子查询的执行不依赖于外部查询。

嵌套子查询的执行过程为,首先执行子查询,子查询得到的结果集将不被显示出来,而是

传给外部查询，作为外部查询的条件使用，然后执行外部查询，并显示查询结果。子查询可以多层嵌套。

嵌套子查询一般也分为两种：子查询返回单个值和子查询返回一个值列表。

（1）返回单个值。该值被外部查询的比较操作（如=、!=、<、<=、>、>=）使用，该值可以是子查询中使用统计函数得到的值。

【例5-45】 查询学生"张英"的选课信息。

use Xssjk

go

select *
from 成绩
where 学号=(select 学号
           from 学生
           where 姓名='张英')

上例的查询也可以用前面讲过的表连接来实现，代码如下：

use Xssjk

go

select 成绩.学号, 课程号, 成绩
   from 学生,成绩
       where (成绩.学号=学生.学号) and (姓名='张英')'

得到的结果与例 5-45 使用子查询一样，但连接操作要比子查询快，所以能使用表连接时应尽量使用表连接。

（2）返回一个值列表。该列表被外部查询的 IN、NOT IN、ANY、SOME 或 ALL 操作使用。IN 表示属于。即外部查询中用于判断的表达式的值与子查询返回的值列表中的某一个值相等；NOT IN 表示不属于。

【例5-46】 查询选修了"006"这门课的学生的学号、姓名。

use Xssjk

go

select 学号,姓名
from 学生
where 学号 in
      (select 学号
       from 成绩
       where 课程号='006')

在这个例子中，选修"006"课程的学生可能有多个，故子查询返回的将是一个多行单列的值列表集合，故在外层查询中要使用 IN 集合运算。

ANY、SOME 和 ALL 用于一个值与一组值进行比较运算，其中 ANY 和 SOME 在 SQL-92 标准中是等同的。以">"为例，">ANY"表示大于集合中的任意一个，">ALL"表示大于集合中的所有值。如">ANY(1, 2, 3)"表示大于 1，而">ALL(1, 2, 3)"表示大于 3。

【例 5-47】查询成绩比学号为"9601001"的学生的所有成绩都高的学生的学号。

```
use Xssjk
go

select  学号   as '学号'
from  成绩
where  成绩>all (select  成绩
                from  成绩
                where  学号= '9601001 ')
```

在上例中，使用 ALL 来限制大于集合中所有的值，即大于集合中的最大值，在此可以使用统计函数 max()将子查询的结果转化为单值，该例与下面的语句等同。

```
use Xssjk
go

select  学号   as '学号'
from  成绩
where  成绩> (select max(成绩)
            from  成绩
            where  学号='9601001 ')
```

由分析可知，ALL、ANY（SOME）的意义与转化为等同的单值运算的对应方式如表 5-8 所示。

表 5-8 ANY 和 ALL 的使用方法

使用形式	等同形式	意义
>ANY 或>SOME	>MIN()	大于集合中的任意一个，即大于集合中的最小值
<ANY 或>SOME	<MAX()	小于集合中的任意一个，即小于集合中的最大值
>ALL	>MAX()	大于集合中的每一个，即大于集合中的最大值
<ALL	<MIN()	小于集合中的每一个，即小于集合中的最小值

2. 相关子查询

在相关子查询中，子查询的执行依赖于外部查询，多数情况下是子查询的 WHERE 子句中引用了外部查询的表。

相关子查询的执行过程与嵌套子查询完全不同，嵌套子查询中子查询只执行一次，而相关子查询中的子查询需要重复地执行，为外部查询可能选择的每一行均执行一次。相关子查询的执行过程如下。

（1）子查询为外部查询的每一行执行一次，外部查询将子查询引用的列的值传给子查询。

(2) 如果子查询的任何行与其匹配，外部查询就返回结果行。
(3) 再回到第一步，直到处理完外部表的每一行。

【例 5-48】 查找成绩大于该课程平均成绩的学生的信息。

select *
from 成绩 s1
where 成绩>(select avg(成绩)
            from 成绩 s2
            where s1.课程号=s2.课程号)

与下面的语句比较一下结果有什么不同。

select *
from 成绩
where 成绩>(select avg(成绩)
            from 成绩)

3．在查询的基础上创建新表

使用 SELECT INTO 语句可以在查询的基础上创建新表，SELECT INTO 语句首先创建一个新表，然后用查询的结果填充新表。

语法格式如下：

SELECT 列
INTO 新表
FROM 源表
[WHERE 条件 1]
[GROUP BY 表达式 1]
[HAVING 条件 2]
[ORDER BY 表达式 2[A 成绩|DE 成绩]]

【例 5-49】 将学生选课的情况，包括学号、姓名、课程号、课程名和成绩 5 项内容保存为新表 SC。

select 学生.学号, 学生.姓名, 课程.课程号, 课程.课程名, 成绩.成绩
  into SC
    from 学生, 课程, 成绩
      where 学生.学号=成绩.学号 and 课程.课程号=成绩.课程号

5.6 视图

5.6.1 视图的概念

视图是从一个或多个表（或视图）中导出的表。视图与表（有时为了与视图区别，也称表

为基本表）不同，视图是一个虚表，即对视图中的数据不进行实际存储。数据库中只存储视图的定义，对视图的数据进行操作时，系统根据视图的定义去操作与视图相关联的基本表。若基本表的数据发生变化，则这种变化可以自动地反映到视图中。

5.6.2 创建视图

视图在数据库中是作为一个对象来存储的。创建视图前，要保证创建视图的用户已被数据库所有者授权使用 CREATE VIEW 语句，并且有权操作视图所涉及的表或其他视图。在 SQL Server 2008 中，创建视图可以在 SQL Server Management Studio 中进行，也可以使用 T-SQL 的 CREATE VIEW 语句来创建。

1．在 SQL Server Management Studio 中创建视图

第 4 章已讲过，这里省略。

2．使用 CREATE VIEW 语句创建视图

T-SQL 语言中用于创建视图的语句是 CREATE VIEW 语句。语法格式如下：

CREATE VIEW
<视图名>[<列名 1>[,<列名 2>]…[, <列名 i>]…)]
AS<子查询>
[WITH CHECK OPTION]

说明：

（1）列名 i：视图中包含的列，可以有多个列名，最多可引用 1 024 个列。若使用与源表或视图中相同的列名，则不必给出列名。选择列表可以是基表中列名的完整列表，也可以是其部分列表。

下列情况下必须指定视图中每列的名称。

① 视图中的任何列都是从算术表达式、内置函数或常量派生而来。

② 视图中有两列或多列具有相同名称（通常由于视图定义包含连接，因此来自两个或多个不同表的列具有相同的名称）。

③ 希望为视图中的列指定一个与其源列不同的名称。无论重命名与否，视图列都会继承其源列的数据类型。

（2）WITH CHECK OPTION：透过视图进行增删改操作时，不得破坏图定义中的谓词条件，即可查询中的条件表达式。

（3）查询语句：用来创建视图的 SELECT 语句。可在 SELECT 语句中查询多个表或视图，以表明新创建的视图所参照的表或视图。

（4）WITH CHECK OPTION： 指出在视图上所进行的修改都要符合查询语句所指定的限制条件，这样可以确保数据修改后，仍可通过视图看到修改的数据。

【例 5-50】 创建成绩视图，查询信息系学生选课的信息，包括学号、姓名、课程号、课程名和成绩。

use Xssjk
go

```
create view 成绩视图
as
    select 学生.学号, 学生.姓名, 课程.课程号, 课程.课程名, 成绩.成绩
        from 学生, 课程, 成绩
        where 学生.学号=成绩.学号 and 课程.课程号=成绩.课程号
go
```

创建视图时，源表可以是基本表，也可以是视图。

【例 5-51】 创建视图 V_avg，查询信息系每个学生的平均分。

```
use Xssjk
go

create view V_avg(学号, 姓名, 平均分)
as
select 学号, 姓名, avg(成绩)
from 成绩视图
group by 学号, 姓名
```

5.6.3 查询视图

视图定义后，可以如同查询基本表那样对视图进行查询。

【例 5-52】 查询不及格学生的成绩信息。

```
use Xssjk
go


select *
from 成绩视图
where 成绩<60
```

从上例可以看出，创建视图可以向最终用户隐藏复杂的表连接，简化用户的 SQL 程序设计。视图还可通过在创建视图时指定限制条件和指定列来限制用户对基本表的访问。例如若限定某用户只能查询成绩视图，实际上就是限制了它只能查询学生的成绩信息；在创建视图时可以指定列，实际上也就是限制了用户只能访问这些列，从而视图也可看作是数据库的安全设施。

使用视图查询时，若在其关联的基本表中添加了新字段，则必须重新创建视图才能查询到新字段。

如果与视图相关联的表或视图被删除，则该视图将不能再使用。但此视图不会自动被删除，需要用户显式地删除。

5.7 数据操纵

数据操纵包括插入数据,修改数据,删除数据。

5.7.1 向表中插入数据

插入数据有两种方式:插入单个元组,插入子查询结果。

1. 插入单个元组

语句格式如下:

INSERT
INTO <表名> [(<属性列 1>[,<属性列 2 >…)]
VALUES (<常量 1> [,<常量 2>]   …   )

功能:将新元组插入指定表中。

在 VALUES 中给出的数据与用 CREATE TABLE 定义表时给定的列名顺序、类型和数量均相同即可。

【例 5-53】 向 C 表中添加一条记录。

use Xssjk
go
insert into C
values('080110H','数据库原理与应用')

在查询编辑器中执行,返回的结果为:

    (1 行受影响)

若对表中的结构不明确,即对列的顺序不明确,则要在表名后面给出具体的列名,而且列名顺序、类型和数量也要与 VALUES 中给出的数据一一对应。如上面的语句也可以写成如下形式:

insert into C (课程号,课程名)
values('080110H','数据库原理与应用')

注意:

(1)输入数据的顺序和数据类型必须与表中列的顺序和数据类型一致。

(2)列名与数据必须一一对应,当每列都有数据输入时,列名可以省略,但输入数据的顺序必须与表中列的定义顺序相一致。

(3)可以不给全部列赋值,但没有赋值的列必须是可以为空的列。

(4)插入字符型和日期型数据时要用单引号引起来。

2. 将子查询结果插入指定表中(添加多行数据)

语法格式如下:

INSERT

INTO <表名>　　[(<属性列 1> [,<属性列 2>…)]
子查询;
功能：将子查询结果插入指定表中。

通过在 INSERT 语句中嵌套子查询，可以将子查询的结果作为批量数据，一次向表中添加多行数据。查询语句将在后续章节中讲解，在此只给出一个简单例子。

【例 5-54】 添加批量数据。
创建一个新的数据表 S：
create table S
(sno char(7) not null,
sname char(20) not null,
csrq datetime)
go

假设学生表中已有一批数据，可以从学生表中选择部分数据插入到新表 S 中，此处将所有女生的信息插入到新表 S 中：
insert into S
select　学号姓名,出生日期
from　学生
where　性别='女'

5.7.2　修改表中数据

当数据添加到表中后，会经常需要修改，如客户的地址发生了变化，货品库存量的增减等。使用 UPDATE 语句可以实现数据的修改，其语法格式如下：
UPDATE　表名
SET　列名= 表达式
[WHERE　条件]
功能：修改指定表中满足 WHERE 子句条件的行。

【例 5-55】 将课程号为"006"的课程成绩加 10。
use Xssjk
go
update　成绩 e
set 成绩=成绩+10
where　课程号='006'
在此例中，只有满足 WHERE 子句条件的行被修改。

5.7.3　删除表中数据

当数据的添加工作完成以后，随着使用和对数据的修改，表中可能存在着一些无用的数据，这些无用数据不仅会占用空间，还会影响修改和查询数据的速度，所以应及时将它们删除。

格式如下：
DELETE   <表名>
    [WHERE <条件>]；
功能：删除指定表中满足 WHERE 子句条件的元组。

其中，表名是要删除数据的表的名字。如果 DELETE 语句中没有 WHERE 子句限制，表中的所有记录都将被删除。

【例 5-56】 删除学号为"9601003"的学生的基本信息。
use Xssjk
go
delete 学生
where 学号='9601003'
执行结果为：
    （1 行受影响）

本章小结

本章讲解了 T-SQL 语言基础与应用，主要包括数据定义、数据查询、数据操纵
功能。SELECT 语句具有强大的查询功能，有的用户甚至只需要熟练掌握 SELECT 语句的一部分，就可以轻松地利用数据库来完成自己的工作。

习 题 5

一、根据第 4 章习题 4 建立的 BookSys 数据库，完成如下查询语句。
1．查询图书馆中所有的图书、出版社、作者信息。
2．查询读者的所有信息。
3．查询本地 SQL Server 服务器的版本信息。
4．查询前 10 项读者借阅图书的信息。
5．查询前 10%的读者借阅图书的信息。
6．查询所有借书的读者的编号，要求取消重复行。
7．查询图书价格打 8 折后的图书名称、原价和折后价格，分别以"图书名称"、"原价"、"折后价格"为列名显示。
8．查询价格大于等于 20 元的图书信息。
9．查询"中国水利出版社"出版的价格大于等于 20 元的图书信息。
10．查询价格在 20 和 40 元之间的图书信息。
11．查询由"中国水利出版社"、"高等教育出版社"、"清华大学出版社"出版的所有图书。
12．查询李姓读者的信息。
13．查询姓名是 3 个字的读者的信息。
14．计算图书馆图书的总价格、平均价格。

15. 计算出自"中国水利出版社"的图书数量。
16. 按读者级别由高到低输出读者信息。
17. 统计各出版社在图书馆中藏书的数量并输出数量大于 20 的。
18. 查询借过书的读者的借阅信息，包括读者姓名、借书书名、借书日期、还书日期及书的价格。
19. 查询所有读者的借阅信息，包括读者姓名、借书书名、借书日期、还书日期及书的价格。
20. 查询所有图书被借的信息，包括读者姓名、借书书名、借书日期、还书日期及书的价格。
21. 查询图书价格大于图书平均价格的所有图书信息。
22. 查询"李青"曾出版过书的出版社还出版了哪些书。
23. 查询价格大于"中国水利出版社"出版的任意书的价格的图书信息。
24. 查询价格不大于"中国水利出版社"出版的所有书的价格的图书信息。

二、完成如下操作。

1. 根据第 4 章习题 4 建立的 BookSys 数据库，建立视图显示读者借书的信息（包括读者姓名、借书名、借书日期）。
2. 完成第 12 章实验 3、4 的相关操作。

第 6 章　数据库的完整性设计

电子教案：
第 6 章　数据库的完整性

本章学习目标

本章主要讲述数据库完整性的几种类型，重点介绍 SQL Server 2008 中实现数据库完整性的方法，包括约束、规则和默认的使用方法。通过本章学习，读者应该掌握以下内容。

（1）熟练掌握数据库完整性的概念。
（2）掌握 5 种约束的使用。
（3）了解规则实现数据库完整性的方法。
（4）了解默认实现数据库完整性的方法。

6.1　完整性概述

数据库的完整性是指确保数据库中数据的正确性、一致性和有效性。数据库是现实世界的映像，现实世界中各实体及实体间存在各种约束关系，因此，在数据库的设计中，必须考虑其完整性设计。数据库的完整性主要包括以下几种。

1．域完整性

域完整性是指列的值域的完整性，又称为列完整性。它用来限制列的数据类型、大小（或长度）以及取值范围等，以保证表中的列不能输入无效的值。例如在"学生"数据表中，限制"性别"列只能输入"男"、"女"两值之一，其他数据不能被接受，以此来保证域完整性。

2．实体完整性

实体完整性是指关系中的所有元组都是唯一的，没有两个完全相同的元组，即没有完全相同的两行，因此实体完整性又称为行完整性。实体完整性规则用来确保每个关系都有一个主键，主键的数据值不能为 NULL 且不能有相同值。

按照实体完整性规则的规定，基本关系的主键不为空且唯一。例如在"学生"数据表中，"学号"为主键，则"学号"不能为空，且不能重复，即表中的每个学生必须有独一无二的学号，以此来保证实体完整性。

3．参照完整性

在关系数据模型中，表与表之间的关联是使用外键来定义的，例如"学生"和"成绩"两个表之间的关联，是通过在"成绩"表中将学号属性作为外键来实现的。这就要求在向"成绩"表中插入新的一行时，必须确保选课的学生已经存在于"学生"表中。

参照完整性约束是在两个表的行之间维持一致性的规则。这个规则要求，如果一个表中有外键,则每个外键的取值必须与关联的另一个表的主键取值匹配,或者必须为 NULL,以此来保证两个有关联的表的相互连接的正确性。

6.2 使用约束实施数据库的完整性

为了保证数据库的完整性,SQL Server 2008 提供了一系列的定义完整性的机制和完整性检查的方法,并能够进行违约处理。例如实体完整性通过 UNIQUE 约束、PRIMARY KEY 约束等实现,参照完整性通过 FOREIGN KEY 约束实现,域完整性通过 CHECK 约束和触发器等实现。在本章中主要讨论约束、规则和默认值的内容。

约束是 SQL Server 提供的自动保持数据库完整性的一种机制,能够在数据进入数据库之前,自动检查数据的状态和状态切换,判定它们是否合理,是否能够接受。当表删除时,表所带的约束也随之删除。使用约束优先于使用规则、默认值和触发器。约束包括 PRIMARY KEY 约束、UNIQUE 约束、DEFAULT 约束、CHECK 约束和 FOREIGN KEY 约束。

6.2.1 PRIMARY KEY 约束

在数据表中,有一列或多列的组合,其值可以唯一地指定一行记录,这样的一列或多列称为表的主键(primary key),通过它可以强制表的实体完整性。一个表只能有一个主键,主键不允许为 NULL,且不同两行的键值不能相同。如果一个表的主键由一列组成,则该主键约束可以定义为该列的列约束,如果主键约束定义在不止一列上,则该主键约束必须定义为表约束,在这种情况下,主键中某一列的值可以重复,但主键约束定义中的所有列的组合值必须唯一。

用 PRIMARY KEY 定义了主键后,每当用户程序对该表进行插入或更新操作时,DBMS 将按照完整性规则自动进行检查,包括以下方面。

(1)检查主键值是否唯一,若不唯一则拒绝插入或修改。

(2)检查主键的各个属性是否为空,只要有一个为空则拒绝插入或修改。

在 SQL Server 2008 中,既可以使用 T-SQL 命令来创建和修改主键,也可以在 SSMS(SQL Server Management Studio)中进行这些操作。

1. 使用 T-SQL 语句设置 PRIMARY KEY 约束

【例 6-1】创建"成绩"表,其中指定学号、课程号为主键。

CREATE TABLE 成绩
(学号 nvarchar(7),
 课程号 nvarchar(3),
 成绩 smallint,
 PRIMARY KEY(学号,课程号));   /*表级完整性约束*/

【例 6-2】创建"学生"表后,利用 ALTER TABLE 语句增加主键。

ALTER TABLE 学生
ADD PRIMARY KEY(学号);

2. 用 SSMS 创建 PRIMARY KEY 约束

在 SSMS 中，完成例 6-2 操作如下：在对象资源管理器中找到"学生"表右击，选择快捷菜单中的"设计"命令，弹出如图 6-1 所示的窗口，在该窗口中，选择"学号"列，即可以通过右击选择快捷菜单中的"设置主键"命令，或者单击工具栏中的"设置主键"按钮，就可以将此列定义为主键。当该列的列名前显示钥匙符号时，说明该主键设置成功。

图 6-1　设置 PRIMARY KEY 约束

6.2.2　UNIQUE 约束

唯一性（unique）约束指定一列或多列的组合的值具有唯一性，以防止在列中输入重复的值。主键也强制执行唯一性，但主键不允许为 NULL，而唯一性约束指定的列可以为 NULL，且每个表中的主键只能有一个，而唯一性约束却可以有多个。

1. 使用 T-SQL 语句设置 UNIQUE 约束

【例 6-3】　创建"课程"表，使课程名具有唯一性约束。

CREATE TABLE 课程
(课程号 nvarchar(3) PRIMARY KEY,
课程名 nvarchar(24) UNIQUE);

【例6-4】 创建学生表后,利用 ALTER TABLE 语句增加"身份证号码"列并设置唯一性约束

ALTER TABLE 学生
ADD 身份证号码 nvarchar(18) UNIQUE;

2. 用 SSMS 创建 UNIQUE 约束

在 SSMS 中,完成例 6-4 操作如下:在对象资源管理器中找到"学生"表右击,选择快捷菜单中的"设计"命令,弹出设计表窗口,在该窗口中,在第一个空白行处新增列"身份证号码",新增后右击该列,选择快捷菜单中的"索引/键"命令,进入"索引/键"对话框,单击"添加"按钮,新建唯一键如图 6-2 所示。

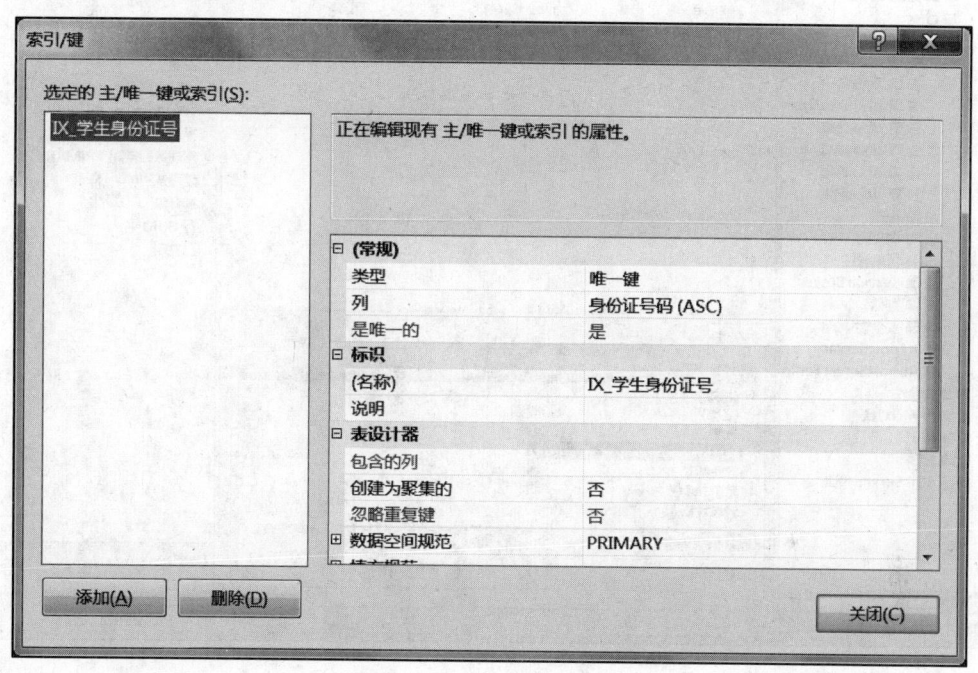

图 6-2 设置 UNIQUE 约束

6.2.3 DEFAULT 约束

默认(default)约束通过定义列的默认值,以保证当没有为某列指定数据时,来指定该列的值,该默认值也可以为 NULL。

1. 使用 T-SQL 语句设置 DEFAULT 约束

【例6-5】 创建"学生"表后,利用 ALTER TABLE 语句设置"性别"的默认值为男。
ALTER TABLE 学生

ADD DEFAULT '男' FOR 性别;

2. 用 SSMS 创建 DEFAULT 约束

在 SSMS 中，完成例 6-5 操作如下：在对象资源管理器中找到"学生"表右击，选择快捷菜单中的"设计"命令，弹出设计表窗口。在该窗口中，单击选择"性别"列，在下方的"列属性"选项卡中设置默认值 为男，如图 6-3 所示。

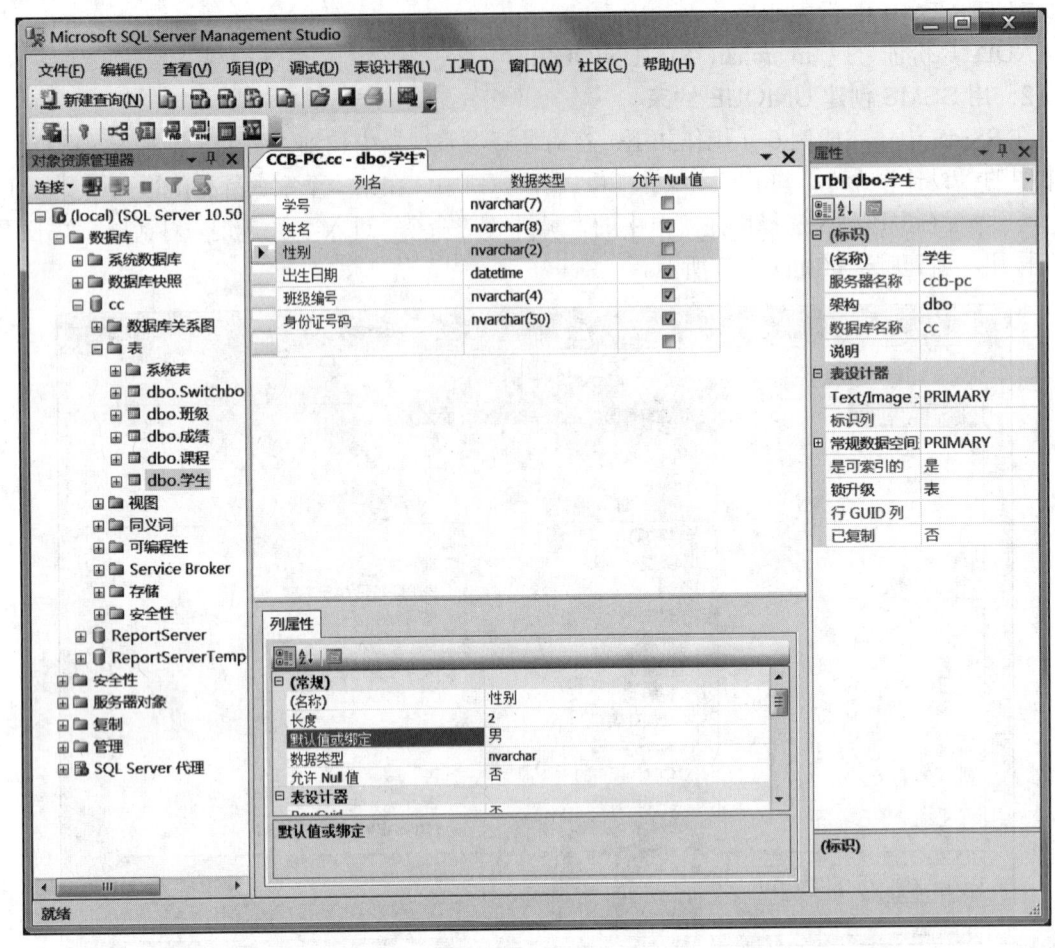

图 6-3 设置 DEFAULT 约束

6.2.4 CHECK 约束

检查（check）约束用于限制输入到一列或多列的值的范围，从逻辑表达式判断输入数据的有效性，也就是输入的值必须满足检查约束的条件，否则数据无法正常输入，以此来保证数据的域完整性。

1. 使用 T-SQL 语句设置 CHECK 约束

【例 6-6】 创建"学生"表，限定性别只能是"男"或"女"。

CREATE TABLE 学生
(学号 nvarchar(7)NOT NULL,
姓名 nvarchar(8),
性别 nvarchar(2) CHECK(性别='男'OR 性别='女'),
出生日期 datetime,
班级编号 nvarchar(4));

【例 6-7】 创建"成绩"表后,限定成绩列的值在 0 和 100 之间。
ALTER TABLE 成绩
　　ADD CHECK (成绩>=0 AND 成绩<=100);

2. 用 SSMS 创建 CHECK 约束

在 SSMS 中,完成例 6-7 操作如下:在对象资源管理器中找到"成绩"表右击,选择快捷菜单中的"设计"命令,弹出设计表窗口。在该窗口中,右击"成绩"列,选择快捷菜单中的"CHECK 约束"命令,进入"CHECK 约束"对话框,单击"添加"按钮,在约束表达式编辑框中编写成绩应满足的逻辑表达式,新建的 CHECK 约束如图 6-4 所示。

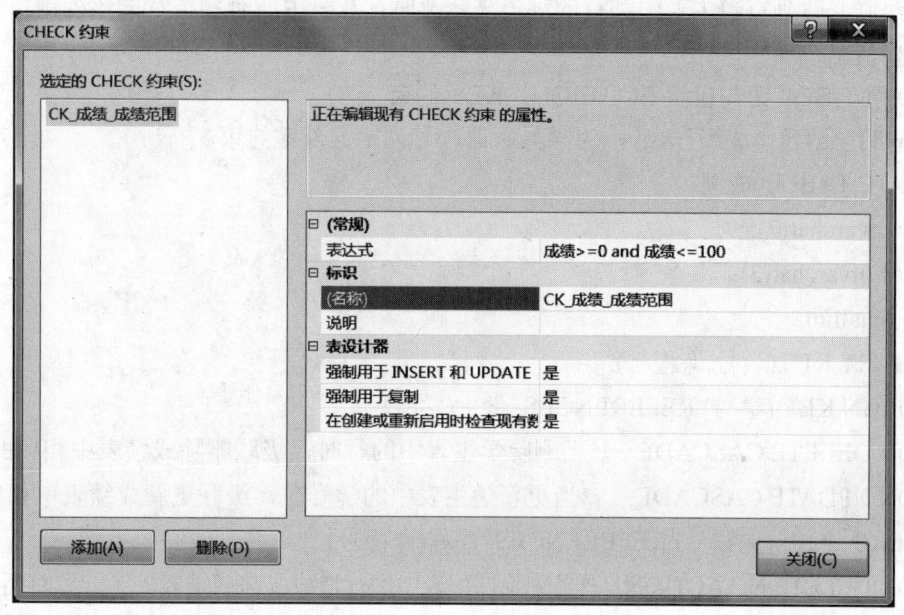

图 6-4 设置 CHECK 约束

6.2.5 FOREIGN KEY 约束

外键(foreign key)定义了表之间的关系。通过将一个表中的主键值的列添加到另一个表中,创建两个表之间的连接。这个列就成为第二个表的外键,其中,第一个表称为主表,第二个表称为从表。这样,当在定义主键约束的表中更新列值时,其他表中有与之相关联的外键约束的表中的外键列也将被相应地进行相同的更新;当向从表插入数据时,若与之相关联的主表中没有与插入的外键列值相同的值时，系统将会拒绝插入数据，以此通过外键约束来保证数据的参照完整性。

例如，数据表"学生"、"成绩"和"课程"这 3 个表之间存在以下逻辑联系："成绩"表中的"学号"列的值必须是"学生"表"学号"列中的某一值，因为选修课的学生必须是学校学生中的一员；而"成绩"表中的"课程号"列的值必须是"课程"表"课程号"列中的某一值，因为学生选修的课程必须是已列在课程表中的课程。因此，在"成绩"表中，应建立两个外键约束，用来限制"成绩"表中"学号"和"课程号"两列的值必须分别来自"学生"表的"学号"列和"课程"表的"课程号"列。

尽管外键约束的主要目的是控制存储在从表中的数据，但它也可以根据主表中数据的修改而对从表中的数据做相同的更新操作，这种操作称为级联（cascade）操作，即当删除或修改主表中的行造成与从表不一致时，则删除或修改从表中所有造成不一致的行。SQL Server 提供了两种级联操作以保证数据的完整性：级联删除和级联修改。

（1）级联删除确定当主表中某行被删除时，从表中所有相关行也被删除。

（2）级联修改确定当主表中某行的键值被修改时，从表中所有相关行的该外键值也将被自动修改为新值。

1. 使用 T-SQL 语句设置 FOREIGN KEY 约束

【例 6-8】 创建"成绩"表，为学号、课程号列定义外键约束。

CREATE TABLE 成绩
(学号 nvarchar(7),
课程号 nvarchar(3),
成绩 smallint,
PRIMARY KEY(学号,课程号),
FOREIGN KEY (学号) REFERENCES 学生(学号)
    ON DELETE CASCADE   /*当删除学生表中的行时，级联删除成绩表中相应的行*/
    ON UPDATE CASCADE,   /*当更新学生表中的学号时，级联更新成绩表中相应的行*/
FOREIGN KEY (课程号) REFERENCES 课程(课程号)
    ON DELETE NO ACTION /*当删除课程表中的行造成了与成绩表的不一致时拒绝执行*/
    ON UPDATE CASCADE   /*当更新课程表中的课程号时，级联更新成绩表中相应的行*/
);

【例 6-9】 创建"学生"表后，为"班级编号"列定义外键约束。

ALTER TABLE 学生
    ADD FOREIGN KEY (班级编号)
    REFERENCES 班级;

2. 用 SSMS 创建 FOREIGN KEY 约束

在 SSMS 中，完成例 6-9 的要求，创建学生表和班级表之间的外键约束关系。

首先，检查在班级表中是否将"班级编号"列设置为主键，如果没有则先将它设置为该表的主键。接着,在 SSMS 中找到"学生"表右击,选择快捷菜单中的"设计"命令,弹出设计表窗口。在该窗口中,右击"班级编号"列,选择快捷菜单中的"关系"命令,进入"外键关系"对话框,单击"添加"按钮,添加名称为 FK_学生_班级编号的外键关系,如图 6-5 所示,在表和列规范处设置主表和从表的关系,如图 6-6 所示。

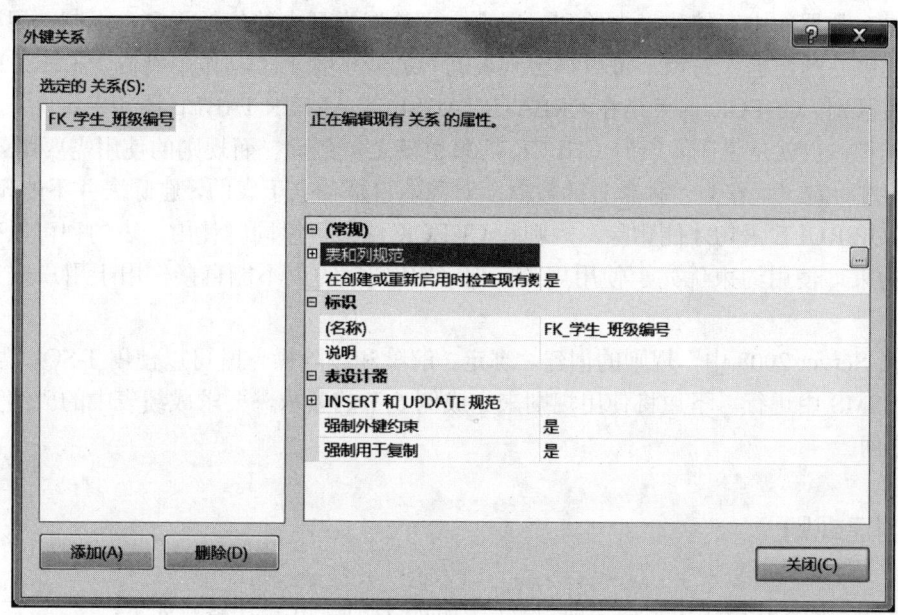

图 6-5 设置 FOREIGN KEY 约束

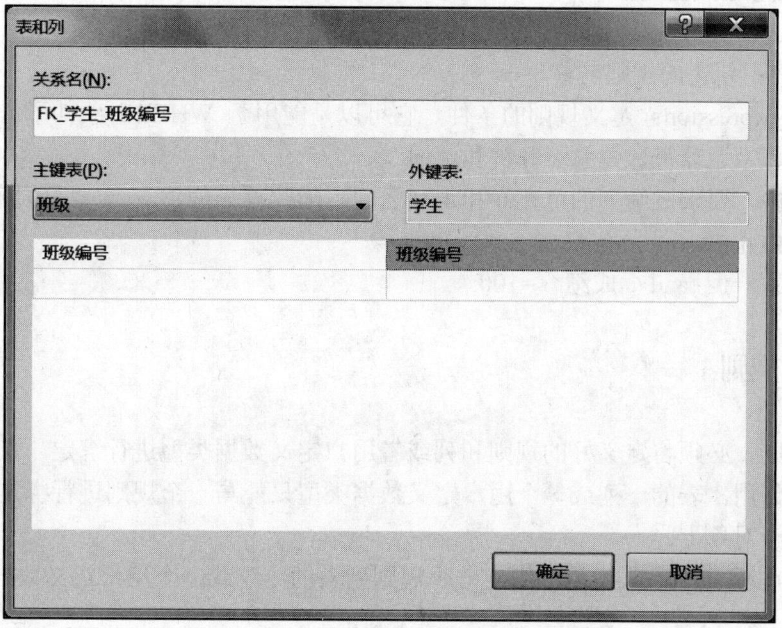

图 6-6 设置主表与从表的关系

6.2 使用约束实施数据库的完整性 / 111

6.3 使用规则

规则是对数据库中存储在表中的列或用户定义数据类型中的值的规定和限制。规则是一种单独存储的独立的数据库对象，可以绑定到表的一列或多列上，其作用类似于 CHECK 约束，但两者略有区别。CHECK 约束是在 CREATE TABLE 或 ALTER TABLE 语句中定义，嵌入了被定义的表结构，也就是说删除表时 CHECK 约束也随之被删除，而规则的使用需要用 CREATE RULE 语句进行定义，作为一种单独的数据库对象，它是独立于表的，删除表并不能删除规则，需要用 DROP RULE 语句才能删除。规则和 CHECK 约束可以同时使用，表的列可以有一个规则及多个约束，使用约束优先于使用规则，但 CHECK 约束不能直接作用于用户定义的数据类型。

在 SQL Server 2008 中，规则的创建、绑定、解除和删除操作既可以使用 T-SQL 语句实现，也可以在 SSMS 中进行。下边将使用规则来完成例 6-7 的要求，要求成绩表中的成绩列的值在 0 和 100 之间。

6.3.1 创建规则

CREATE RULE 语句用于在当前数据库中创建规则，其语法格式如下：
CREATE RULE rule_name
AS condition_expression
说明如下。
rule_name：新建的规则名称。
condition_expression：定义规则的条件，它可以是能用于 WHERE 条件子句中的任何表达式，可以包含算术运算符、关系运算符和谓词。
在例 6-7 中，要求成绩列的值在 0 和 100 之间，因此首先创建一个成绩范围规则：
CREATE RULE score_rule
AS @成绩 >=0 and @成绩 <=100;

6.3.2 绑定规则

要使用规则，必须将定义好的规则和列或者用户定义数据类型进行绑定。只有绑定后，规则才可以发生作用。表的一列或一个用户定义数据类型只能与一个规则进行绑定，而一个规则可以绑定到多个对象上。

系统存储过程 sp_bindrule 用于绑定一个规则到表的一列或一个用户定义数据类型上，其语法格式如下：
EXEC Sp_bindrule [@rulename=] 'rule',
[@objname=] 'object_name'

[, [@futureonly=] 'futureonly']

说明如下。

[@rulename=] 'rule'：指定规则名称。

[@objname=] 'object_name'：指定规则绑定的对象，可以是列或用户定义数据类型。如果是表的列，则 object_name 采用格式 table.column 书写，否则认为它是用户定义数据类型。

[, [@futureonly=] 'futureonly']：仅在绑定规则到用户定义数据类型时使用。

在例 6-7 中，将已定义好的 score_rule 规则绑定到成绩表中的成绩列中：

EXEC sp_bindrule score_rule,'成绩.成绩';

6.3.3 解除规则绑定

当已绑定规则的列或者用户定义数据类型不再需要使用规则时，可以对其进行解除规则绑定。

系统存储过程 sp_unbindrule 可解除规则与列或用户定义数据类型的绑定，其语法格式如下：

EXEC Sp_unbindrule [@objname=] 'object_name'

[, [@futureonly=] 'futureonly']

说明如下。

[@objname=] 'object_name'：指定解除规则绑定的对象，可以是列或用户定义数据类型。如果是表的列，则 object_name 采用格式 table.column 书写，否则认为它是用户定义数据类型。

[, [@futureonly=] 'futureonly']：指定现有的由此用户定义数据类型的列解除与规则的绑定，如果不指定此项，所有由此用户定义数据类型定义的列也将随之解除与此规则的绑定。

解除绑定在成绩表中的成绩列的 score_rule 规则，语句如下：

EXEC sp_unbindrule '成绩.成绩';

6.3.4 删除规则

对于不再使用的规则，可以对其进行删除。在删除规则前必须首先要解除规则的绑定。

DROP RULE 语句用于在当前数据库中删除一个或多个规则，其语法格式如下：

DROP RULE { rule_name}[,···n]

说明如下。

rule_name：要删除的规则名称。

删除已创建的 score_rule 规则，语句如下：

DROP RULE score_rule;

6.4 使用默认值

默认值是一种数据库对象，与 DEFAULT 约束功能相似，两者的区别类似于规则与 CHECK

约束在使用上的区别。DEFAULT 约束是和表的定义联系在一起的，删除表的同时 DEFAULT 约束也被删除，而默认值对象的使用需要用 CREATE DEFAULT 语句进行定义，作为一种单独的数据库对象，它是独立于表的，删除表并不能删除默认值对象。

在 SQL Server 2008 中，默认值的创建、绑定、解除和删除操作可以使用 T-SQL 语句实现，下面将使用默认值来完成例 6-5 的要求，将"学生"表中的"性别"列的默认值设置为男。

6.4.1 创建默认值

CREATE DEFAULT 语句用于在当前数据库中创建默认值，其语法格式如下：
CREATE DEFAULT default_name
AS constant_expression
说明如下。
default_name：新建的默认值名称。
constant_expression：只包含常量值的表达式（它不能包括任何列或其他数据库对象的名称）。除了那些包含别名数据类型的表达式，可以使用任何常量、内置函数或数学表达式。

在例 6-5 中，要求将"学生"表中的"性别"列的默认值设置为男，因此首先创建一个默认值对象：
CREATE DEFAULT sex_default
AS '男'

6.4.2 绑定默认值

创建完默认值对象后，就可以将它绑定到表上的某列从而开始使用该默认值。
系统存储过程 sp_bindefault 用于绑定一个默认值到表的一列或一个用户定义数据类型上，其语法格式如下：
EXEC Sp_bindefault [@defname=] 'default',
[@objname=] 'object_name'
[, [@futureonly=] 'futureonly']
说明如下。
[@defname=] 'default'：指定默认值名称。
[@objname=] 'object_name'：指定默认值绑定的对象，可以是列或用户定义数据类型。如果是表的列，则 object_name 采用格式 table.column 书写，否则认为它是用户定义数据类型。
[, [@futureonly=] 'futureonly']：仅在绑定默认值到用户定义数据类型时使用。
在例 6-5 中，将已定义好的 sex_default 绑定到学生表中的性别列中：
EXEC sp_bindefault   sex_default, '学生.性别'

6.4.3 解除绑定

当已绑定默认值的列不再需要使用默认值时，可以对其进行解除默认值绑定，将其从表的列上分离开来，在执行删除默认值之前，该默认值对象仍存储在数据库中，还可以再绑定到其他数据上。

系统存储过程 sp_unbindefault 可解除默认值与列或用户定义数据类型的绑定，其语法格式如下：

EXEC sp_unbindefault [@objname=] 'object_name'
[, [@futureonly=] 'futureonly']

说明如下。

[@objname=] 'object_name'：指定解除默认值绑定的对象，可以是列或用户定义数据类型。如果是表的列，则 object_name 采用格式 table.column 书写，否则认为它是用户定义数据类型。

[, [@futureonly=] 'futureonly']：指定现有的由此用户定义数据类型的列解除与默认值的绑定，如果不指定此项，所有由此用户定义数据类型定义的列也将随之解除与此默认值的绑定。

解除绑定在学生表中的性别列的默认值，语句如下：

EXEC sp_unbindefault   '学生.性别'

6.4.4　删除默认值

对于不再使用的默认值，可以对其进行删除。在删除默认值前必须首先要解除默认值的绑定。

DROP　DEFAULT 语句用于在当前数据库中删除一个或多个默认值，其语法格式如下：

DROP　DEFAULT { default_name}[,…n]

说明如下。

default_name：要删除的默认值名称。

删除已创建的 sex_default，语句如下：

DROP DEFAULT   sex_default

本 章 小 结

本章主要讲述了数据库完整性的有关概念及实现方法，通过本章学习，读者应该理解数据库完整性的基本概念；掌握 5 种约束的使用方法；熟悉规则和默认值的使用方法。

习 题 6

一、选择题

1. 不允许在关系中出现重复记录的约束通过＿＿＿＿＿＿实现。
　　A．CHECK　　　　　　　　　　　　B．DEFAULT
　　C．FOREIGN KEY　　　　　　　　　D．PRIMARY KEY 或 UNIQUE

2. 参照完整性规则：表的_____必须是另一个表主键的有效值，或者是空值。
   A．主关键字　　　　B．次关键字　　　　C．外关键字　　　　D．主属性
3. 定义主键实现的是数据库完整性中的_____。
   A．实体完整性　　　B．参照完整性　　　C．域完整性　　　　D．用户定义的完整性
4. 下列约束中用于限制列的取值范围的约束是_____。
   A．PRIMARY KEY　　B．CHECK　　　　　C．DEFAULT　　　　D．NOT NULL

二、简答题

1. 什么是数据库的完整性？SQL Server 中有哪些完整性规则？解释它们的内容。
2. 什么是数据库的完整性约束条件？可分为哪几类？分别实现数据库的哪种完整性规则？解释它们的内容。
3. 主键约束和唯一性约束的异同点是什么？
4. 试述默认值和规则的概念和作用。
5. 假设有下面两个关系模式：

教师（教师号，姓名，年龄，职称，工资，系编号），其中教师号为主键。

系别（系编号，名称，系主任，电话），其中系编号为主键。

用 T-SQL 语句和使用 SSMS 两种方法完成下列操作。

（1）定义每个模式的主键。

（2）定义参照完整性。

（3）定义教师工资默认为 1 200 元。

（4）定义每位教师的年龄不得超过 60 岁。

（5）定义系别名称不可重复。

6. 假设有下面关系模式：

学生（学号，姓名，性别，专业），主码是（学号）。

课程（课程号，课程名，学分），主码是（课程号）。

选修（学号，课程号，分数），主码是（学号，课程号）。

请使用 CREATE TABLE 语句定义学生、课程、选修表的参照完整性，包括主码、外码及级联更新。

第 7 章　存储过程和触发器

电子教案：
第 7 章　存储过程和触发器

本章学习目标

存储过程和触发器在 SQL Server 2008 应用操作中扮演着相当重要的作用，本章主要介绍存储过程的基本概念，存储过程在创建、调用、修改、删除以及存储过程的应用操作；触发器的基本概念，触发器在创建、调用、删除以及触发器的应用操作。通过本章的学习，读者应该掌握以下内容。

（1）存储过程和触发器的作用。
（2）存储过程和触发器的创建方法。
（3）存储过程和触发器的执行方法。
（4）存储过程和触发器的查看、删除以及修改等操作。

7.1　存储过程

7.1.1　存储过程概述

存储过程（stored procedure）就是在数据库服务器中执行的一系列 Transact-SQL 语句的集合，经编译器编译后存储在数据库服务器端，在数据库中被普遍应用的一种数据库对象。因此，存储过程比普通的 Transact-SQL 语句的执行效率更高，同时可以很方便地调用。

存储过程是可选流程控制语句和 T-SQL 语句的预编译集合，使用一个名称存储作为其一个单元处理，能够提高系统的应用效率和执行速度。SQL Server 2008 提供了许多系统存储过程以及管理 SQL Server 和显示用户和相关数据库的信息。

存储过程作为一个单元进行处理同时以一个名称来标识，它可以接受输入参数、输出参数，返回单个或多个结果集以及返回值，还可以执行系统函数和管理操作。存储过程可以由客户调用，也可以由触发器或另一个过程调用，涉及的参数可以被传递和返回，出错的代码也可以被检验。存储过程与其他编程语言中的过程有些相似。

一般来讲，存储过程与存储在客户计算机本地的 T-SQL 语句相比，其优势主要表现如下。

（1）执行速度快、效率高。因为 SQL Server 2008 会事先将存储过程编译为二进制可执行的机器代码，在运行存储过程时不需要再对存储过程进行编译，从而加快执行的速度。

（2）允许模块化程序设计。存储过程在创建完毕后将其存储在数据库中，可以在程序中被多次调用，而不必重新编写该 Transact-SQL 语句。

（3）减少网络流量。存储过程是保存在数据库服务器上的一组 Transact-SQL 代码，在对其进行调用时，只需要使用存储过程名和参数即可，因而减少网络流量。

（4）可作为安全机制使用。数据库用户可以通过得到权限来执行存储过程，不必给予用户直接访问数据库对象的权限控制。同时参数化存储过程有助于保存应用程序不受 SQL Injection 的攻击。

7.1.2 存储过程的类型

SQL Server 2008 支持的存储过程主要有如下 4 种类型。

1．系统存储过程（system stored procedures）

从物理意义上来讲，系统存储过程存储在源数据库（resource）中并以"sp_"为前缀，并且存储过程主要是从系统表中获取信息。从逻辑意义上来讲，系统存储过程出现在每个系统定义数据库和用户定义数据库的 sys 架构中。

2．扩展存储过程（extended stored procedures）

扩展存储过程通常以"xp_"为前缀，是 SQL Server 2008 的实例可以动态加载和运行的 DLL。其使用方法与系统存储过程类似。不过该功能在以后版本的 SQL Server 中有可能会被废除，所以尽量不要使用。

3．用户存储过程（user-defined stored procedures）

用户为了完成某一特定的功能，可以自己创建存储过程，比如输入参数，向客户端返回表格或标量结果、消息等，也可以返回输出参数。在 SQL Server 2008 中，存储过程有两种类型，分别为 Transact-SQL 存储过程和 CLR 存储过程。

Transact-SQL 存储过程是指保存 Transact-SQL 语句的集合，可以接受和返回用户提供的参数。CLR 存储过程是指针对微软的.NET Framework 公共语言进行时（CLR）方法的引用，可以接受和返回用户提供的参数。

4．临时存储过程（temporary stored procedures）

临时存储过程通常以"#"或"##"为前缀，分别代表局部临时存储过程和全局临时存储过程，不论创建的是本地临时存储过程还是全局临时存储过程，只要 SQL Server 2008 停止运行，它们将自动被删除。

7.1.3 创建存储过程

在 SQL Server 2008 中创建存储过程主要有两种方式：一种方式是在 SQL Server Management Studio 中创建；另一种方式是通过 CREATE PROCEDURE 语句来创建。

1．在 SQL Server Management Studio 中创建存储过程

利用 SQL Server Management Studio 创建存储过程就是创建一个模板，通过改写模板创建存储过程。具体参考步骤如下。

（1）启动 SQL Server Management Studio，展开要创建存储过程的数据库，在"可编程性"选项中，可以看到存储过程列表中系统自动为数据库创建的系统存储过程。选择"存储过程"

选项,右击从弹出的快捷菜单中选择"新建存储过程"命令,如图 7-1 所示。

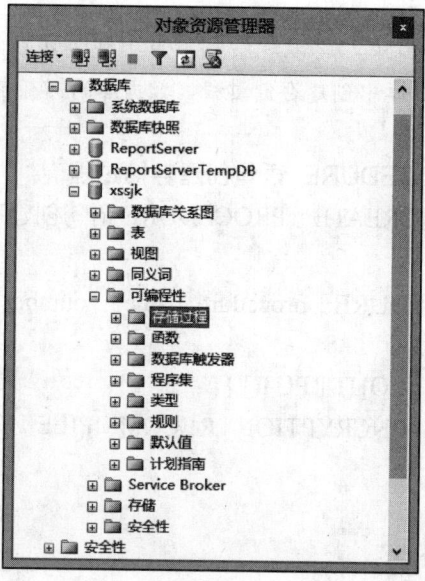

图 7-1 选择"新建存储过程"命令

(2)系统弹出存储过程模板,用户参照模板在其中编辑相关命令即可,如图 7-2 所示。

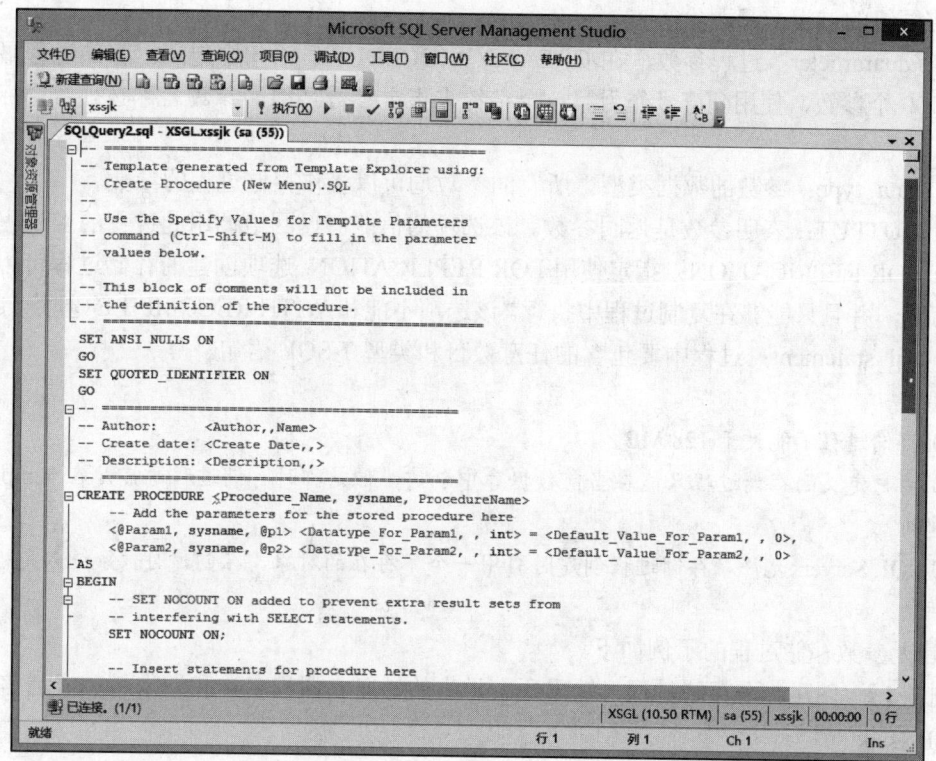

图 7-2 新建存储过程模板

7.1 存储过程 / 119

（3）命令编辑成功后，进行语法检查，然后单击工具栏中的"执行"按钮，即可将存储过程保存到数据库中。

（4）刷新"存储过程"子目录，可以观察到下方出现刚才新建的存储过程。

注意：用户只能在当前数据库中创建存储过程，数据库的拥有者拥有默认的创建权限，权限也可以转让给其他用户。

2. 利用 CREATE PROCEDURE 语句创建存储过程

SQL Server 2008 提供了 CREATE PROCEDURE 语句创建存储过程，其基本的语法格式如下：

CREATE { PROC | PROCEDURE } procedure_name [; number]
[{ @parameter data_type }
[VARYING] [= default] [[OUT [PUT]] [, … n]
[WITH { PECOMMPILE | ENCRYPTION | RECOMMPILE , ENCRYPTION } [, … n]]
[FOR REPLICATION]
AS sql_statement […n]

其中，各参数的含义如下：

（1） procedure_name：新建存储过程的名称。过程名称要符合标识符规则，且对于数据库及其所有者必须唯一。

（2）number：作为可选的整数，用来对同名的过程分组，用一条 DROP PROCEDURE 语句即可将同组的过程一起删除。

（3）@parameter：过程参数，在 CREATE PROCEDURE 语句中定义。存储过程最多可以指定 2 100 个参数，使用@符号作为第一个字符来指定参数名称，参数名称必须符合标识符的规则。

（4）data_type：参数的数据类型。所有的参数均可以当作存储过程的参数。

（5）OUTPUT：表明参数是返回参数。该选项的值能够返回给调用此过程的应用程序。

（6）FOR REPLICATION：指定使用 FOR REPLICATION 选项创建的存储过程可用作存储过程的筛选，并且只能够在复制过程中执行。该选项不能和 WITH RECOMPILE 选项一起使用。

（7）sql_statement：过程中要包含的任意数目和类型 T-SQL 语句。

注意：

（1）存储过程不能大于 128 MB。

（2）用户定义的存储过程只能在当前数据库中创建，但是临时存储过程通常是在 tempdb 数据库中创建的。

（3）SQL Server 允许在存储过程创建时引用一个不存在的对象，在创建时，系统只是检查存储过程的语法。

创建无参数存储过程的示例如下。

【例 7-1】 创建一个存储过程，输出所有学生的姓名、课程名称和期末考试成绩信息。

USE xssjk
GO
CREATE PROCEDURE student_sc

AS
SELECT 姓名，课程名，成绩
　　FROM 学生，课程，成绩
　　WHERE 学生.学号 = 成绩.学号 and 课程.课程号 = 成绩.课程号
GO

执行本存储过程如下：

EXEC dbo.student_sc

刷新 xssjk 数据库，找到 xssjk 的"存储过程"子目录即可观察到存储过程 student_sc 已经存在，如图 7-3 所示。

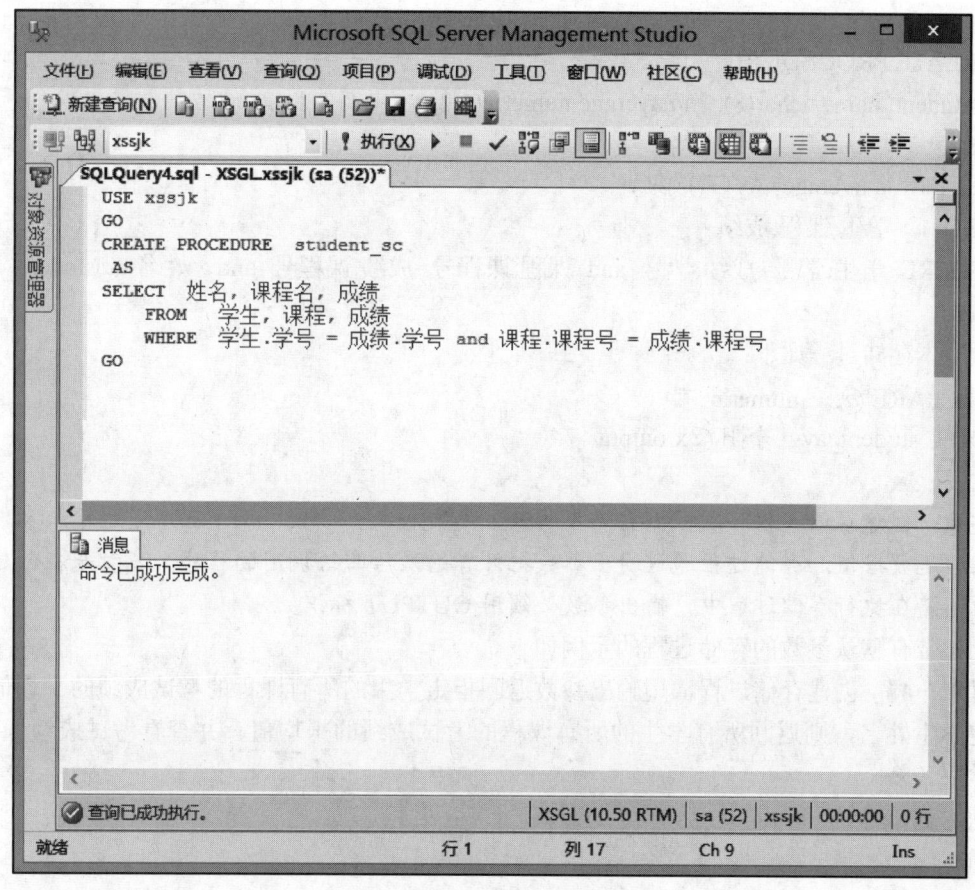

图 7-3　创建存储过程 student_sc

创建含有输入参数的存储过程的示例如下。

【例 7-2】 在 xssjk 中创建带参数的存储过程，查询某个学生的基本情况。

USE xssjk
GO
CREATE PROCEDURE　get_student

@number   char(7)
AS
SELECT * FROM 学生 WHERE 学生.学号 = @number
GO

执行本存储过程如下：

EXEC dbo.get_student   9601001

创建带有返回参数的存储过程的示例如下。

【例7-3】 创建一个存储过程，用输出参数返回指定学生的所有课程的考试成绩的平均值。

USE xssjk
GO
CREATE PROCEDURE   student_avg
@student_name nchar(8), @average numeric(6,2) OUTPUT
AS
SELECT @average=AVG(成绩)
FROM   学生,课程,成绩
WHERE 学生.学号=成绩.学号 and 课程.课程号=成绩.课程号 and 姓名=@student_name
GO

执行本存储过程如下：

DECLARE @x   numeric
EXEC student_avg 李阳,@x output
select @x

注意：创建存储过程可以根据需要声明输入参数和输出参数，调用程序通过输入参数向存储过程传送数据值；存储过程通过输出参数把计算结果传回给调用的程序。不管是在创建存储过程中还是在执行存储过程中，输出参数必须用 OUTPUT 标识。

创建带有默认参数的存储过程的示例如下。

【例7-4】 创建存储过程，用输出参数返回指定学生的所有课程的考试成绩的平均值。若不指定学生姓名，则返回所有学生的所有课程的考试成绩的平均值。并查看考试成绩低于60分的学生名单。

USE xssjk
GO
CREATE PROCEDURE   student_avg1
@student_name nchar(8)= NULL,@average numeric(6,2) OUTPUT
AS
SELECT @AVERAGE=AVG(成绩)
FROM   学生,课程,成绩
WHERE   学生.学号=成绩.学号 and   成绩.课程号=课程.课程号
and (姓名=@student_name   or @student_name IS NULL)
GO

--查看考试成绩低于 60 分的学生名单
SELECT   学生.学号,姓名,成绩,课程号,成绩
from   学生 inner   join 成绩
     ON   学生.学号=成绩.学号
WHERE   成绩.成绩<60
GO
执行本存储过程如下：
DECLARE @y   numeric
EXEC student_avg1   @student_name=罗军,@average=@y output
select @y
或者不提供学生姓名时执行以下过程：
DECLARE @y   numeric
EXEC student_avg1   @student_name=null,@average=@y output
select @y

本实例中，定义输入参数@student_name 的同时，为输入参数指定默认值，即在执行过程不提供学生姓名时，默认是所有学生考试的平均成绩。

7.1.4　查看存储过程信息

存储过程在创建以后，它的名字被存储在系统表 sysobjects 中，它的源代码被存储在系统表 syscomments 中。用户使用系统存储过程来查看之前创建的存储过程的相关信息。

（1）sp_help 用于显示存储过程的信息，如存储过程相关信息、创建日期等。使用方法如下：

EXEC[UTE] sp_help 存储过程名

【例 7-5】 查看存储过程 student_sc 的所有者、创建时间和各个参数的信息。

在查询编辑器窗口执行如下 Transact-SQL 语句：

USE xssjk
GO
EXEC sp_help   student_sc
GO

运行结果如图 7-4 所示。

（2）sp_helptext 用来查看存储过程的源代码。使用方法如下：

EXEC[UTE]   sp_helptext 存储过程名

【例 7-6】 查看存储过程 student_sc 的源代码。

在查询编辑器窗口执行如下 Transact-SQL 语句：

USE xssjk
GO
EXEC   sp_helptext   student_sc

GO

运行结果如图 7-5 所示。

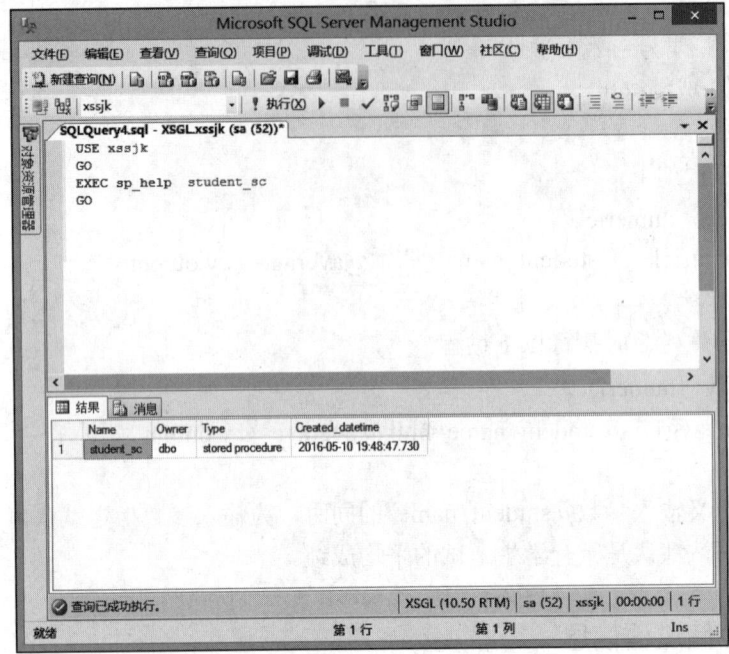

图 7-4 查看存储过程 student_sc 的基本信息

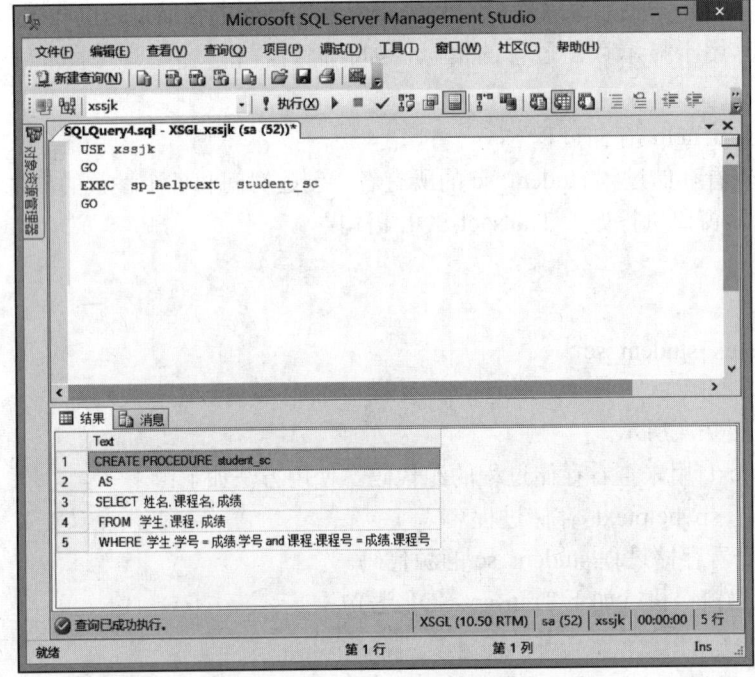

图 7-5 查看存储过程 student_sc 的源代码

注意：如果在创建存储过程时使用了 WITH ENCRYPTION 选项，则使用 sp_helptext 将无法显示存储过程的源代码。

（3）sp_depends 用于显示和存储相关的数据库对象。使用方法如下：

EXEC[UTE] sp_depends　存储过程名

【**例 7-7**】 查看与存储过程 student_sc 相关的数据库对象信息。

在查询编辑器窗口执行如下 Transact-SQL 语句：

USE xssjk
GO
EXEC　sp_depends　student_sc
GO

7.1.5　修改存储过程

在使用过程中，一旦发现存储过程不能完成需要的功能或功能需求发生改变，则需要修改原有的存储过程。修改存储过程可以在 SQL Server Management Studio 中右击要修改的存储过程，选择"修改"命令，与创建时的步骤基本类似；也可以通过 T-SQL 中的 ALTER PROCEDURE 语句来修改存储过程。

ALTER 语句的语法规则如下：

ALTER { PROC | PROCEDURE } procedure_name [;number]
　　[{ @parameter　data_type }]
　　[VARING] [=default] [OUT [PUT]] [, …n]
　　[WITH { RECOMPILE | ENCRYPITION | RECOMPILE , ENCRYPTIOM } [, …N]]
[FOR REPLICATION]
AS　sql_statement […n]

【**例 7-8**】 修改存储过程 student_sc，除了用于计算指定学生的姓名、成绩外，还用于显示学生的学号。

USE xssjk
GO
ALTER PROCEDURE student_sc
as
SELECT　学生.学号, 姓名, 课程名, 成绩
　　FROM　　学生, 课程, 成绩
　　　　WHERE　学生.学号 = 成绩.学号 and 课程.课程号 = 成绩.课程号
GO

7.1.6　删除存储过程

对于不再需要的存储过程，可以在 SQL Server Management Studio 中右击，选择"删除"

命令将其删除；同时也可用 T-SQL 语句中的 DROP PROCEDURE 命令将其删除。如果其他存储过程调用某个已删除的存储过程，则 SQL Server 2008 会在执行该调用过程时显示一条错误的信息。如果定义了同名或参数相同的新存储过程来替换已删除的存储过程，那么引用该过程的其他过程仍能执行。

删除存储过程的 T-SQL 语法格式如下：
DROP PROCEDURE { procedure_name } [, …]

【例 7-9】 删除存储过程 student_sc。
DROP PROCEDURE student_sc

7.2 触发器

触发器就本质而言是一种特殊类型的存储过程，它是在执行某些特定 Transact-SQL 语句时自动执行的一种存储过程。

7.2.1 触发器概述

在 SQL Server 2008 数据库系统中，存储过程和触发器都是 SQL 语句和流程控制语句的集合。触发器作为一种存储过程，是一种在基本表被修改时自动执行的内嵌过程，主要利用事件进行触发而被执行，同时执行过程可以通过存储过程名字而被直接调用。在下列情况下，使用存储过程将比较方便。

（1）创建多行触发器，如插入、更新或者删除多行数据时，必须编写一个处理多行数据的触发器。

（2）实现数据库中多张表的级联修改。

（3）强制数据库间的引用完整性。

（4）调用更多的存储过程。

（5）撤销或者回滚违反引用完整性的操作，防止非法修改数据。

在 SQL Server 2008 中，含有两种常见类型的触发器：DML 触发器、DDL 触发器。

1. DML 触发器

DML 触发器是当数据库服务器中发生数据操作语言事件时会自动执行的存储过程。DML 事件包括在指定表或试图中修改数据的 INSERT 语句、UPDATE 语句或 DELETE 语句。DML 触发器有助于在表或视图中修改数据时使用强制业务规则，扩展数据的完整性。

SQL Server 2008 的 DML 触发器分为两类。

（1）AFTER 触发器：这类触发器在记录已改变完之后，才会被激活执行，主要用于记录变更后的处理或检查，一旦发现错误，也可以用 ROLLBACK TRANSACTION 语句来回滚本次的操作。

（2）INSTEAD OF 触发器：与 AFTER 不同，一般用于取代原本的操作，在记录变更之前发生，它并不执行原来 SQL 语句里的操作（DELETE、INSERT、UPDATE），而去执行触发器本身定义的操作。

2. DDL 触发器

DDL 触发器是 SQL Server 2005 以后版本新增的一个触发器类型，是一种特殊的触发器，响应数据定义语言（DDL）语句时触发，一般用于在数据库中执行管理任务。

与 DML 触发器一样，DDL 触发器也是通过事件激活并执行其中的 SQL 语句的。但与 DML 触发器不同的是，DML 触发器是响应 UPDATE、DELETE 或 INSERT 语句而激活的，DDL 触发器是响应 CREATE、ALTER、GRANT、DROP、DENY 或 REVOKE 等语句而激活的。

一般说来，在以下几种情况下可以使用 DDL 触发器。

（1）数据库里的库架构或数据表架构很重要，不允许被修改。
（2）防止数据库或数据表被误删除。
（3）在修改某个数据表结构的同时修改另一个数据表的相应的结构。
（4）要记录对数据库结构操作的事件。

仅在运行触发 DDL 触发器的 DDL 语句后，DDL 触发器才会激活。DDL 触发器无法作为 INSTEAD OF 触发器使用。

7.2.2 创建触发器

和创建存储过程一样，触发器也可以通过 SQL Server Management Studio 和 CREATE TRIGGER 语句两种方式创建。

创建触发器时需指定如下的几项内容。

（1）触发器的名称和需要定义的触发器的表。
（2）触发器何时被激发。
（3）激活触发器的数据修改语句。有效的选项为 INSERT、DELETE 或 UPDATE。多个数据修改语句可激活同一个触发器。

在 SQL Server 2008 中创建 DML 触发器主要有两种方法：在 SQL Server Management Studio 界面或通过在查询窗口中执行 T-SQL 语句创建 DML 触发器。

1. 在 SQL Server Management Studio 中创建触发器

在 SQL Server Management Studio 中创建触发器的步骤如下。

（1）打开 SQL Server Management Studio，在"对象资源管理器"窗口中展开"数据库"项下的 xssjk 数据库，然后找到其中的一个表如"学生"表，展开找到"触发器"选项，右击，选择"新建触发器"命令，如图 7-6 所示。

（2）在出现触发器的 T-SQL 语句后，编辑相关的命令即可，如图 7-7 所示。

（3）命令编辑成功后，进行语法检查，然后单击工具栏中的"执行"按钮 ！，至此一个触发器被成功创建。

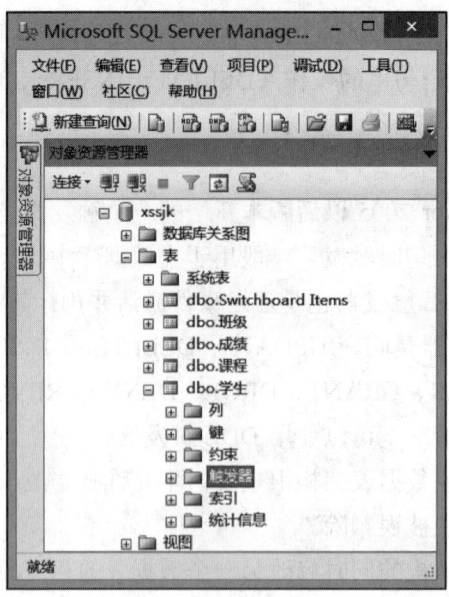

图 7-6　在 SQL Server Management Studio 中创建触发器

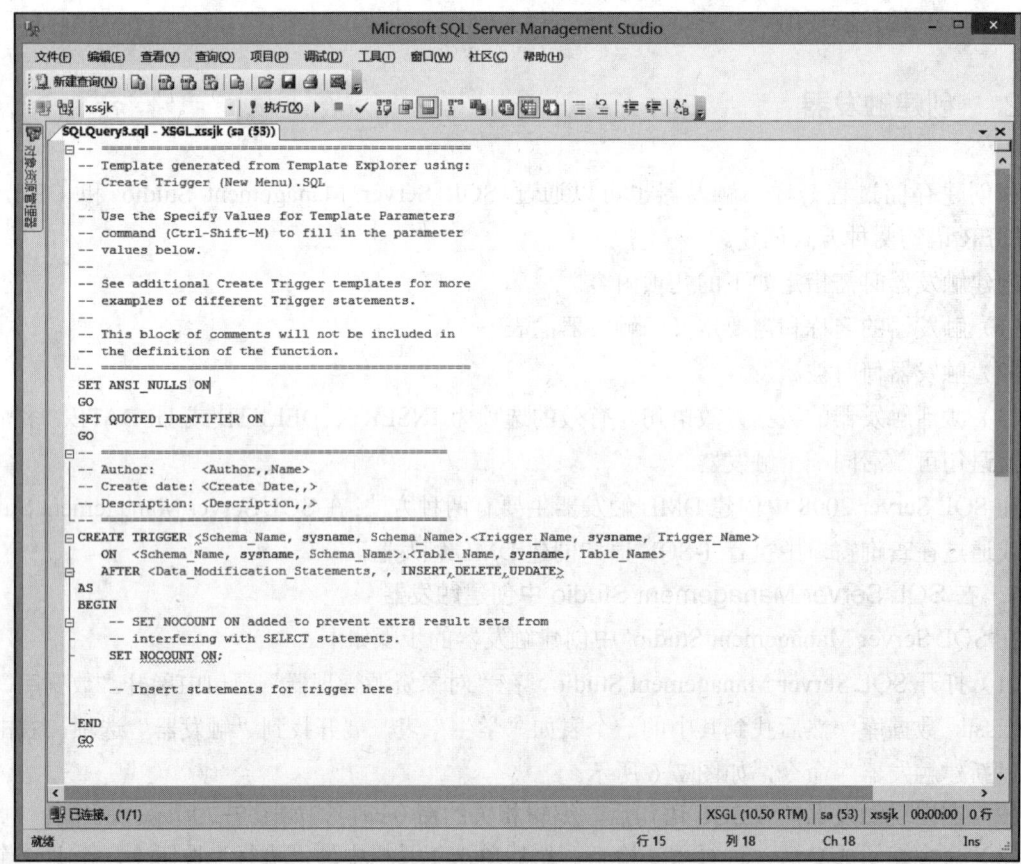

图 7-7　创建触发器模板

128　/　第 7 章　存储过程和触发器

2. 利用 CREATE TRIGGER 语句创建触发器

SQL Server 2008 提供了 CREATE TRIGGER 语句创建触发器。其创建触发器的语法格式如下：

CREARE TRIGGER trigger_name
ON { table | view }
[WITH ENCRYPTION]
{ FOR | AFTER | INSTEAD OF } { [INSERT] [,] [UPDATE] [,] [DELETE] }
AS sql_statament [, ···n]

其中，各参数的说明如下。

（1）trigger_name：触发器的名称，触发器名称必须符合标识符规则且在数据中必须唯一。用户可以选择是否指定触发器所有者的名称。

（2）table | view：需要执行触发器的表或视图。可以选择是否指定表后视图的所有者名称。

（3）WITH ENCRYPTION：加密 syscomments 表中 CREATE TRIGGER 语句文本的条目。使用 WITH ENCRYPTION 可以防止将触发器作为 SQL Server 复制的一部分发布，这是为了满足数据安全的需要。

（4）AFTER：指定触发器只有在触发 SQL 语句中指定的所有操作都已经执行后才激发。如果仅指定 FOR 关键字，则 AFTER 是默认设置。所有的引用级联操作和约束检查也必须成功完成后，才能执行此触发器。

（5）INSEAD OF：指定执行触发器而不是执行触发 SQL 语句，从而替代触发语句的操作。在表或视图上都可以定义一个 INSTEAD OF 触发器。

（6）INSERT、DELETE 或 UPDATE：指定在表或视图上执行哪些语句时激活触发器的关键字。其中必须至少指定一个选项，允许使用以任意顺序组合的关键字，多个选项需要用逗号分隔。

（7）NOT FOR REPLICATION：当复制进程更改触发器所涉及的表时，不应执行该触发器。

【例 7-10】 为学生表创建一个触发器，用来禁止更新学号字段的值，如图 7-8 所示。

程序代码如下：

```
USE xssjk
GO
CREATE TRIGGER Tri_stu
ON  学生
AFTER  UPDATE
AS
IF  UPDATE（学号）
BEGIN
RAISERROR ('不能修改学号', 10 , 2)
ROLLBACK
END
GO
```

此时，若有更新语句如下：
UPDATE 学生 SET 学号='9601006'
WHERE 学号='9601007'
则提示"不能修改学号"，更新语句将不会被执行。

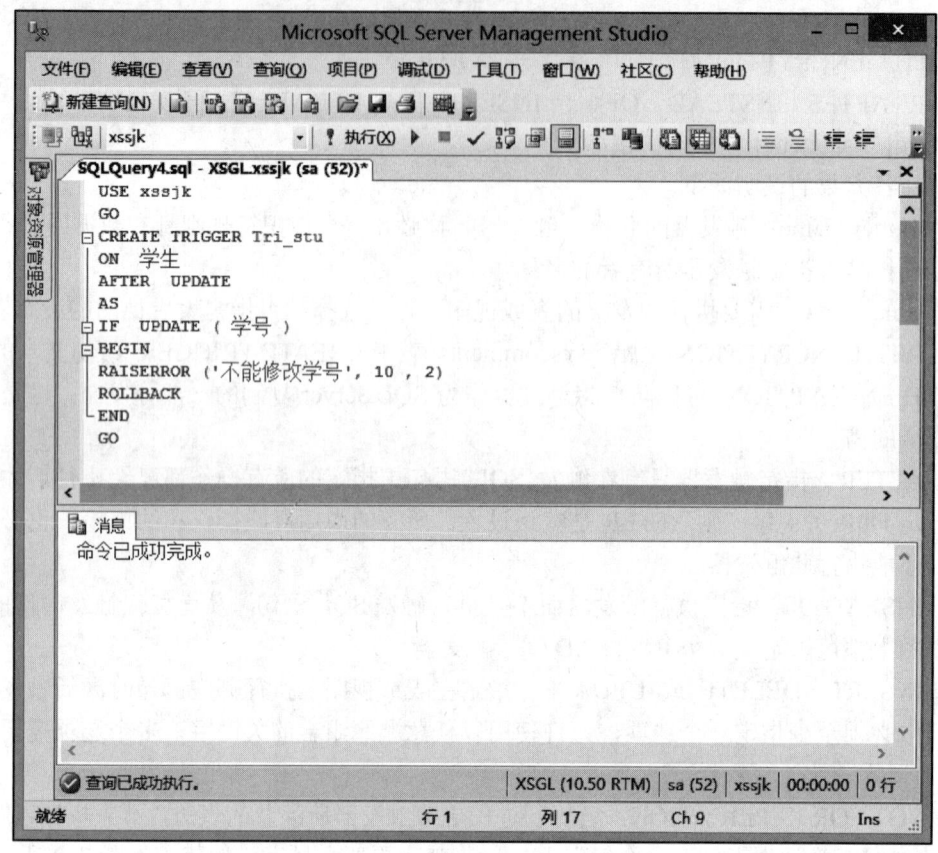

图 7-8　创建好的触发器 Tri_stu

【例 7-11】 为成绩表创建一个触发器，用来阻止用户对成绩表中的数据进行任何修改，如图 7-9 所示。

程序代码如下：
USE xssjk
GO
CREATE TRIGGER Tri_sc
ON 成绩
INSTEAD OF UPDATE
AS
　　RAISERROR('不能修改成绩表中的数据',10 , 2)
GO

此时若有更新语句如下：

UPDATE 成绩 SET 成绩 = 70

则显示"不能修改成绩表中的数据"，更新语句将不会被执行。

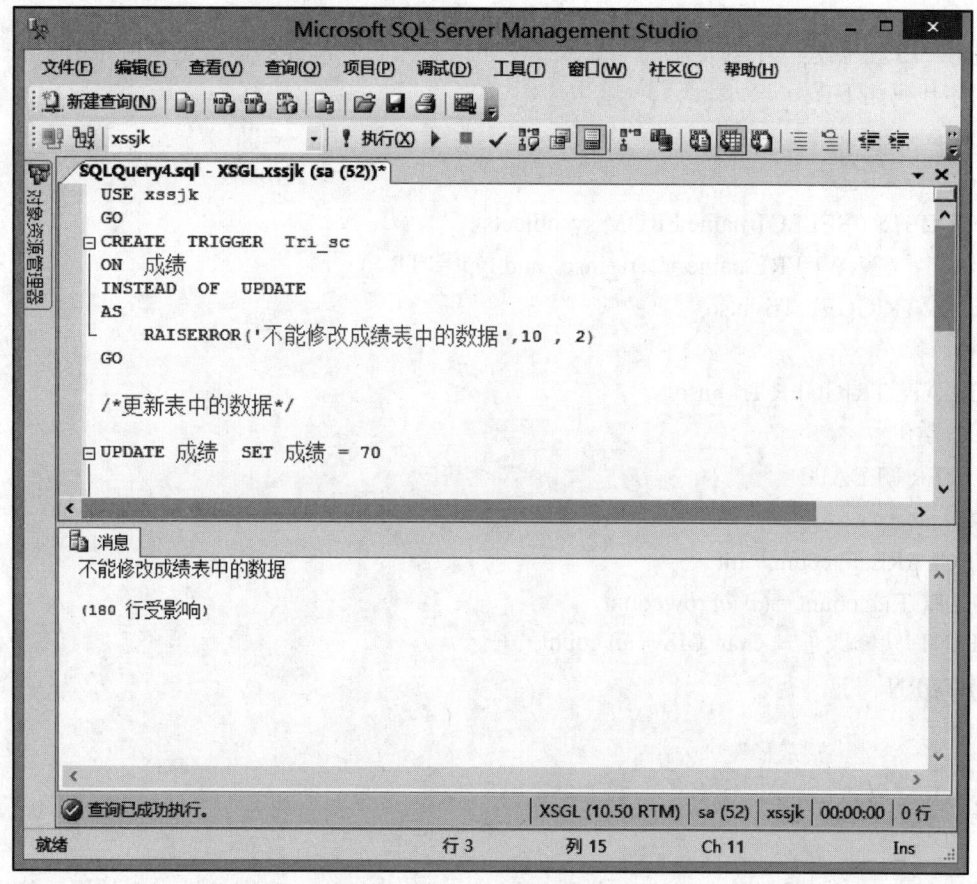

图 7-9 创建好的触发器 Tri_sc

【例 7-12】 为成绩表创建一个名为 Tri_cla 的触发器，实现参照完整性。

程序代码如下：

USE　xssjk
GO
CREATE TRIGGER　Tri_cla　ON 课程
FOR INSERT
AS
IF NOT　EXISTS (SELECT　课程号　FROM　课程　WHERE
　　　　　课程号 = (SELECT　课程号　FROM　inserted))
　　BEGIN
　　　　DECLARE　@number　VARCHAR (3)

```
        SET @number = ( SELECT  课程号  FROM inserted )
        PRINT '你在课程表中要插入的记录,在课程表中不存在这样的课程号:'+@number
        ROLLBACK
END
```

【例 7-13】 创建一个触发器,当修改"学生信息"表时,提示修改记录的条数。

程序代码如下:

```
USE   xssjk
GO
IF EXISTS ( SELECT name FROM sysobjects
            WHERE name=' Tri_insc ' and type=' TR ' )
DROP TRIGGER Tri_insc
GO
CREATE TRIGGER Tri_insc
ON  学生
AFTER UPDATE
AS
DECLARE @ count   int
SELECT @ count = @ @ rowcount
PRINT '共修改了' + char (48 + @ count) +'行'
RETURN
GO
```

7.2.3 管理触发器

管理触发器主要是对触发器进行查看、删除、修改和禁用或启用等操作。使用系统提供的存储过程 sp_help、sp_helptext 和 sp_depends 分别查看触发器的不同信息。

（1） sp_help:显示触发器的名称、类型、创建时间等基本信息。

（2） sp_helptext:显示触发器的源代码。

（3） sp_depends:显示该触发器参考的对象清单。

以上 3 个系统存储过程的具体的规则参考存储过程的语法格式。

【例 7-14】 查看触发器"Tri_sc"的所有者和创建日期。

程序代码如下:

```
USE xssjk
GO
EXEC sp_help   Tri_sc
GO
```

运行结果如图 7-10 所示。

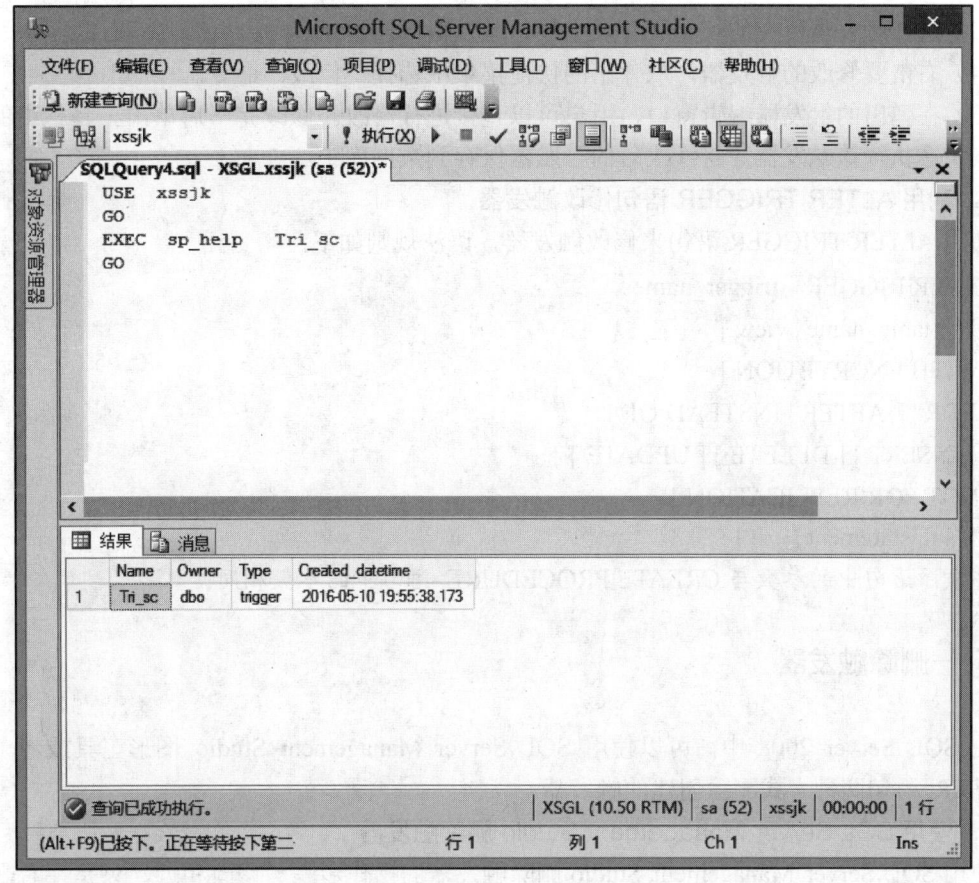

图 7-10 查看触发器"Tri_sc"的所有者和创建日期

【例 7-15】 查看触发器"Tri_sc"的源代码。

程序代码如下:
USE xssjk
GO
EXEC sp_helptext Tri_sc
GO

7.2.4 修改触发器

创建完触发器后,用户可以使用 SQL Server Management Studio 或 ALTER TRIGGER 语句进行修改。

1. 使用 SQL Server Management Studio 修改触发器

使用 SQL Server Management Studio 修改触发器的操作步骤如下。

(1) 打开"对象资源管理器"窗口,展开"数据库"子目录。
(2) 选择触发器所在的数据库。

（3）选择触发器所在的表，展开表中的"触发器"子目录。

（4）右击要修改的触发器，从弹出的快捷菜单中选择"修改"命令。

（5）在弹出的触发器编辑窗口，用户可以直接进行修改。修改完毕后单击工具栏中的"执行"按钮 执行该触发器，将修改后的触发器保存到数据库中。

2．利用 ALTER TRIGGER 语句修改触发器

利用 ALTER TRIGGER 语句来修改触发器，语法规则如下：

ALTER RIGGER   trigger_name
ON { table_name | view }
[WITH ENCRYPTION]
{ FOR | AFTER | INSTEAD OF }
{ [INSERT] [DELETE] [UPDATE] }
[NOT FOR REPLICATION]
AS sql_statement […n]

注意：语句中的参数与 CREATE PROCEDURE 语句中的参数相同。

7.2.5　删除触发器

在 SQL Server 2008 中，可以使用 SQL Server Management Studio 图形工具或者 DROP TRIGGER 语句两种方式删除创建的触发器。

1．使用 SQL Server Management Studio 删除触发器

使用 SQL Server Management Studio 删除触发器的操作步骤与修改相近，只是在右击触发器时，从弹出的快捷菜单中选择"删除"命令，单击"确定"按钮，即可删除该触发器。

2．利用 DROP TRIGGER 语句删除触发器

使用 DROP TRIGGER 语句删除触发器的示例如下：

【例 7-16】 删除触发器 Tri_sc。

程序代码如下：

USE xssjk
GO
DROP TRIGGER   Tri_sc
GO

本 章 小 结

存储过程可以使用户对数据库的管理及显示数据库及其用户信息的工作变得更容易。SQL Server 2008 提供了许多系统存储过程以管理和显示有关数据库和用户的信息。

触发器是一种功能强大的工具，可以扩展 SQL Server 约束、默认值对象和规则的完整性检查的逻辑，实施较复杂的数据完整性约束。

习 题 7

一、选择题

1. 下面有关存储过程的叙述错误的是_____。
   A．SQL Server 允许在存储过程创建时引用一个不存在的对象
   B．使用存储过程可以减少网络流量
   C．存储过程可以带多个输入参数，也可以带多个输出参数
   D．在一个存储过程中不可以调用其他存储过程
2. 存储过程是 SQL Server 服务器的一组预先定义并_____的 Transact-SQL 语句。
   A．保存　　　　　B．解释　　　　　C．编译　　　　　D．编写
3. 下面有关触发器的叙述错误的是_____。
   A．触发器是一个特殊的存储过程
   B．在一个表上可以定义多个触发器
   C．触发器不可以引用所造数据库以外的对象
   D．触发器在 check 约束之前执行
4. 一个表上可以有_____不同类型的触发器。
   A．1 种　　　　　B．2 种　　　　　C．3 种　　　　　D．无限制

二、填空题

1. 一个存储过程的名称不能超过_____个字符。
2. 使用_____可以对存储过程的定义文本进行查看。
3. 在 SQL Server 2008 中，有 3 种常规触发器，分别为 DML 触发器、_____触发器和_____触发器。
4. 用_____语句可以删除触发器。

三、简答题

1. 简述什么是存储过程，存储过程分成哪几个类？
2. 存储过程有哪些优点？
3. 简述什么是触发器，其主要功能是什么？
4. AFTER 触发器与 INSTEAD OF 触发器有什么不同？

第 8 章 数据库的安全性

电子教案：
第 8 章 数据库的
安全性

本章学习目标

本章主要介绍 SQL Server 数据库系统高度精确的可配置安全特性，使用这些功能，DBA 还可以根据所处环境的特定安全风险实现经过优化的防御，给用户提供一个良好的信息管理安全策略。通过本章的学习，读者应该掌握以下内容。

（1）了解 SQL Server 2008 的安全机制。
（2）掌握数据库用户的创建。
（3）掌握登录名和数据库用户的权限管理。
（4）掌握登录名和数据库用户的权限。

8.1 SQL Server 的安全性机制

1. 操作系统的安全性

一般情况下，数据库管理系统是运行在某一特定的操作系统平台上的应用程序，SQL Server 2008 也是如此，所以操作系统的安全性直接影响 SQL Server 2008 的安全性。

用户通过网络实现对 SQL Server 服务器的访问时，首先要获得客户计算机操作系统的使用权。

通过实现网络互联，用户首先需要登录运行 SQL Server 2008 服务器的主机，才能够更进一步地操作。SQL Server 2008 可以直接访问网络端口，所以可以实现对 Windows NT 安全体系以外的服务器及其数据库的访问。

操作系统的安全性是操作系统管理员或者网络管理员的任务。由于 SQL Server 2008 采用集成的 Windows NT 网络安全性的机制，这样可以让操作系统的安全性的地位得到提升，但同时也加大了管理数据库系统安全性的难度。

2. 服务器的安全性

SQL Server 2008 服务器的安全性建立在控制服务器登录账号和密码的基础上。SQL Server 2008 采用了标准 SQL Server 登录和集成 Windows 登录两种方式。无论使用哪种登录的方式，用户在登录时提供的登录账号和密码决定了用户能否获得 SQL Server 2008 的访问权限以及用户在访问 SQL Server 2008 时拥有的权限。

管理和设计合理的登录方式是 SQL Server 2008 数据库管理员的重要任务，也是 SQL Server 2008 的安全体系中重要的组成部分。

SQL Server 2008 事先设计了许多固定的服务器角色，以此为具有服务器管理员资格的用户分配使用的权限。固定服务器角色的成员可以拥有服务器的管理权限。

注意：通常情况下，客户操作系统安全的管理是操作系统管理员的任务。SQL Server 不允许建立服务器级的角色。

3．数据库的安全性

建立用户的登录账号信息时，SQL Server 2008 会提示用户选择默认的数据库，并给用户分配权限。以后用户每次连接上服务器后，都会自动转到默认的数据库上。如果在设置登录账号时没有指定默认的数据库，则用户的权限将局限在 master 数据库中。

SQL Server 2008 在数据库级的安全级别上也设置了角色，同时允许用户在数据库上建立新的角色。然后在该角色授予多个权限，最后再通过角色将权限赋予 SQL Server 2008 的用户，使用户获取具体的数据库的操作权限。

4．表和列级的安全性

SQL Server 2008 支持丰富的安全模型，允许管理员把特定安全对象（比如表、列）的权限分配给用户和用户组，来控制对站点和内容的访问。这是通过使用一个查询字段作为列来实现的，在这种方式的背后实际上紧密关联着另外一个列表，其中包含了安全值和只为具有有效权限的用户返回这些值的方法。

8.2 管理服务器的安全性

SQL Server 2008 服务器的安全性建立在对服务器登录名和密码的控制基础之上，用户在登录服务器时所采用的登录名和密码，决定了用户在成功登录服务器后所拥有的访问权限。

8.2.1 服务器登录账号

SQL Server 2008 内置的系统登录名有系统管理员组、管理员用户账户、sa、Network Service 和 SYSTEM。

1．系统管理员组

SQL Server 2008 中的管理员组在数据库服务器上属于本地组。这个组的成员通常包括本地管理员用户账户和任何设置为管理员本地系统的其他用户。在 SQL Server 2008 中，此组默认为授予 sysadmin 服务器角色。

2．管理员用户账户

管理员在 SQL Server 2008 服务器上的本地用户账户。这个账户具有对本地系统的管理权限，主要在安装系统时使用。如果计算机是 Windows 域的一部分，管理员账户通常也有域范围的权限。SQL Server 2008 中，这个账户默认授予 sysadmin 服务器角色。

3．sa

sa 是 SQL Server 系统管理员的账户。在 SQL Server 2008 中，采用了新的集成和扩展的安全模式，sa 不再是必需的，提供登录账户主要是为了以前 SQL Server 版本的向后兼容性。与其他管理员登录一样，sa 默认也授予 sysadmin 服务器角色。

注意：如果要阻止非授权访问服务器，可以为 sa 账户设置一个密码，而且应该像 Windows 账户的密码那样，周期性地进行修改。

4．Network Service 和 SYSTEM

Network Service 和 SYSTEM 是 SQL Server 2008 服务器内置的本地账户，而是否创建这些账户，依赖于服务器的配置。

在服务器实例设置期间，Network Service 和 SYSTEM 账户可以是为 SQL Server、SQL Server 代理、分析服务和报表服务器所选择的服务账户。在这种情况下，SYSTEM 账户通常具有 sysadmin 服务器角色，允许其完全的访问以管理服务器实例。

8.2.2　设置安全性身份验证模式

当用户使用 SQL Server 2008 时，需要经过两个安全性阶段，即身份验证阶段和权限认证阶段。

身份验证阶段，用户在 SQL Server 2008 上获得对任何数据库的访问权限之前，必须登录到 SQL Server 2008 上，并且被认为是合法的。SQL Server 2008 或者 Windows 对用户进行验证。如果验证通过了，则用户可以连接到 SQL Server 2008 服务器上；否则，服务器将拒绝用户登录，从而保证了系统的安全性。

权限确认阶段，用户验证通过后登录到 SQL Server 2008 上，此时系统将检查用户是否有访问服务器上数据的权限。

1．Windows 身份验证

在使用 Windows 身份验证连接到 SQL Server 时，Windows 将完全负责对客户端进行身份验证。在这种情形下，将按其 Windows 用户账户来识别客户端。当用户通过 Windows 用户账户进行连接时，SQL Server 使用 Windows 操作系统中的信息验证账户名和密码。用户不必重复提交登录名和密码。

在默认的情况下，SQL Server 2008 使用本地账户来登录。例如这里使用 Windows 身份验证模式登录本机的 SQL Server 2008 服务器，如图 8-1 所示。

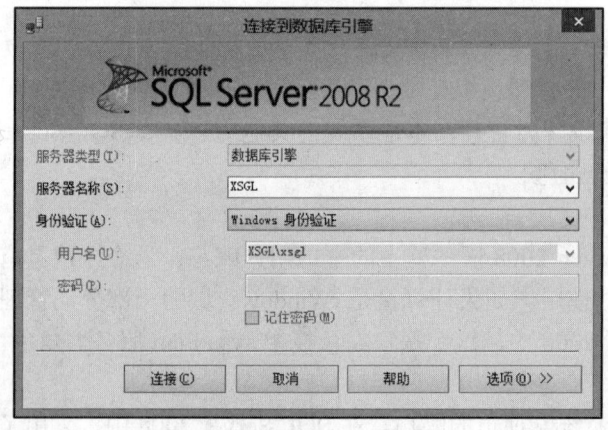

图 8-1　Wndows 身份验证模式

注意：在 Windows 身份验证模式下，用户要遵从 Windows 安全模式的所有规范，管理员可以用这种模式去锁定用户，审核登录和迫使用户周期性地更改登录密码。

2．混合身份验证

混合身份验证模式指可以同时使用 Windows 身份验证和 SQL Server 身份验证，具体使用的验证方式取决于在通信时使用的网络库。如果一个用户使用 TCP/IP Sockets 进行登录验证，则使用 SQL Server 身份验证；如果用户使用命名管道，则登录时将使用 Windows 身份验证。

使用 SQL Server 身份验证的连接界面，如图 8-2 所示。

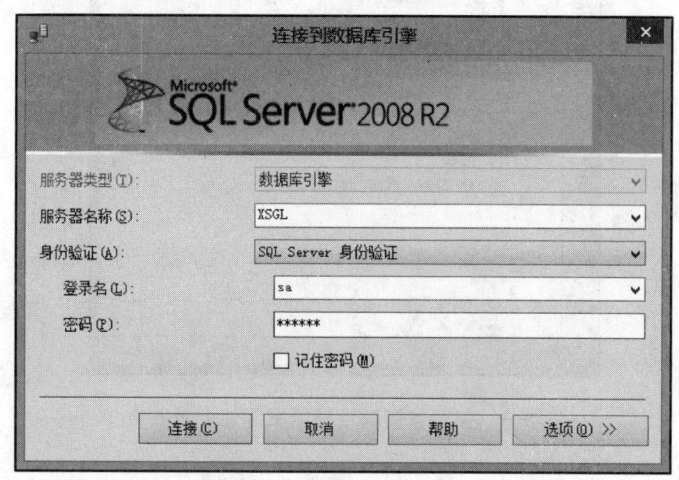

图 8-2　SQL Server 身份验证

在使用 SQL Server 身份验证模式时，用户必须提供登录名和密码，SQL Server 通过检查是否注册了该 SQL Server 登录账户或者指定的密码是否与之前记录的密码相匹配来进行身份验证。如果 SQL Server 未设置登录账户，则身份验证将失败，而且用户会收到错误信息。

注意：所有 SQL Server 2008 服务器都有内置的 sa 登录账户，还可能会有 Network Service 和 System 登录账户。

8.2.3　创建登录账号

登录属于服务器级的安全策略，要连接到数据库，首先要存在一个合法的登录账号。

1．使用 SSMS 创建登录账号

在 SQL Server Management Studio 中创建服务器的登录账号的步骤如下。

（1）在 SQL Server Management Studio 的"对象资源管理器"窗口中，找到"安全性"项。在"登录名"上右击，在弹出的快捷键菜单中选择"新建登录名"命令，如图 8-3 所示。

（2）在"登录名-新建"中，首先选择登录的验证模式，选中前面的单选按钮。如果选中了"Windows 身份验证"单选按钮，则"登录名"设置为 Windows 登录账号即可，无须设置密码；如果选中了"SQL Server身份验证"单选按钮，则需设置一个"登录名"以及"密码"和"确认密码"，如图 8-4 所示。

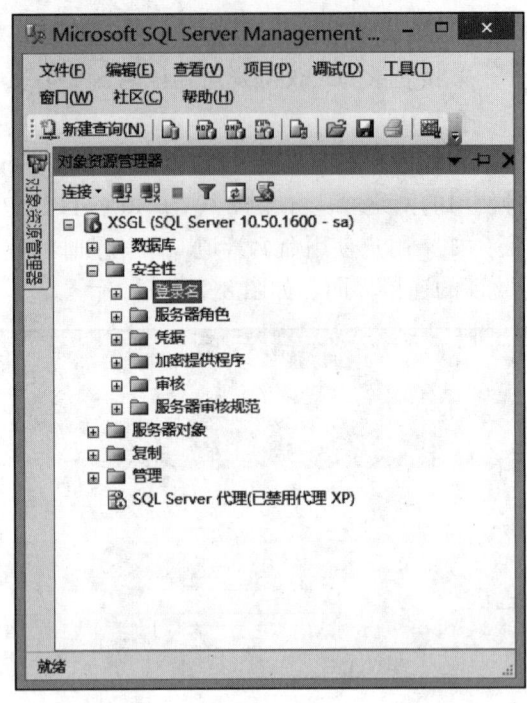

图 8-3 在对象资源管理器中创建登录账号

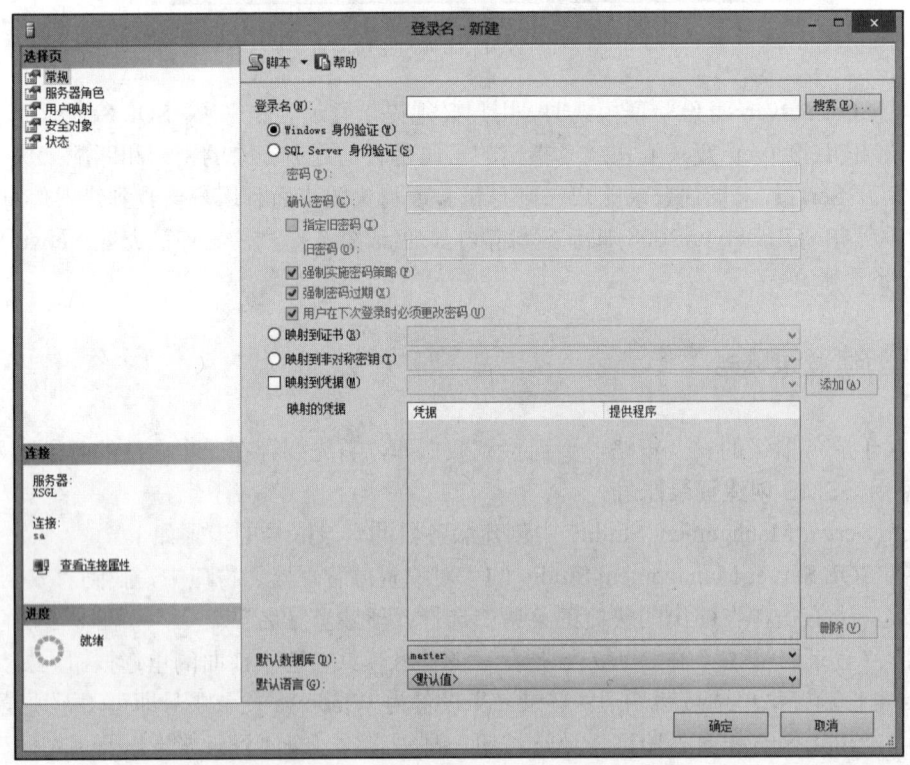

图 8-4 "登录名-新建"窗口

（3）选择"选择页"列表中的"服务器角色"项，出现"服务器角色"界面，可以为此登录账号的用户添加服务器的角色，当然也可以不为此用户添加任何的服务器角色，如图 8-5 所示。

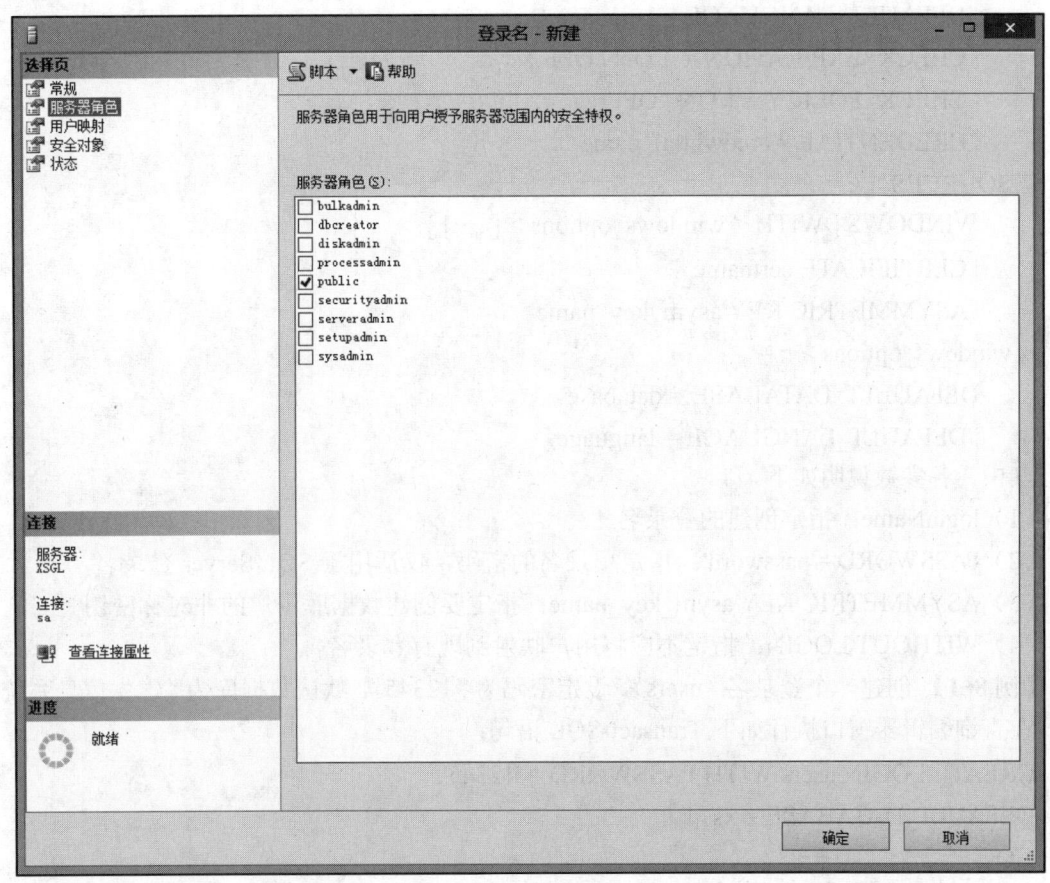

图 8-5 "服务器角色"界面

（4）选择"选择页"列表中的"用户映射"项，进入映射设置页面，可以为这个新建的登录名添加映射到此登录名的用户，并添加数据库角色，从而使该用户获得数据库相应的数据库权限。

（5）单击"确定"按钮，服务器登录账号创建完成。

2. 使用 CREATE LOGIN 语句创建登录账号

CREATE LOGIN 可以创建 4 种类型的登录名：SQL Server 登录名、Windows 登录名、证书映射登录名和非对称密钥映射登录名。而 sp_addlogin 只能创建 SQL Server 登录名。其语法格式如下：

CREATE LOGIN loginName { WITH < option_list > | FROM < sources > }
< option_list > :: =
　　PASSWORD = { 'password' | hashed_password HASHED } [MUST_CHANGE]
　　[, < option_list2 > [, …]]

```
< option_list2 > :: =
    SID = sid
    | DEFAULT_DATABASE = database
    | DEFAULT_LANGUAGE = language
    | CHECK_EXPIRATION = { ON | OFF }
    | CHECK_POLICY = { ON | OFF }
    | CREDENTIAL = credwntial_name
< SOURCES > :: =
    WINDOWS [ WITH < windows_options > [ ,… ] ]
    | CERTIFICATE certname
    | ASYMMETRIC KEY asym_key_name
< windows_options > :: =
    DEFAULTT_DATABASE = database
    | DEFAULT_LANGUAGE = language
```

其中，各参数说明如下。

(1) loginName：指定创建的登录名。

(2) PASSWORD ='password'：指定登录名的密码，仅适用于 SQL Server 登录名。

(3) ASYMMETRIC KEY asym_key_name：指定要创建数据库用户的非对称密钥。

(4) WITHOUT LOGIN：指定不应将用户映射到现有登录名。

【例 8-1】创建一个登录名"users"，设定密码为"12345"，默认数据库为"学生信息系统"。在查询编辑器窗口执行如下 Transact-SQL 语句：

```
CREATE LOGIN users WITH PASSWORD = '12345',
DEFAULT_DATABASE = xssjk
GO
```

3. 查看服务器登录账号

可以使用对象资源管理器查看登录账号：在 SQL Server Management Studio 进入"对象资源管理器"面板，展开"安全性"选项，再展开"登录名"选项，即可看到系统创建的默认登录账号以及建立的其他登录账号，如图 8-6 所示。

8.2.4 拒绝登录账号

在一些大型的数据库服务器上，通常创建大量的登录账户，这时需要数据库管理员经常对登录账户进行管理。对于一些特定的用户需要拒绝其登录。

假设要拒绝 SQL Server 登录账户 users，具体操作步骤如下。

(1) 打开 SSMS 工具，以 sa 登录名或超级用户身份连上数据库服务器实例。

(2) 在"对象资源管理器"窗口中展开"安全性"目录下的"登录名"节点。

(3) 右击登录名 users，选择"属性"命令，如图 8-7 所示。

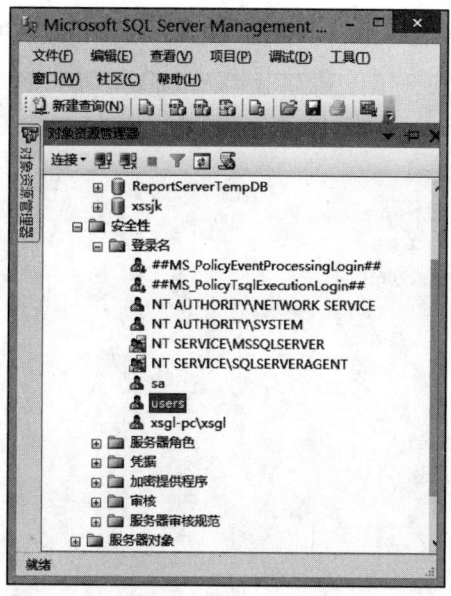

图 8-6 查看服务器的登录账号

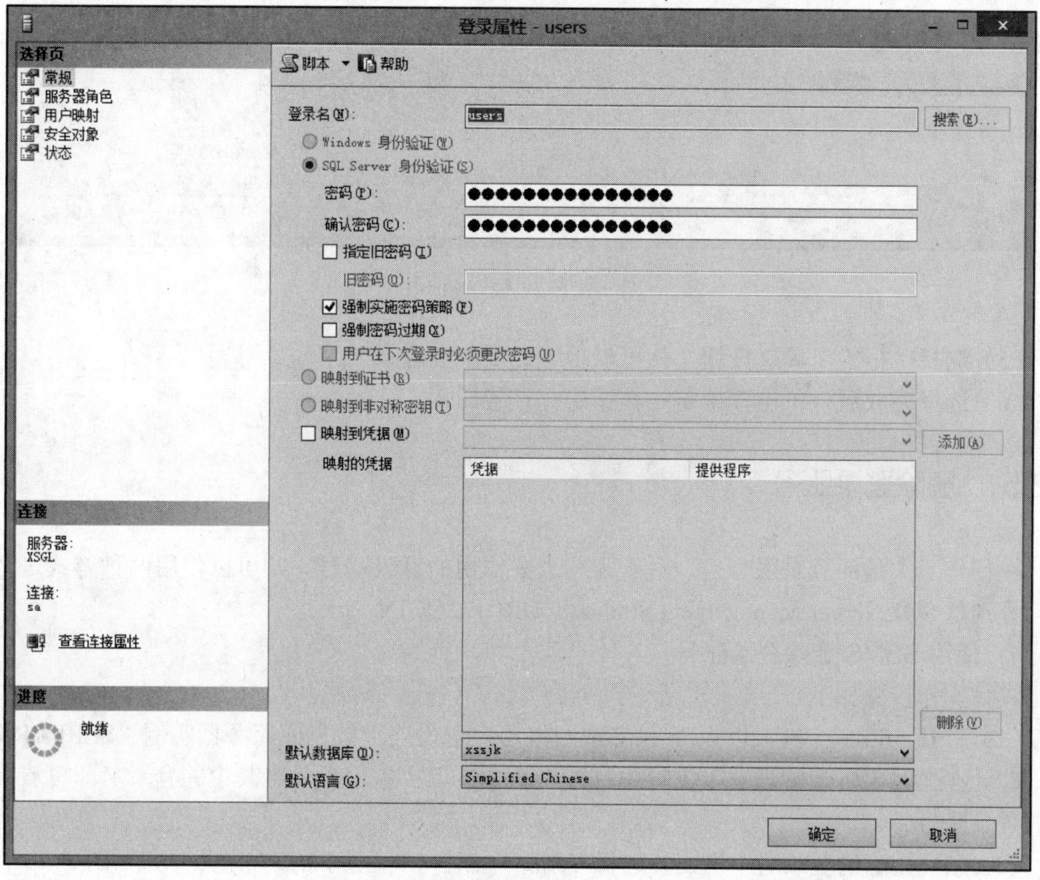

图 8-7 "登录属性-users"窗口

8.2 管理服务器的安全性

（4）在左侧"选择页"列表中单击"状态"选项，打开相应的选项卡，如图 8-8 所示。

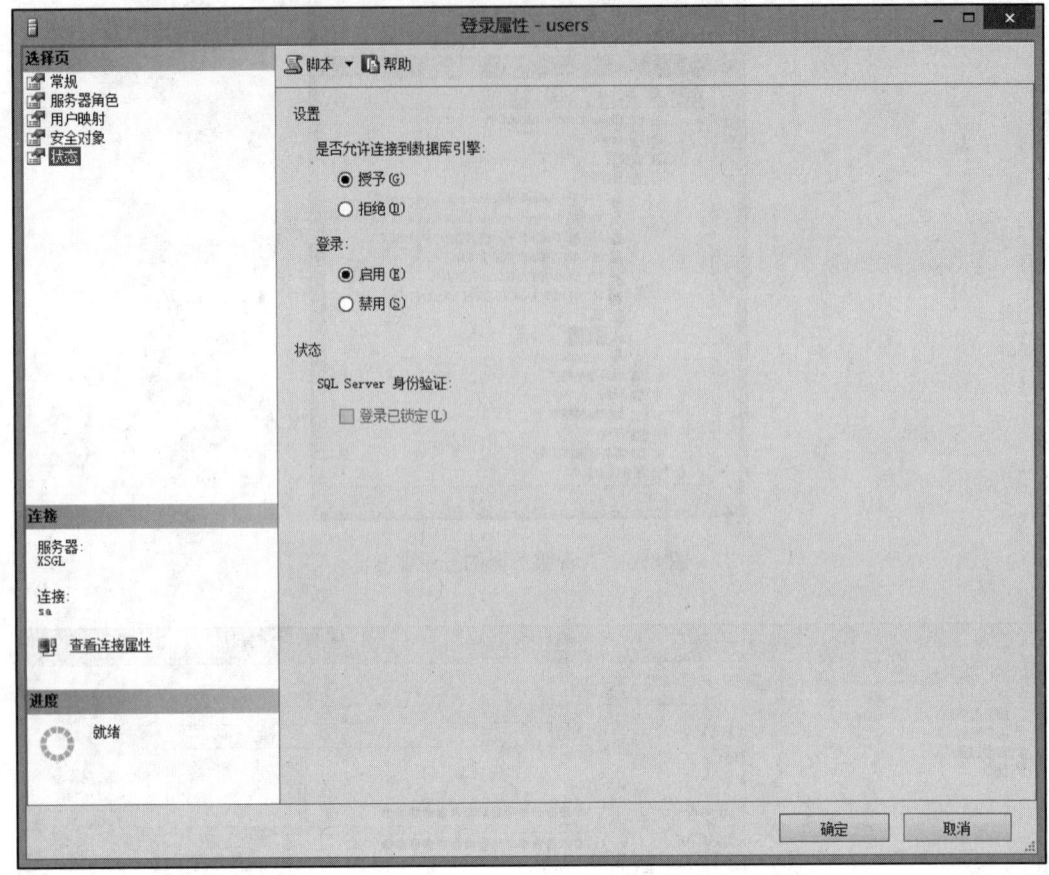

图 8-8 "状态"选项卡

（5）选择"拒绝"单选按钮，就可以拒绝该用户的登录。
（6）选择完成后，单击"确定"按钮保存设置即可。

8.2.5 删除登录账号

在创建了大量的登录账号后，对于那些失去作用的登录账号，则可以使用两种方式进行删除，分别是 SQL Server Management Studio 和 DROP LOGIN 命令。

1. 使用 SSMS 删除登录账号

具体操作步骤如下。
（1）打开 SSMS 工具，以 sa 登录名或超级用户身份连上数据库服务器实例 "SERVER"。
（2）在"对象资源管理器"窗口中打开"安全性"目录，再单击其中的登录名即可看到创建的登录账号。
（3）在要删除的登录名中右击，选择"删除"命令，即可删除该登录账号，如图 8-9 所示。

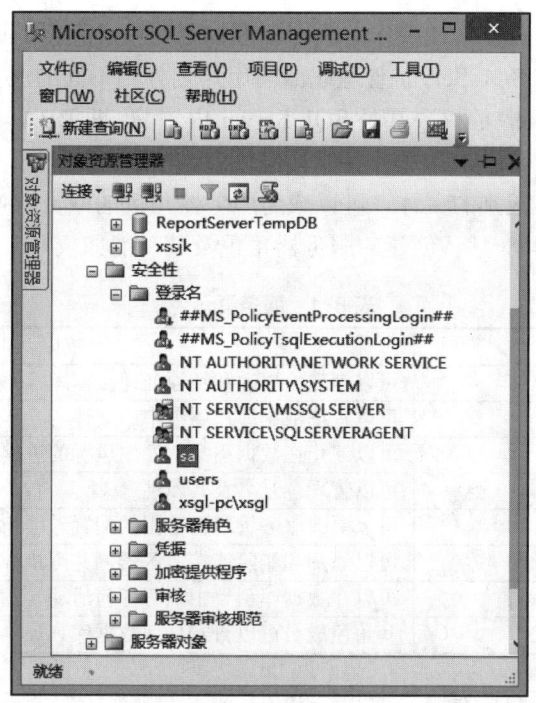

图 8-9 删除创建的登录账号

2. 使用 DROP LOGIN 命令删除账号

其语法格式如下：

DROP LOGIN ＜loginName＞

其中"＜loginName＞"表示要删除的登录名。

【例 8-2】 删除前面创建的 SQL Server 登录账户 user。

DROP LOGIN user

8.2.6 特殊账户 sa

系统管理员（sa）是为向后兼容而提供的特殊登录。默认情况下，它指派给固定服务器角色 sysadmin，并不能进行更改。虽然 sa 是内置的管理员登录，但不应例行公事地使用它。相反，应使系统管理员成为 sysadmin 固定服务器角色的成员，并让他们使用自己的登录来登录。只有当没有其他方法登录到 SQL Server 实例（例如，当其他系统管理员不可用或忘记了密码）时才使用 sa。

8.2.7 服务器角色

SQL Server 2008 的安全体系结构中包含特定的隐含权限的两类预定义的角色：服务器角色和固定数据库角色。

服务器角色是执行服务器管理操作的具有相近权限的用户集合。根据 SQL Server 的管理任务和重要性等级来把具有 SQL Server 管理职能的用户划分到不同的服务器角色中，那么一个角色所具有的管理 SQL Server 的权限都是 SQL Server 内置的，即 DBA 不能对服务器角色进行创建、修改和删除，只能向其中添加登录名或其他角色。

服务器角色是服务器级别的主体，可以成为服务器角色的成员以控制服务器作用域中的可保护对象。SQL Server 2008 默认创建的服务器角色及其功能如表 8-1 所示。

表 8-1 服务器角色

服务器角色	权限
dbcreator（数据库创建者）	可以创建、更改和还原任何数据库
diskadmin（磁盘管理员）	可以管理数据库在磁盘中的文件
processadmin（进程管理员）	可以终止在数据引擎实例中运行的进程
securityadmin（安全管理员）	可以管理登录名及其属性
serveradmin（服务管理员）	可以更改服务管理器范围的配置选项和关闭服务器
setupadmin（安装管理员）	可以添加和删除连接服务器，并可执行某些系统存储过程
sysadmin（系统管理员）	可以在数据库引擎中执行任何活动
public（公共管理员）	其角色成员可以查看任何数据库

下面介绍如何将登录名设为服务器角色成员。

【例 8-3】 将 dbcreator 角色的权限分配给登录名 users。

有两种方式将 dbcreator 角色分配给登录名 users，一种是 dbcreator 角色赋给登录名 users，另一种是将登录名 users 添加为 dbcreator 角色成员。

1. 将 dbcreator 角色赋给登录名 users

具体操作步骤如下。

（1）打开 SSMS 工具，以 sa 登录名或超级用户身份连上数据库服务器实例"SERVER"。

（2）在"对象资源管理器"窗口中展开 SERVER 目录"安全性"子目录"登录名"节点，右击 user 节点，在弹出的快捷菜单中选择"属性"命令，打开"登录属性-users"窗口。

（3）在窗口左侧的"选择页"列表框中选择"服务器角色"选项。

（4）在窗口右侧的"服务器角色"列表框中，勾选 dbcreator 复选框。

（5）完成后单击"确定"按钮如图 8-10 所示。

2. 将登录名 users 添加为 dbcreator 角色成员

具体操作步骤如下。

（1）打开 SSMS 工具，以 sa 登录名或超级用户身份连上数据库服务器实例"SERVER"。

（2）在"对象资源管理器"窗口中展开 SERVER 目录"安全性"子目录"登录名"节点，右击 users 节点，在弹出的快捷菜单中选择"属性"命令，打开"服务器角色属性-dbcreator"窗口。

（3）单击"添加"按钮，打开"选择登录名"对话框，单击"浏览"按钮，打开"查找对象"对话框，选中 users 登录名，然后返回"服务器角色属性-dbcreator"窗口。

（4）完成后单击"确定"按钮如图 8-11 所示。

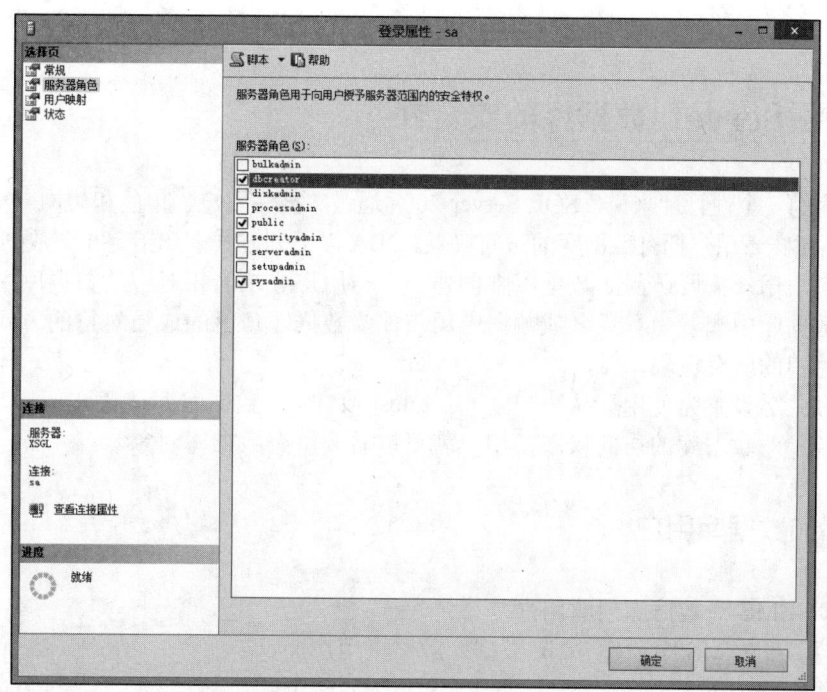

图 8-10 为 user 设定服务器角色

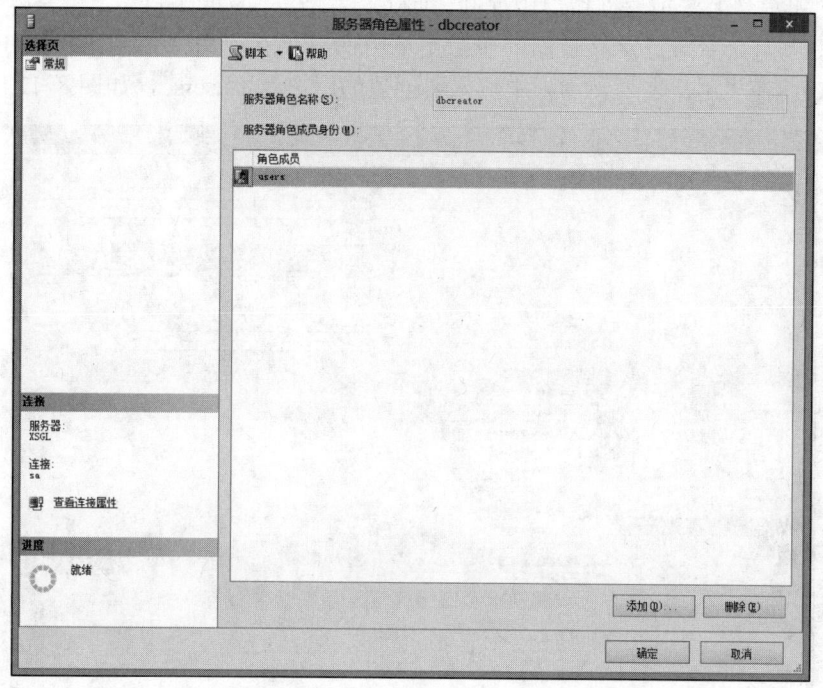

图 8-11 "服务器角色属性-dbcreator"窗口

注意：可以向服务器角色中添加 SQL Server 登录名、Windows 账户和 Windows 组。固定服务器角色的每个成员都可以向其所属角色添加其他登录名。

8.2 管理服务器的安全性 / 147

8.3 SQL Server 数据库的安全性

对数据库的安全性管理来说，SQL Server 2008 通过数据库用户、角色和架构来实现。访问一个服务器并不意味着用户拥有数据库的访问权限。DBA 以下列方式之一指定一个数据库登录用户。

（1）在每个用户需要访问的数据库中创建一个与用户登录名相对应的数据库用户。

（2）将数据库中配置为登录名或数据库用户作为数据库角色的成员对待的方式，使得用户能够继承角色中的所有权限。

（3）将登录名设置为使用默认账户之一：guest 或 dbo（数据库拥有者）。

一旦授予了对数据库的访问权限，用户就可以看到所有数据库对象。

8.3.1 添加数据库用户

1. 利用 SSMS 为数据库创建用户

【例 8-4】 在 SSMS 中创建 xssjk 数据库的一个用户 xscj。

具体操作步骤如下。

（1）打开 SSMS 工具，以 sa 登录名或超级用户身份连上数据库服务器实例。

（2）在"对象资源管理器"窗口中展开"数据库"目录 xssjk 子目录"安全性"节点。

（3）右击"用户"节点，在弹出的快捷菜单中选择"新建用户"命令，打开"数据库用户-新建"窗口。在"用户名"文本框中输入要创建的用户名"users"，如图 8-12 所示。

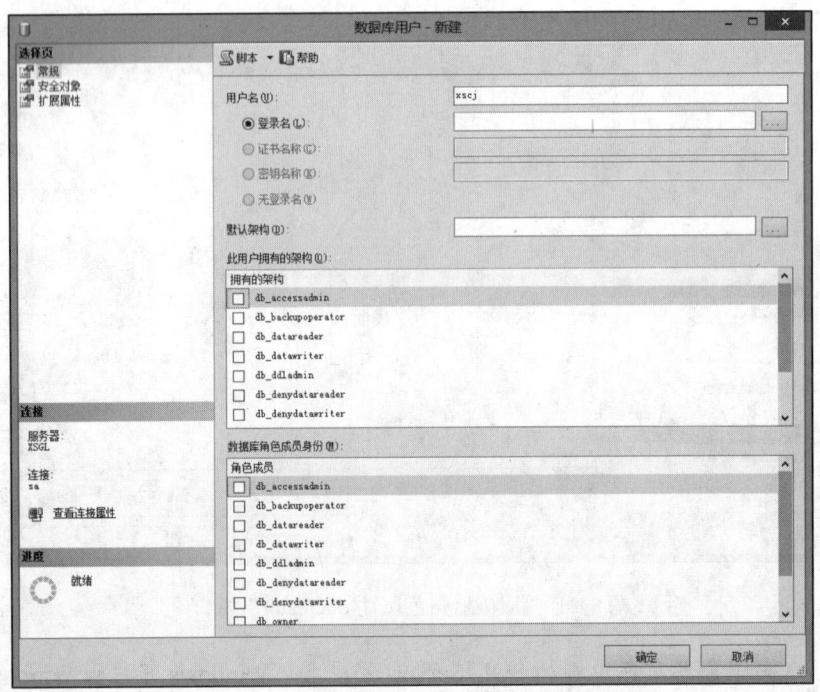

图 8-12 "数据库用户-新建"窗口

（4）单击"登录名"文本框中右侧的"浏览"按钮，打开"选择登录名"对话框。

（5）单击"浏览"按钮，打开"查找对象"对话框，在"匹配的对象"列表框中选择 xscj 登录名，如图 8-13 所示。

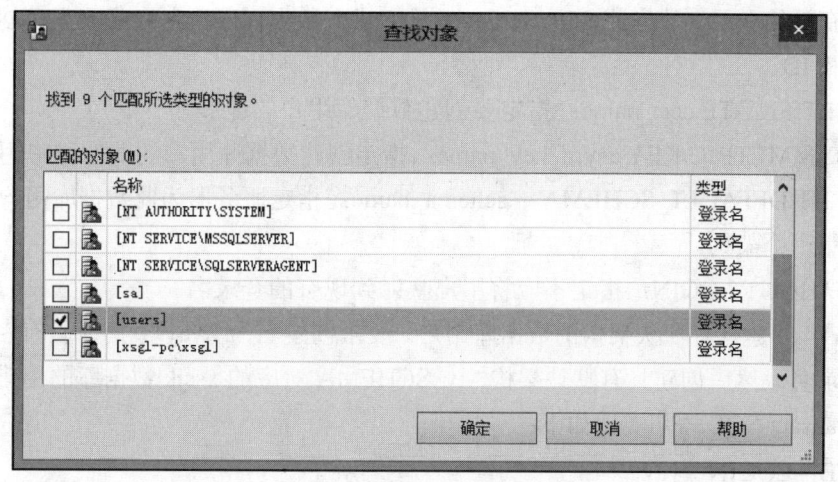

图 8-13 "查找对象"对话框

（6）两次单击"确定"按钮返回到"数据库用户-新建"窗口。

（7）单击"确定"按钮，完成 xssjk 数据库用户 xscj 的创建。

注意：在"数据库用户-新建"窗口中，"默认架构"文本框中可以保持为空或者选择一个架构，通常选择 dbo。如果保持为空，则 SQL Server 会设置一个默认的架构 dbo。

2．利用 Transact-SQL 语句创建数据库用户

在 SQL Server 2008 中，可用 CREATE USER 语句和系统存储过程 sp_grantdbaccess 来创建数据库用户。其中 sp_grantdbaccess 的功能是将数据库用户添加到当前数据库。

CREATE USER 语句的语法格式如下：

CREATE　USER　user_name

[{

{ FOR | FROM

}

　　{ LOGIN　login_name

　　 | CERTIFICATE　cert_name

　　 | ASYMMETRIC KEY asym_key_name

　　}

　　| WITHOUT　LOGIN

}

]

[WITH　　DEFAULT_SCUEMA = schema_name]

其中，各参数说明如下。

（1）user_name：指定在此数据库中用于识别该用户的名称。

（2）LOGIN login_name：指定要创建数据库用户的 SQL Server 登录名。Login_name 必须是服务器中有效的登录名。当此 SQL Server 登录名进入数据库时，它将获取正在创建的数据库用户的名称和 ID。

（3）CERTIFICATE cert_name：指定要创建数据库用户的证书。

（4）ASYMMETRIC KEY asym_key_name：指定创建数据库用户的非对称密钥。

（5）WITH DEFAULT_SCHEMA = schema_name：指定服务器为此数据库用户解析对象名时将搜索的第一个架构。

（6）WITHOUT LOGIN：指定不应将用户映射到现有的登录名。

【例 8-5】创建具有默认架构的数据库用户。要求创建名为"yay"，同时具有密码"12345"的服务器登录名，然后创建具有默认架构 My_SCHEMA 对应的 xssjk 数据库的用户"YangLi"。

利用 Transact-SQL 语句实现如下：

```
CREATE   LOGIN   yay
    WITH   PASSWORD = '12345'
USE   xssjk
CREATE   USER   YangLi   FOR   LOGIN   yay
    WITH   DEFAULT_SCHEMA   = My_SCHEMA
GO
```

8.3.2　修改数据库用户

创建登录账户后，可以对登录账户执行修改密码，修改数据库用户，修改默认数据库和修改登录权限等操作。

【例 8-6】修改登录账户 users 的权限。

具体操作步骤如下。

（1）打开 SSMS 工具，以 sa 登录名或超级用户身份连上数据库服务器实例。

（2）在"对象资源管理器"窗口中展开"安全性"目录"登录名"节点。

（3）右击登录名 users，选择"属性"命令。在该窗口中可以更改用户密码、默认数据库、默认语言属性，如图 8-14 所示。

（4）在左侧"选择页"列表中单击"用户映射"选项，打开相应的选项卡，如图 8-15 所示。

（5）在"用户映射"选项卡中默认选中 HoteManagementSys 数据库，如果要设置当前登录名关于 HotelManagementSys 数据库的控制权限，可以在"数据库角色成员身份"列表中选中相关的权限。

（6）选择完成以后，单击"确定"按钮保存设置即可。

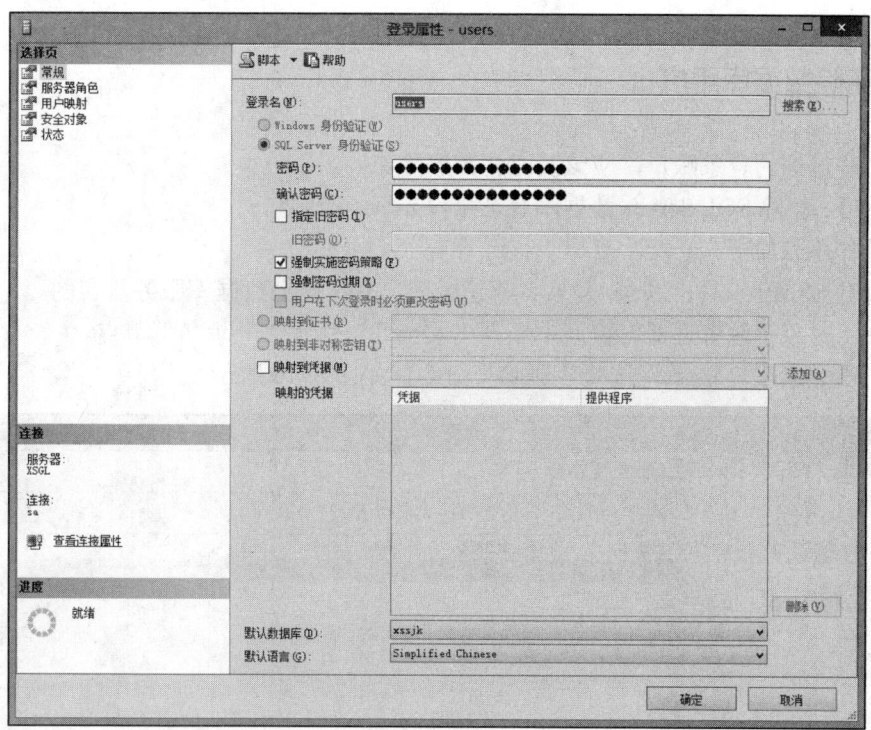

图 8-14 "登录属性-users"窗口

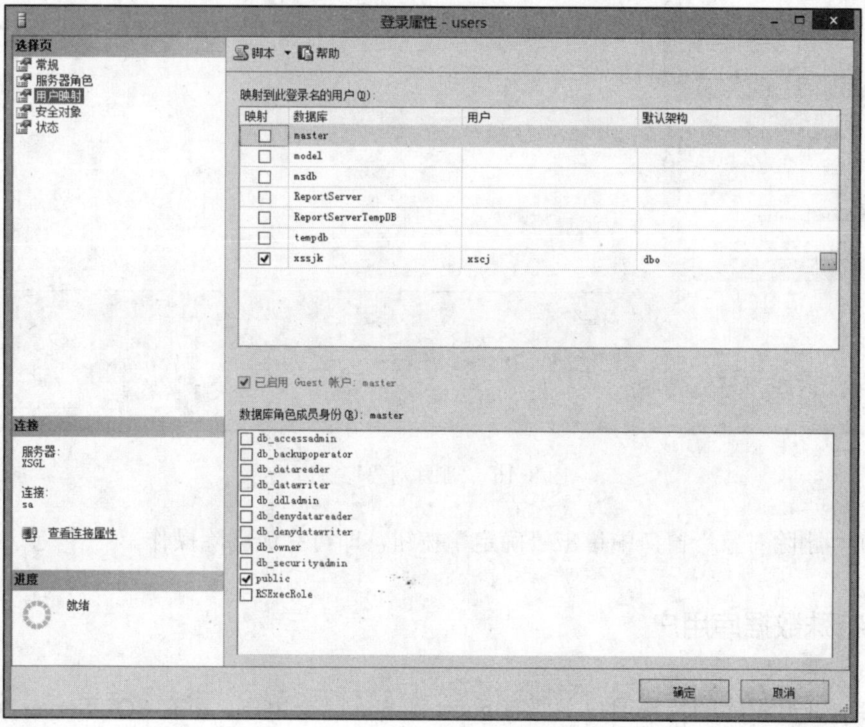

图 8-15 "用户映射"选项卡

8.3 SQL Server 数据库的安全性 / 151

8.3.3 删除数据库用户

对于一些过期的登录账户,应该及时将其删除。

【例 8-7】 删除 SQL Server 数据库登录账户 users。

具体操作步骤如下。

(1)打开 SSMS 工具,以 sa 登录名或超级用户身份连上数据库服务器实例。

(2)在"对象资源管理器"窗口中展开"安全性"目录"登录名"节点。

(3)右击登录账户 users,选择"删除"命令,如图 8-16 所示。

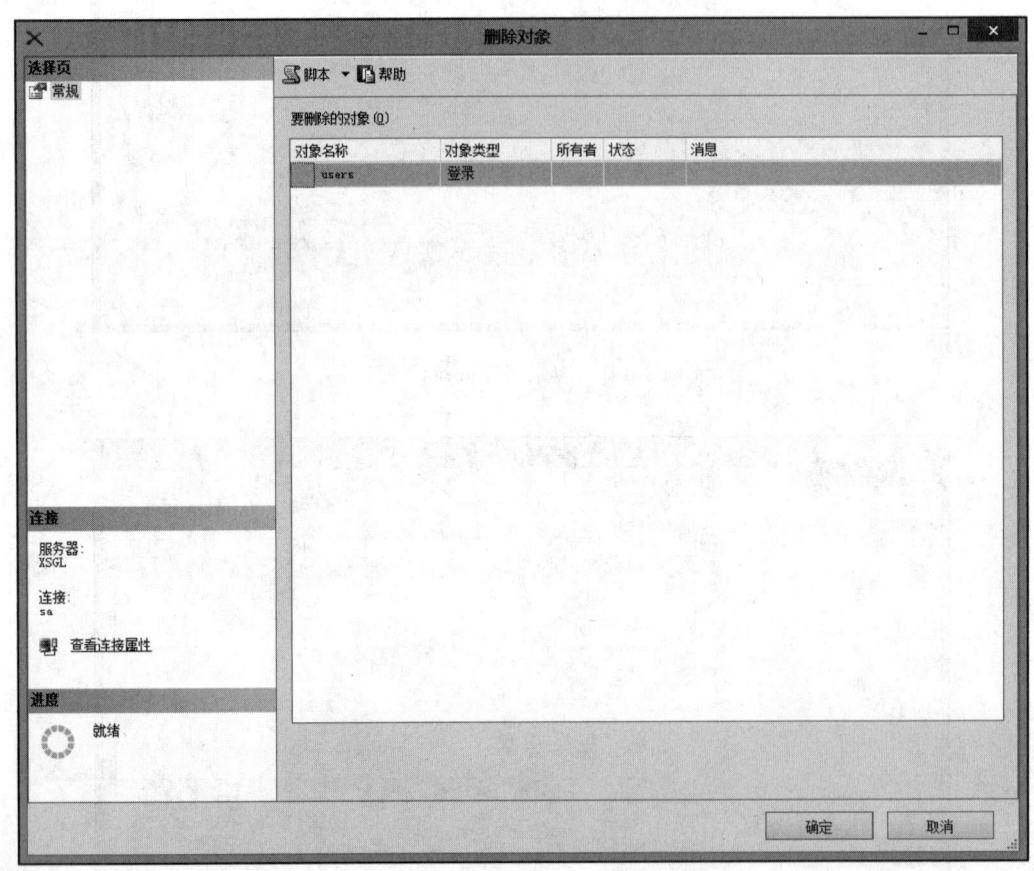

图 8-16 "删除对象"窗口

(4)在"删除对象"窗口中单击"确定"按钮,即可完成删除操作。

8.3.4 特殊数据库用户

SQL Server 数据库的特殊用户主要有 guest 和 dbo 两个用户。所有 SQL Server 2008 数据库中均提供的一种特殊用户,不能从任何数据库中删除该用户。

1. guset 用户

guest（游客）用户在默认情况下存在于所有的数据库中，且是禁用的。授予 guest 用户的权限由在数据库中没有账号的用户继承。

另外，guest 用户还拥有以下特点。

（1）guest 用户不能删除，但可以通过在 master 和 temp 以外的任何数据中执行 REVOCAKE CONNECT FROM GUEST 来撤销该用户的 CONNECT 权限，以禁用该用户。

（2）guest 用户允许没有账号的用户访问数据库。若登录有访问 SQL Server 实例的权限，数据库中又含有 guest 用户账号，登录就可以采用 guest 用户的标识。

（3）应用程序角色是数据库级别的主体，只能通过其他数据库中授予 guest 用户的权限来访问这些数据库。因此，任何已禁用 guest 用户的数据库对其他数据库中的应用程序角色都是不可以访问的。

2. dbo 用户

dbo（数据库拥有者）是具有在数据库中执行所有活动的暗示性权限的用户。固定服务器角色 sysadmin 的任何成员都隐射到每个数据库称为 dbo 的特殊用户上，有固定服务器角色 sysadmin 的任何成员创建的任何对象都自动属于 dbo。

另外，dbo 用户还具有如下特点。

（1）dbo 用户无法删除，而且始终存在于每个数据库中。

（2）只有固定服务器角色 sysadmin 的成员或 dbo 用户创建的对象才属于 dbo。

（3）dbo 拥有和固定服务器角色 dbo_owner 中的成员同样的权限，dbo 是唯一一个能在 db_owner 角色中加入成员的用户。

8.3.5 固定数据库角色

固定数据库角色是为某一个用户或某一组用户授予不同级别的管理或访问数据库以及数据库对象的权限，这些权限是数据库专有的，并且还可以使一个用户具有属于同一个数据库的多个角色。

SQL Server 2008 在安装时定义几个固定的数据库角色，具体权限如下。

（1）db_owner：具有数据库中的全部权限。

（2）db_accessadmin：可以添加和删除用户。

（3）db_ddladmn：可以发出除 GRANT、REVOKE 和 DENY 之外的所有数据定义语句。

（4）db_securityadmin：可以管理全部权限、对象所有权限。

（5）db_datareader：具有选择数据库内任何用户表中的所有数据的权限。

（6）db_backupoperator：具有备份数据库的权限。

（7）db_datawriter：可以更改数据库内任何表中的所有数据。

（8）db_denydatareader：不能选择数据库内任何用户表中的任何数据。

（9）db_denydatawriter：不能更改数据库内任何用户表中的任何数据。

（10）public：最基本的数据库角色。

8.3.6 创建自定义数据库角色

创建用户自定义的数据库角色就是创建一组用户，这些用户具有相同的一组权限。如果一组用户需要执行在 SQL Server 中指定的一组操作并且不存在对应的 Windows 组，或没有管理 Windows 用户账号的权限，就可以在数据库中建立一个用户自定义的数据库角色。

另外，通常创建用户自定义数据库角色时，创建者需要完成下列一些任务。
（1）创建新的数据库角色。
（2）分配权限给创建的角色。
（3）将这个角色授予某个用户。

在 SQL Server Management Studio 中创建的用户自定义数据库角色的具体操作过程如下。

（1）在 SQL Management Studio 的"对象资源管理器"窗口中，展开要添加新角色的目标数据库，展开"安全项"选项。在"角色"选项上右击，弹出快捷菜单，选择"新建"菜单中的"新建数据库角色"命令。

（2）在"数据库角色-新建"窗口的"常规"选项卡中，添加"角色名称"和"所有者"，并选择此角色所拥有的架构。在此对话框中也可以单击"添加"按钮为新创建的角色添加用户，如图 8-17 所示。

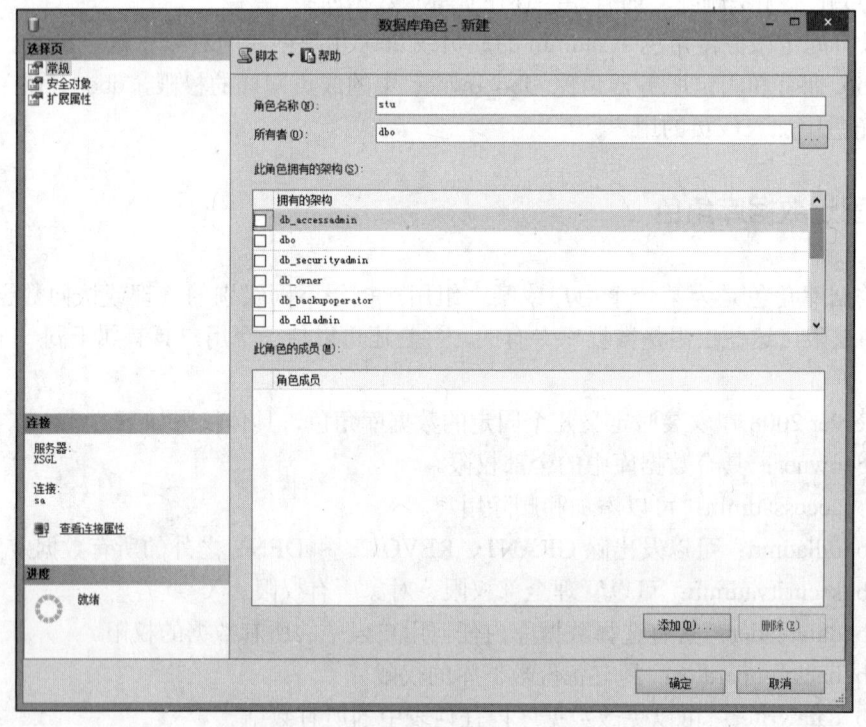

图 8-17　"数据库角色-新建"窗口

（3）选择"选择页"列表中的"安全对象"选项，单击"搜索"按钮，出现"添加对象"对话框，如图 8-18 所示。

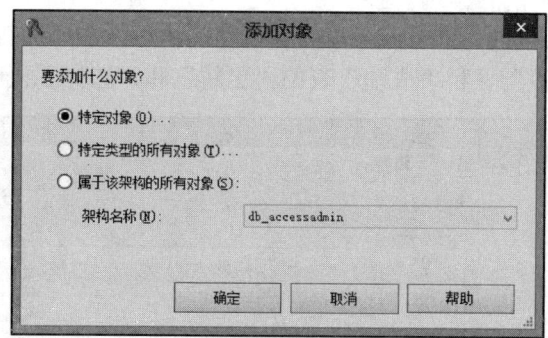

图 8-18 "添加对象"对话框

（4）选择"特定对象"单选按钮，单击"确定"按钮，出现"选择对象"对话框，单击"对象类型"按钮，出现"选择对象类型"对话框，这里选择"表"选项，单击"确定"按钮，如图 8-19 所示。

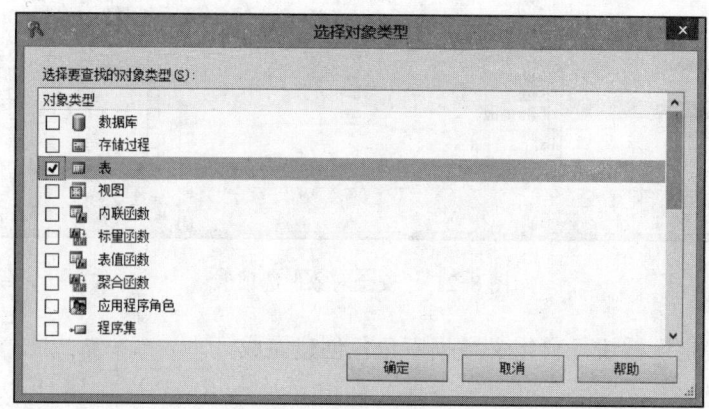

图 8-19 "选择对象类型"对话框

（5）回到"选择对象"对话框，单击"浏览"按钮，出现"查找对象"对话框，选择设置此角色的表，如"学生"表、"课程"表和"成绩"表，如图 8-20 所示。

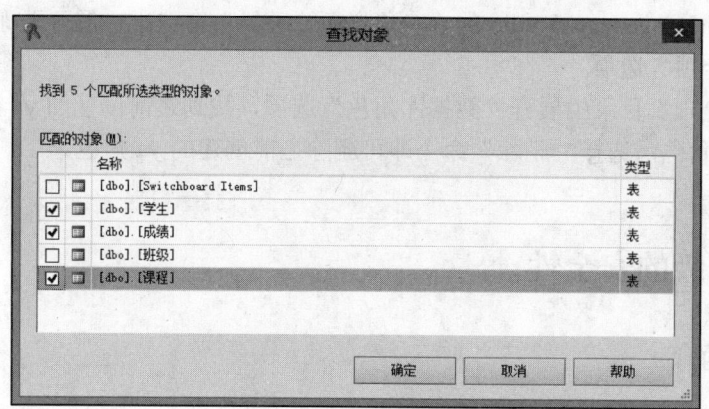

图 8-20 "查找对象"对话框

(6)进入权限设置的页面,然后就可以为新创建的角色添加所拥有的数据库对象的访问权限,如"学生"表、"课程"表和"成绩"表的"更新"和"选择"权限,如图 8-21 所示。

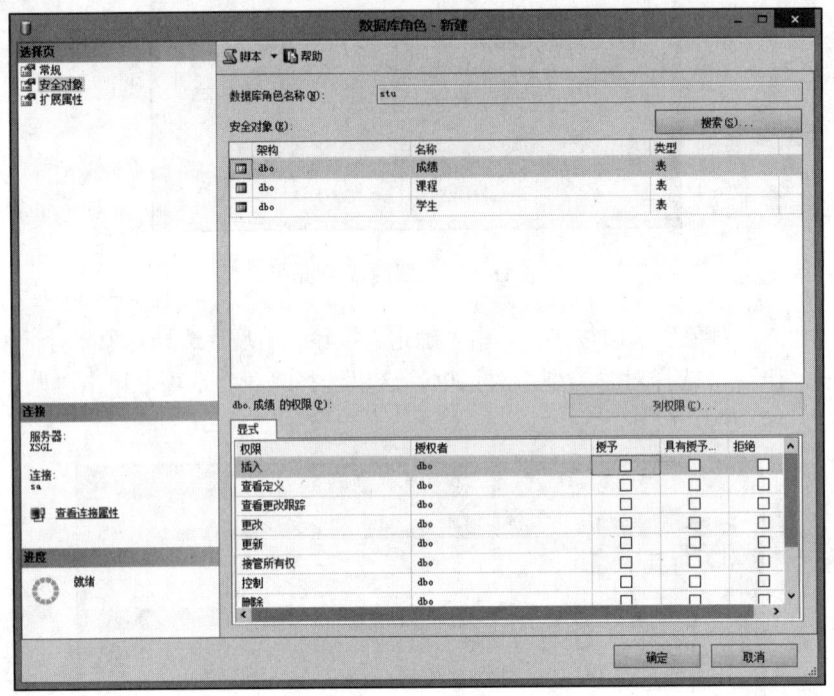

图 8-21 "安全对象"选项卡

(7)单击"确定"按钮,自定义数据库角色创建完成。

8.3.7 增删数据库角色成员

在数据库中由于创建了大量的角色,为了管理方便,需要删除不需要的角色。比如删除之前创建的 ya 角色,具体操作步骤如下。

(1)在 SQL Management Studio 的"对象资源管理器"窗口中,展开要删除角色的目标数据库,展开"安全项"选项。
(2)在"安全项"目录中展开"数据库角色"选项,找到之前创建的 ya 数据库角色。
(3)右击 ya 角色,选择"删除"命令即可删除之前创建的 ya 角色。

8.4 表和列级的安全性

8.4.1 权限简介

在 SQL Server 2008 中,不同的数据库用户具有不同的数据库访问权限。用户要对某数据库进行访问操作，必须获得相应的操作授权，即得到数据库管理系统操作权限授权。SQL Server 2008 中未被授权的用户将无法访问或存储数据库中的数据。

在 SQL Server 2008 中按照权限是否进行预定义，可以把权限分为定义权限和自定义权限；按照权限是否与特定的对象相关，可分为针对所有对象的权限和针对特殊对象的权限。

1．预定义和自定义权限

所谓预定义的权限指在安装 SQL Server 2008 的过程完成之后不必通过授予即拥有的权限。比如前面介绍过的服务器角色和数据库角色就属于预定义权限，对象的所有者也拥有该对象的所有权限以及该对象所包含的对象的所有权限。

自定义的权限是指那些需要经过授权或继承才能得到的权限，大多数的安全主题都需要经过授权才能获得对安全对象的使用权限。

2．所有对象和特殊对象的权限

针对所有对象的权限标识针对 SQL Server 2008 中的所有对象都有的权限。针对特殊对象的权限是指某些权限只能在指定的对象上起作用。比如 INSERT 仅可以用作表的权限，不可以是存储过程的权限；而 EXECUTE 只可以是存储过程的权限，不能作为表的权限等。

对于表和视图，拥有者可以授予数据库用户 INSERT、UPDATE、DELETE、SELECT 和 REFERENCES 共 5 种权限。在数据库用户要对表执行操作之前，必须事先获得相应的操作权限。比如如果用户想浏览表中的数据，则必须首先获得拥有者授予的 SELECT 权限，如表 8-2 所示。

表 8-2 常 用 权 限

安全对象	常用权限
数据库	CREATE DATABASE、CREATE DEFAULT、CREATE FUNCTION、CREATE PROCEDURE、CREATE VIEW、CREATE TABLE、CREATE RULE、BACKUP DATABASE、BACKUP LOG
表	SELECT、DELETE、INSERT、UPDATE、REFERENCES
表值函数	SELECT、DELETE、INSERT、UPDATE、REFERENCES
视图	SELECT、DELETE、INSERT、UPDATE、REFERENCES
存储过程	EXECUTE、SYNONYM
标量函数	EXECUTE、REFERENCES

权限所涉及的操作如下。

（1）授予（GRANT）。允许用户或角色对一个对象实施某种操作或执行某种语句。

（2）撤销（REVOKE）。不允许用户或角色对一个对象实施某种操作或执行某种语句，或收回曾经授予的某种权限，这与授予权限正好相反。

（3）拒绝（DENY）。拒绝用户访问某个对象，或删除以前授予的权限，停用从其他角色继承的权限，确保不继承更高级别角色的权限。

8.4.2 授权

权限的管理可以使用 SSMS 工具完成，或者使用 Transact-SQL 语句来实现。

1. 使用 SSMS 设定服务器权限

【例 8-8】 指定登录名 user 具有创建数据库的权限。

具体的操作步骤如下。

（1）打开 SSMS 工具，以 sa 登录名或超级用户身份连上数据库服务器实例"XSGL"。

（2）在"对象资源管理器"窗口右击服务器 XSGL，在弹出的快捷菜单中选择"属性"命令，打开"服务器属性-XSGL"对话框。

（3）在对话框左侧的"选择页"列表框中选择"权限"选项，在"登录名或角色"列表框中选择要设置权限的登录名"user"，在"sa 的权限"列表框中的"授予"列勾选"创建任意数据库"复选框，如图 8-22 所示。

图 8-22 "服务器属性-XSGL"窗口

2. 使用 SSMS 设定数据库权限

【例 8-9】 指定 xssjk 数据库中的用户 xscj 具有创建表和视图的权限。

具体操作步骤如下。

（1）打开 SSMS 工具，以 sa 登录名或超级用户身份连上数据库服务器实例"XSGL"。

（2）在"对象资源管理器"窗口中，展开"数据库"节点。

（3）右击 xssjk 节点，在弹出的快捷菜单中选择"属性"命令，打开"数据库属性-xssjk"

窗口，如图 8-23 所示。

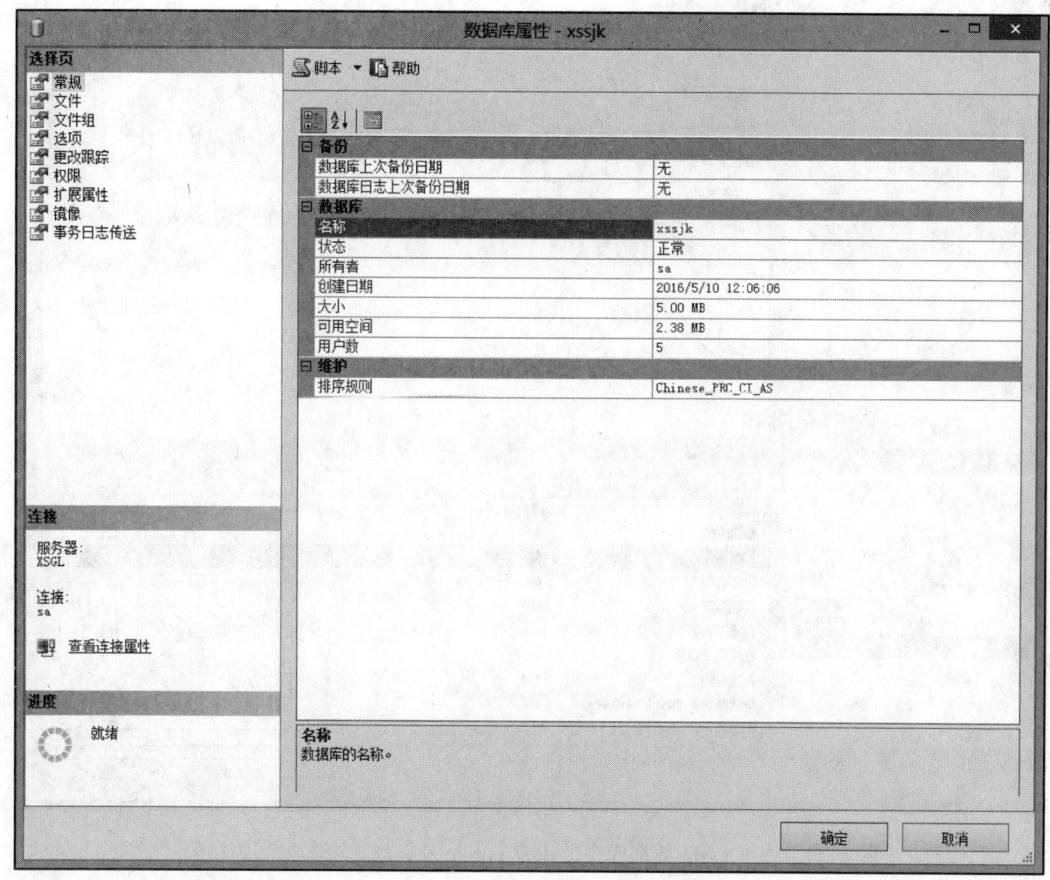

图 8-23 "数据库属性-xssjk"窗口

（4）在窗口左侧的"选择页"列表框中选择"权限"选项，在"用户或角色"列表框中选择要设置权限的用户 xscj，在"xscj 的权限"列表框中的"授予"列勾选"创建角色"复选框，如图 8-24 所示。

（5）完成后单击"确定"按钮。

3. 使用 SSMS 设定数据对象权限

【例 8-10】 指定 xssjk 数据库中的用户 xscj 具有查询"学生信息表"权限。

具体操作步骤如下。

（1）打开 SSMS 工具，以 sa 登录名或超级用户身份连上数据库服务器实例。

（2）在"对象资源管理器"窗口中，展开"数据库"目录 xssjk 子目录"表"节点。

（3）右击"dbo.学生信息表"节点，在弹出的快捷菜单中选择"属性"命令，打开"表属性-学生信息表"窗口。

（4）在窗口左侧的"选择项"列表框中选择"权限"选项。

（5）单击"搜索"按钮，打开"选择用户或角色"对话框，单击"浏览"按钮，打开"查找对象"对话框，选中"xscj"用户名，然后返回"表属性-学生信息表"对话框，如图 8-25 所示。

8.4 表和列级的安全性 / 159

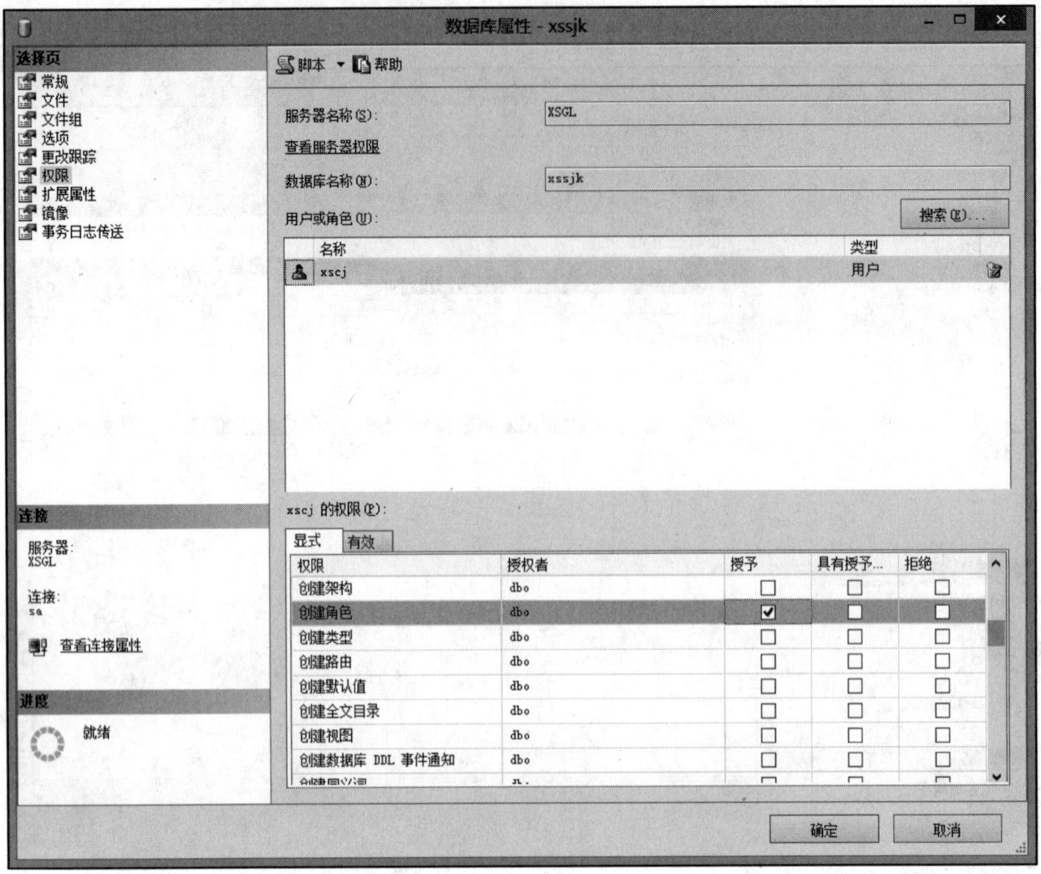

图 8-24 授予 xssjk 数据库中的用户 public 具有创建表和视图的权限

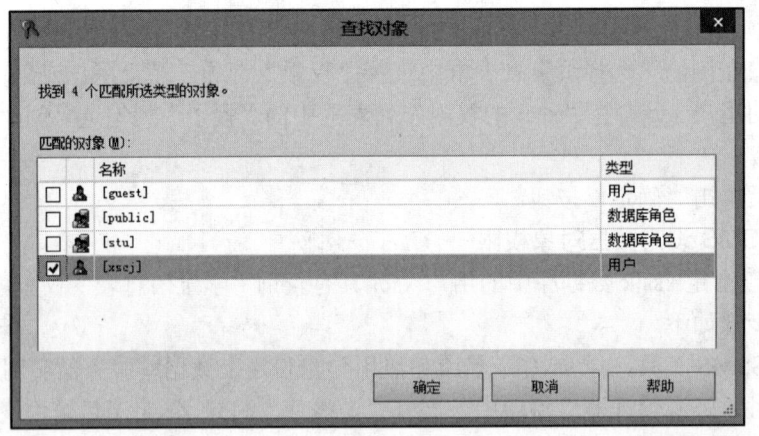

图 8-25 "查找对象"对话框

(6) 在"用户或角色"列表框中选择要设置权限的用户 stu,在"stu 的权限"列表框中的"授予"列勾选"选择"复选框,如图 8-26 所示。

(7) 完成后单击"确定"按钮。

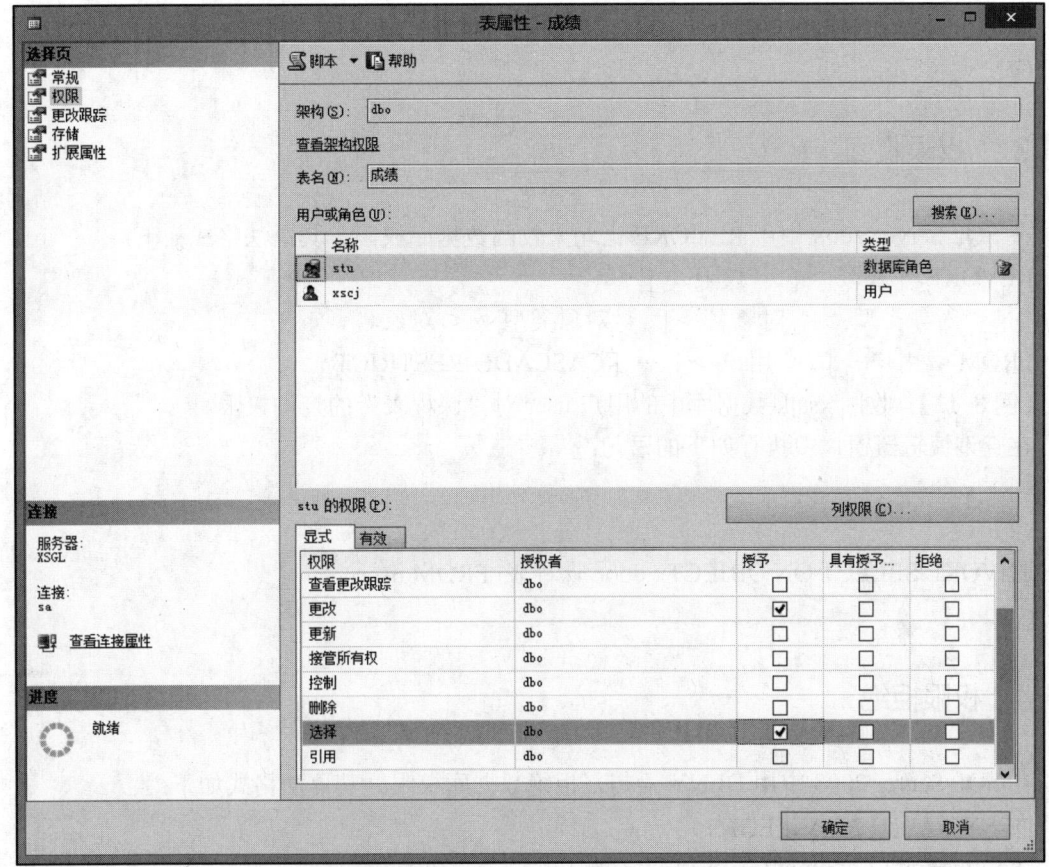

图 8-26 "表属性-成绩"窗口

4. 用 Transact-SQL 语句管理权限

在 SQL Server 2008 中用 GRANT 语句来授予数据库权限。其语法格式如下：

GRANT < 权限 >[,< 权限 >] …
ON < 对象权限 >< 对象名 >[,< 对象类型 >< 对象名 >] …
TO < 用户 >[,< 用户 >] …
[WITH GRANT OPTION]

从其语义可以看出，将对指定操作对象的指定操作的权限授予指定的用户。GRANT 语句的授权者可以是 DBA，也可以是该数据库对象创建者即 Owner，也可以是已经有该权限的用户。接受该权限的用户是一个或多个具体的用户，也可以是 PUBLIC 即全体用户。

如果指定了 WITH GRANT OPTION 子句，则获得某种权限的用户只能使用该权限，不能传播该权限。

【例 8-11】 授予 xssjk 数据库中的用户 user 具有查询"成绩表"的权限。

在查询编辑器窗口执行如下 Transact-SQL 语句：

USE xssjk
GO

GRANT SELECT ON OBJECT :: dbo. 成绩表 TO user
GO

8.4.3 权限收回

在 SQL Server 2008 中用 REVOKE 语句来收回数据库权限。其语法格式如下：
REVOKE < 权限 > [,< 权限 >] …
ON < 对象类型 > < 对象名 > [,< 对象类型 > < 对象名 >] …
FROM < 用户 > [,< 用户 >] … [CASCADE |RESTRICT]

【例 8-12】 收回 xssjk 数据库中的用户 user 对"课程表"的查询权限。
在查询编辑器窗口中执行如下的语句：
USE xssjk
GO
REVOKE SELECT ON OBJECT:: dbo. 课程表 FROM user
GO

8.4.4 权限拒绝

在 SQL Server 2008 中用 DENY 语句来拒绝数据库权限。其语法格式如下：
DENY { ALL [PRIVILEGES] }
| perimission [(column [,…n])] [,…N]
[ON [class ::] securable] TO principal [,…n]
[CASCADE] [AS principal]

被授予数据库 CONTROL 权限的用户可以拒绝对数据库任何安全对象授予权限。被授予架构 CONTROL 权限的用户可以拒绝对架构中任何对象授予权限。如果使用 AS 子句，那么指定主体必须拥有其权限被拒绝授予的安全对象。

【例 8-13】 拒绝 xssjk 数据库中的用户 user 对"班级表"的查询权限。
在查询编辑器窗口执行如下的语句：
USE xssjk
GO
DENY SELECT ON OBJECT:: dbo. 班级表 TO user

本 章 小 结

数据库的安全机制是防止不合法用户访问造成数据的泄密或破坏的保证。在 SQL Server 2008 数据库系统中，通过 SQL Server 2008 客户端、网络传输、服务器、数据库和数据对象的安全机制的设置，用户对数据库执行操作时，系统可以自动检查用户是否有权限进行这些操作。

因此在本章的学习过程中,应该掌握如下的内容。
(1)主体、登录名、角色、用户和架构等基本概念的含义。
(2)SQL Server 2008 的安全机制。
(3)两种验证模式以及设置。
(4)角色与用户的创建、使用及权限的设置。
(5)登录名的创建和使用。
(6)解决权限冲突的方法。

习 题 8

一、选择题
1. SQL Server 2008 默认的用户登录账号是_____。
   A．guest   B．BUILTIN\Administrators
   C．dbo   D．sa
2. 下列命令中_____命令用于收回 SQL Server 用户对象权限。
   A．REVOKE   B．DENY   C．GRANT   D．CREATE
3. SQL Server 数据库用户不能创建_____。
   A．登录名   B．服务器角色   C．数据库角色   D．应用程序角色
4. SQL Server 2008 数据库中的固定角色有 9 种,下列_____不是数据库的固定角色。
   A．public   B．db_datareader C．db_admin   D．db_ddladmin
5. 在 Transact-SQL 中,创建数据库用户的语句是_____。
   A．CREATE LOGIN   B．CREATE USER
   C．CREATE LOGINUSER   D．DROP USER

二、填空题
1. SQL Server 的身份验证模式有_____模式和_____模式两种。
2. 数据库角色分为_____角色和_____角色两种。
3. _____用来提供对服务器与数据的权限进行分组和管理的机制。
4. 给用户自定义角色授予权限使用_____命令,收回权限使用_____命令,禁止权限使用_____命令。

三、简答题
1. 简述 SQL Server 2008 服务器的登录名和数据库用户的关系。
2. 用 SSMS 如何创建自定义的数据库角色?
3. SQL Server 2008 所具有的 5 层安全机制及其作用是什么?
4. 简述数据库角色和权限的含义。

第 9 章　数据库备份与还原

电子教案：
第 9 章　数据库备份与还原

本章学习目标

避免数据丢失是数据库管理员必须面对的最关键的问题之一。尽管在 SQL Server 2008 中采取了许多措施来保证数据库的安全性和完整性，但故障仍不可能完全避免，仍会影响甚至破坏数据库，造成数据丢失。同时还存在其他方面可能造成的数据丢失的因素，如用户的操作错误、蓄意破坏、病毒攻击和自然界不可抗力等。因此，SQL Server 2008 指定了一个良好的备份还原策略，定期将数据库进行备份以保护数据库，以便在事故发生后还原数据库。

本章主要介绍数据备份与还原的概念及其重要性，SQL Server 2008 对数据库进行备份和还原操作的方法。通过本章的学习，读者应该掌握以下内容。

（1）了解数据库系统常见的故障。
（2）了解数据库不同备份类型之间的差异。
（3）掌握数据库备份的方法。
（4）掌握数据库还原的方法。
（5）掌握数据库各种格式文件的导入与导出的操作。

9.1　备份概述

对于计算机用户来讲，定期对一些重要的文件、资料进行备份是一种良好的习惯。如果出现突发情况，如系统崩溃，系统遭受病毒攻击等，使得原先的文件遭到破坏以至于全部丢失，启用文件备份，就可以节省大量的时间和精力。

9.1.1　备份的概念及恢复模式

所谓数据库备份是在某种介质上（如磁盘、磁带等）创建完成数据库（或其中一部分）的副本，并将所有的数据项都复制到备份集上，以便在数据库遭受破坏后能够恢复数据库。

对 SQL Server 2008 数据库或事物日志进行备份，就是记录在进行备份这一操作时数据库中所有数据的状态，使得在数据库遭到破坏时能够及时地将其还原。执行备份操作必须拥有对数据库备份的权限许可，SQL Server 2008 只允许系统管理员、数据库所有者和数据库备份执行者备份数据库。

SQL Server 2008 提供高性能的备份和还原功能以及保护手段，以保护存储在 SQL Server 2008 数据库中的关键数据，通过适当的备份，可以使用户在发生多种可能的故障后恢复原来的数据，这些故障主要包括系统故障；用户错误；硬件故障，如磁盘驱动器损坏；人为原因。

因此，在备份数据库之前，需要对备份内容、备份频率以及数据备份存储介质等进行计划。

1. 备份内容

备份内容主要包括系统数据库、用户数据库的事务日志。

（1）数据库记录了 SQL Server 系统配置的参数、用户资料以及所有用户数据库等重要信息，主要有 master、msdb 和 model 数据库。

（2）用户数据库中存储了用户的数据。由于用户数据库具有很强的区别性，即每个用户数据库之间的数据一般都有很大的差异，所以对用户数据库的备份显得更加重要。

（3）事务日志记录了用户对数据库中数据的各种操作，平时系统会自动管理和维护所有的数据库事务日志。相比数据库备份，事务日志备份所需要的时间较少，但是还原数据库需要的时间较多。

2. 备份频率

数据库备份频率一般取决于修改该数据库的频繁程度，以及一旦出现意外丢失的工作量的大小，还有发生意外丢失数据的可能性大小。

一般来说，在正常使用阶段，对系统数据库的修改不会十分频繁，所以对系统数据库的备份也不需要十分频繁，只需要在执行某些语句或存储过程导致 SQL Server 2008 对系统数据库进行了修改时需要备份。

当在用户数据库中执行了加入数据，创建索引等操作时，应该对用户数据库进行备份。此外，如果清除了事务日志，也应该备份数据库。

3. 备份存储介质

用户常用的备份的存储介质包括硬盘、磁带和命令管道。具体使用哪一种介质要考虑用户的成本承受能力，数据的重要程度，用户的现有资源等因素。在备份中使用的介质确定之后，一定要保持介质的持续性，一般不要轻易改变。

4. 其他计划

（1）确定备份工作的负责人。备份责任人负责备份的日常执行任务，并且要经常进行检查和督促。这样，可以明确责任，确保备份工作的人力保障。

（2）确定使用在线备份还是脱机备份。在线备份就是动态备份，允许用户继续使用数据库。脱机备份就是在备份时，不允许用户使用数据库。虽然备份是动态的但是用户的操作会影响数据库备份的速度。

（3）确定是否使用备份服务器。在备份时如果有条件，最好使用备份服务器，这样可以在系统出故障时，迅速还原系统的正常工作。当然，使用备份服务器会增大备份的成本。

（4）确定备份存储的期限。对于一般性的业务数据可以确定一个比较短的期限，但是对于重要的业务数据，需要确定一个比较长的期限。期限越长，需要的备份介质就越多，同时备份的成本随之增大。

总的来说，备份应该按照需要经常进行，并进行有效的数据管理。SQL Server 2008 备份可以在数据库使用时进行，但是一般在非高峰活动时备份效率更高。另外，备份是一种十分耗时和耗资源的操作，不能频繁操作。应该根据数据库的使用情况确定一个适当的备份周期。

9.1.2 备份类型

在 SQL Server 系统中针对不同用户的业务需求，有 4 种备份类型，分别如下。

1．完整备份

完整备份是指备份数据库中的所有数据和结构。数据库的第一次备份应该是完整的数据库备份，这是任务备份策略中都要求完成的第一种备份类型，其他所有的备份类型都依赖于完整的备份。它通常会花费较多的时间，同时也会占用较多的空间。完整备份不需要频繁地进行。对于数据量较少或者变动较小不需要经常备份的设备的数据库而言，可以考虑这种备份方式。

2．差异备份

差异备份仅备份上次完整备份后改过的数据。差异备份速度比较快，占用的空间比较少，可以简化频繁备份操作，减少数据丢失的风险。对于数据量大且需要经常备份的数据库，使用差异备份可以减少数据库备份的负担。

3．事务日志备份

事务日志备份仅备份上次事务日志备份以来的事务日志记录。当执行完整备份后，可以执行事务日志备份。事务日志备份比完整备份节省时间和空间，而且利用事务日志备份进行还原时，可以指定还原某一个事务。但是，用事务日志备份恢复数据库需要的时间开销比较大。

4．文件和文件组备份

这种备份方式是文件和文件组作为备份的对象。针对数据库特定的文件或特定文件组内的所有成员进行数据备份。不过在使用这种备份方式时，应该注意搭配事务日志备份一起使用。

9.1.3 备份设备

备份存放在物理备份介质上，备份介质可以是磁带驱动器或者硬盘驱动器（位于本地或者网络上）。SQL Server 并不知道连接到服务器的各种介质形式，因此必须通知 SQL Server 将备份存储在哪里。

备份设备就是用来存储数据库、事务日志或文件和文件组备份的存储介质。常见的备份设备可以分为 3 种类型：磁盘备份设备、磁带备份设备和逻辑备份设备。

1．磁盘备份设备

磁盘备份设备就是存储在硬盘或其他磁盘媒体上的文件，与常规操作系统文件一样。引用磁盘备份设备与引用任何其他操作系统文件一样。可以在服务器的本地磁盘上或共享网络资源的远程磁盘上定义磁盘备份设备，磁盘备份设备根据需要可大可小。最大的文件大小相当于磁盘上可用的闲置空间。如果磁盘备份设备定义在网络的远程设备上，则应该使用统一命名方式（UNC）来引用该文件，以\\Servername\Sharename\Path\File 格式指定文件的位置。

注意：不要将数据库事务日志备份到数据库所在的同一物理磁盘上的文件中。如果包含数据库的磁盘设备发生故障，由于备份位于同一发生故障的磁盘上，因此无法恢复数据库。

2. 磁盘备份设备

磁带备份设备的用法与磁盘设备相同，不过磁带设备必须物理连接到运行 SQL Server 2008 实例的计算机上。如果磁带备份设备在备份操作过程中已满，但还需要写入一些数据，SQL Server 2008 将提示更换新磁带并继续备份操作。

若要将 SQL Server 2008 数据备份到磁带，那么需要使用磁带备份设备或者 Microsoft Windows 平台支持的磁带驱动器。另外，对于特殊的磁带驱动器，就仅使用驱动器制造商推荐的磁带。在使用磁带驱动器时，备份操作可能会写满一个磁带，并继续在另一个磁带上进行。所使用的第一个磁带称为"起始磁带"，该磁带含有媒体标头，每个后续磁带称为"延续磁带"，其媒体序列号比前一磁带的媒体序列号大 1。

3. 逻辑备份设备

物理备份设备名称主要用来供操作系统对备份设备进行引用和管理，如 C:\Backups\Acco-unting\Full.bak。逻辑备份设备是物理备份设备的别名，通常比物理备份设备更能简单、有效地描述备份设备的特征。逻辑备份设备名称被永久保存在 SQL Server 的系统表中。

使用逻辑备份设备的一个优点是比使用长路径简单。如果准备将一系列备份数据写入相同的路径或磁带设备，则使用逻辑备份设备非常有用。逻辑备份设备对于标识磁带备份设备尤为有用。

9.2 备份数据库

对数据库进行备份需要先创建好备份设备。备份数据库有两种方式：一种是使用 SSMS 工具备份数据库；另一种是使用 BACKUP 命令来备份数据库。

9.2.1 创建磁盘备份设备

在 SQL Server 2008 中创建设备的方法有两种：一是在 SQL Server Management Studio 中使用现有命令和功能，通过方便的图形化工具创建，二是通过使用系统存储过程 sp_adddumpdevice 创建。下面将对这两种创建备份设备的方法分别介绍。

1. 使用 SSMS 管理器创建备份设备

（1）在"对象资源管理器"窗口中，单击服务器名称以展开服务器树。

（2）展开"服务器对象"节点，然后右击"备份设备"选项。

（3）从弹出的快捷菜单中选择"新建备份设备"命令，打开"备份设备"窗口。

（4）在"备份设备"窗口中，输入设备名称并且指定该文件的完整路径，这里创建一个名称为"xssjk 备份"的备份设备，如图 9-1 所示。

（5）单击"确定"按钮，完成备份设备"xssjk 备份"的创建。展开"备份设备"节点，就可以看到刚刚创建的名称为"xssjk 备份"的备份设备。

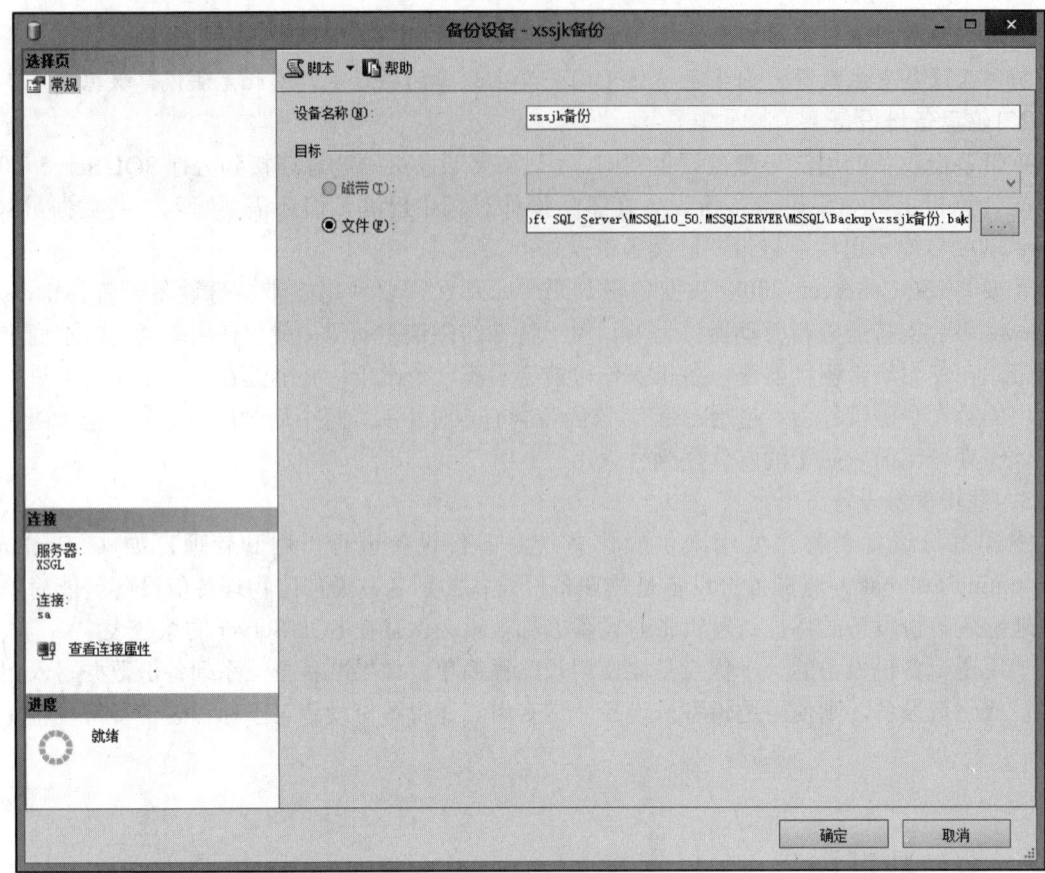

图 9-1 "备份设备-xssjk 备份"窗口

2. 使用系统存储过程 SP_ADDUMPDEVICE 创建备份设备

除了使用图形化工具创建备份设备外，还可以使用系统存储过程 SP_ADDUMPDEVICE 来添加备份设备，这个存储过程可以添加磁盘和磁带设备。SP_ADDUMPDEVICE 的基本语法格式如下：

SP_ADDUMPDEVICE [@devtype =] 'device_type'
  , [@logicalname =] 'logical_name'
  , [@physicalname =] 'physical_name'
 [, { [@cntrltype =] controller_type |
  [@devstatus =] 'device_status' }
 ]

下面对上述语法中的各参数说明如下。

（1）[@devtype =] 'device_type'：该参数指备份设备的类型。device_type 的数据类型为 varchar（20），无默认值，可以是 disk、tape 和 pipe。其中，disk 指使用硬盘文件作为备份设备；tape 指使用 Microsoft Windows 支持的任何磁带设备。pipe 是指使用命名管道备份设备。

（2）[@logicalname =] 'logical_name'：该参数指在 BACKUP 和 RESTORE 语句中使用的备

份设备的逻辑名称。logical_name 的数据类型为 sysname，无默认值，且不能为 NULL。

（3）[@physicalname =] 'physical_name'：该参数指备份设备的物理名称。物理名称必须遵从操作系统文件名规则或者网络设备的通用命名约定，并且必须包含完整路径。physical_name 的数据类型为 nvarchar（260），无默认值，且不能为 NULL。

（4）[@cntrltype =] 'controller_type'：已过时，如果指定该选项，则忽略此参数。支持它完全是为了向后兼容。使用新的 sp_addumpdevice 应省略此参数。

（5）[@devstatus =] 'device_status'：devicestatus 如果是 noskip，表示读 ANSI 磁带头，如果是 skip，表示跳过 ANSI 磁带头。

【例9-1】 在磁盘上创建一个名为"XSCJ_device"的备份设备，其物理名称为 D:\xssjk\XSCJ_device.bak。

在查询编辑器窗口执行如下 Transact-SQL 语句：

USE master
GO
EXEC sp_addumpdevice 'disk', ' XSCJ_device', 'D:\xssjk\XSCJ_device.bak'

或者这样写也正确：

EXEC master.dbo.sp_addumpdevice @devtype = N'disk',@logicalname = N'XSCJ_device', @physicalname=N' D:\xssjk\XSCJ_device.bak'

注意：

（1）使用存储过程 sp_addumpdevice 创建备份设备时，一定要确定保存备份文件的文件夹"学生成绩管理系统"在 D 盘上已经存在。

（2）不再使用的备份设备可以删除，在 SSMS 中，删除备份设备的方法类似于删除其他数据对象。

9.2.2 使用 SQL Server Management Studio 进行数据库备份

【例 9-2】 把 xssjk 数据库完整地备份到备份设备"XSCJ_device"。

具体的操作步骤如下。

（1）打开 SSMS。

（2）在"对象资源管理器"窗口中，展开 SERVER 目录"数据库"节点。

（3）右击 xssjk 数据库节点，从弹出的快捷菜单中选择"任务"|"备份"命令，如图 9-2 所示。

（4）打开"常规"选项卡，在"数据库"下拉列表框中选择 xssjk 选项；在"备份类型"下拉列表框中选择"完整"选项；在"备份组件"区域选中"数据库"单选按钮；在"目标"区域已经给出了默认的备份文件名，本例中不使用，选中后，单击"删除"按钮删除；在"目标"区域单击"添加"按钮，打开"选择备份目标"对话框，选中"备份设备"单选按钮，并在对应的下拉列表框中选择"xssjk 备份"选项，单击"确定"按钮，返回到"备份数据库-xssjk"窗口，如图9-3所示。

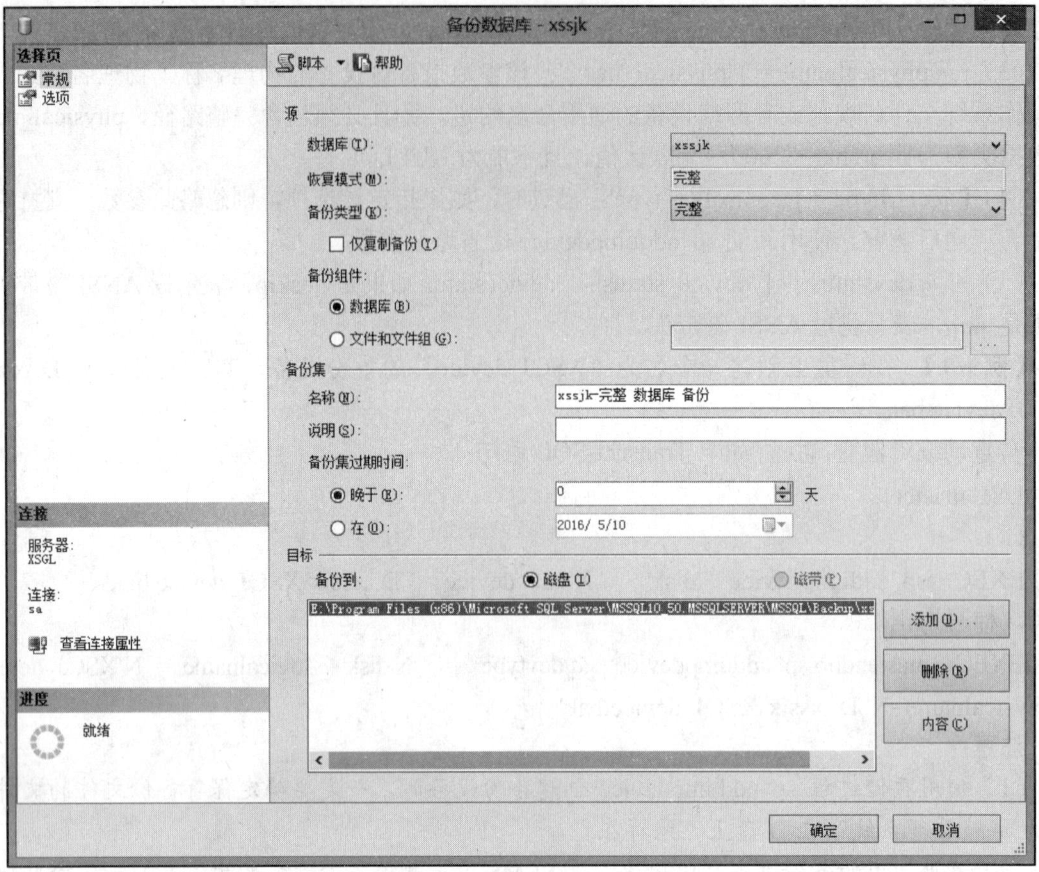

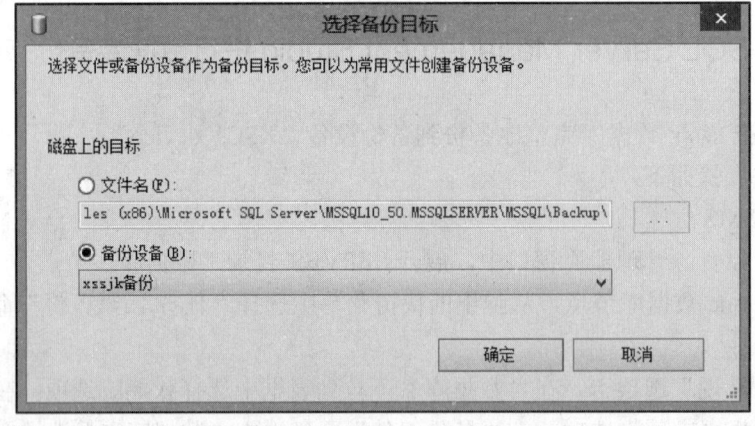

图 9-2 "备份数据库-xssjk"窗口

图 9-3 "选择备份目标"对话框

（5）在"备份数据库-xssjk"窗口中，切换到"选项"选项卡，选中"覆盖所有现有备份库"单选按钮，这样系统在创建备份时将初始化备份设备并覆盖原有的备份内容。勾选"完成后验证备份"复选框，可以在备份后与当前数据库进行对比，以确保它们是一致的，如图9-4所示。

（6）以上设置完成后，单击"确定"按钮，系统将开始备份。

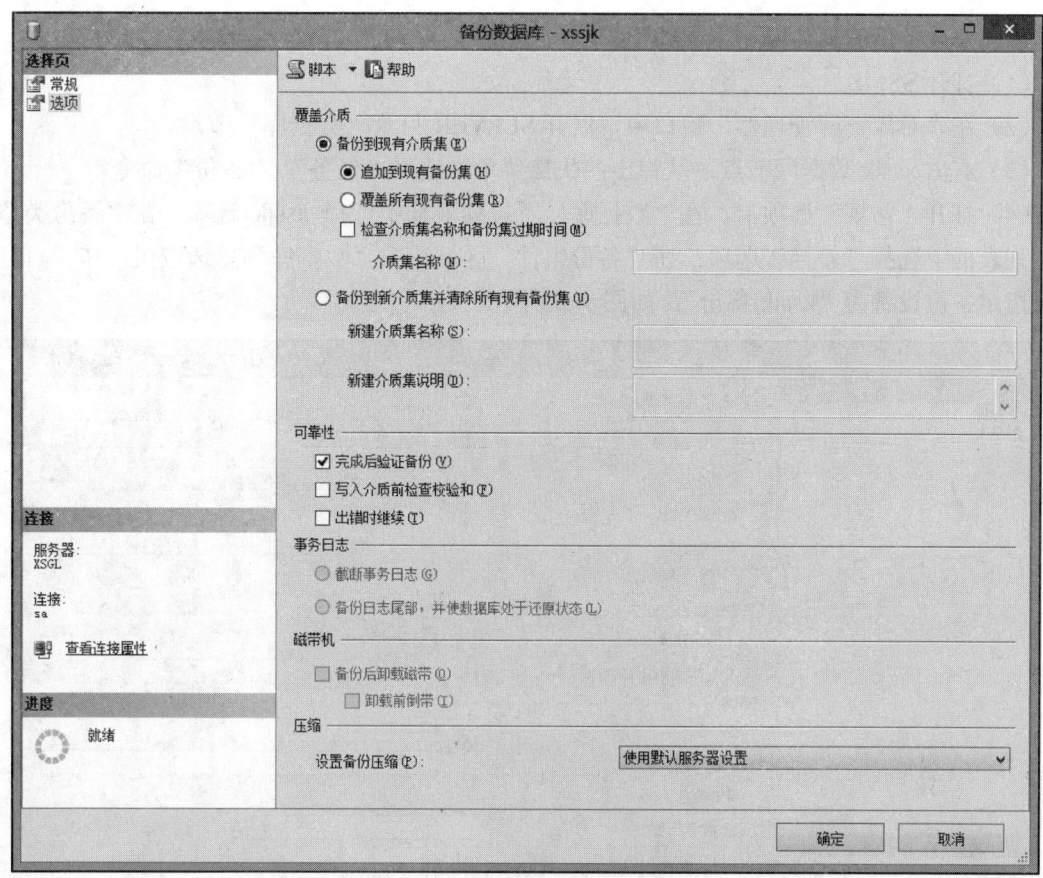

图 9-4 "选项"选项卡

【例 9-3】 创建学生管理系统数据库的差异备份。

上例中已经为 xssjk 数据库创建了完整备份,为了体现差异备份,在学生表中增加一条学生记录,如图 9-5 所示。

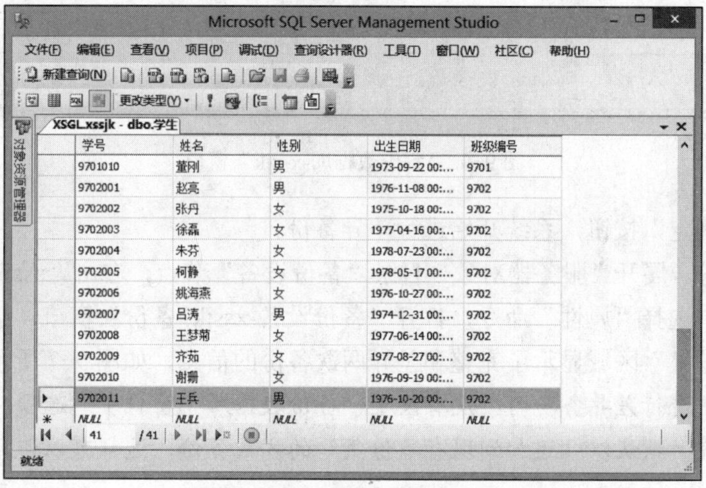

图 9-5 添加记录后的学生表数据

9.2 备份数据库 / 171

创建差异备份的具体操作步骤如下。

(1) 打开 SSMS。

(2) 在"对象资源管理器"窗口中,展开 SERVER 目录"数据库"节点。

(3) 右击 xssjk 数据库节点,从弹出的快捷菜单中选择"任务"|"备份"命令。

(4) 打开"常规"选项卡,在"数据库"下拉列表框中选择 xssjk 选项;在"备份类型"下拉列表框中选择"差异"选项;在"备份组件"区域选中"数据库"单选按钮;在"目标"区域指定备份设备为"xssjk 备份",如图 9-6 所示。

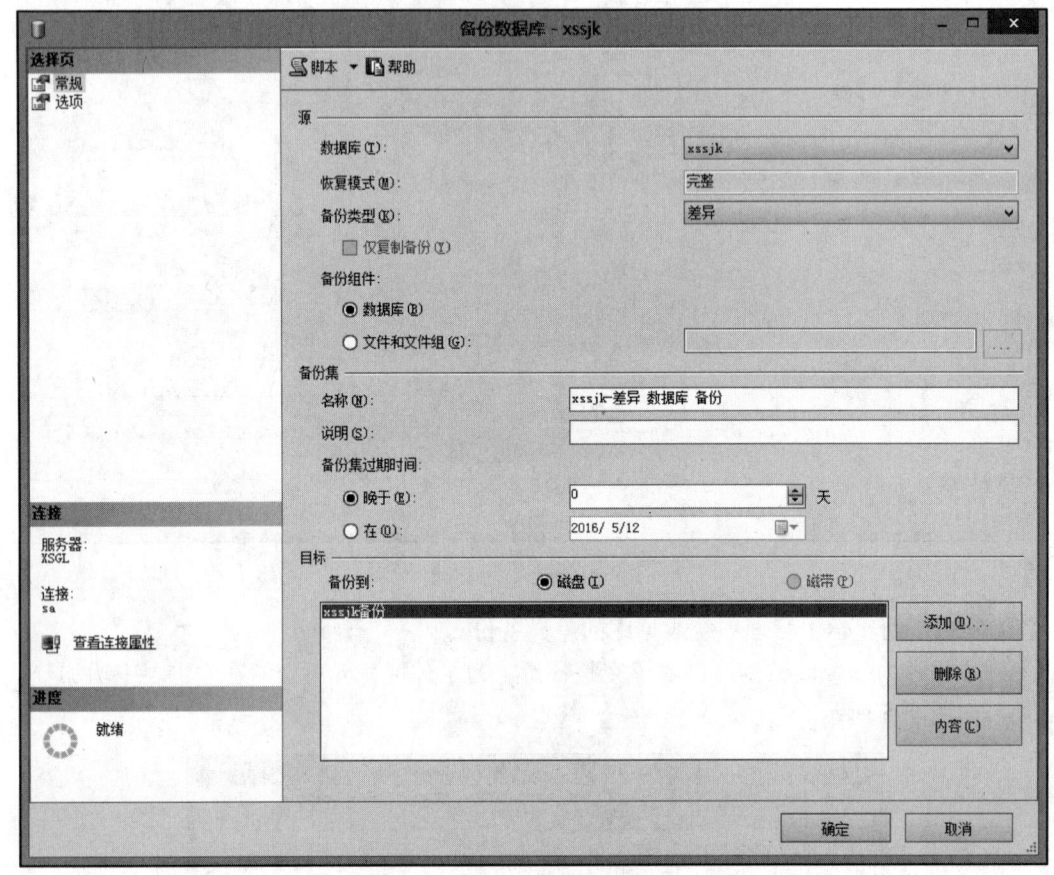

图 9-6 "备份数据库-xssjk"窗口

(5) 单击"确定"按钮,系统开始进行差异备份。

(6) 验证备份。展开"服务器对象"目录"备份设备"节点,右击"xssjk 备份"节点,从弹出的快捷菜单中选择"属性"命令,打开"备份设备-xssjk 备份"窗口,选择"介质内容"选项卡。在"备份集"区域显示了完整和差异两次备份的信息,如图 9-7 所示。

注意:本例中进行差异备份时,没有设置"备份数据库"窗口中"选项"选项卡上的相关项目,即默认设置。默认以"追加到现有备份集"的方式备份,这样可以避免覆盖原先的完整备份。

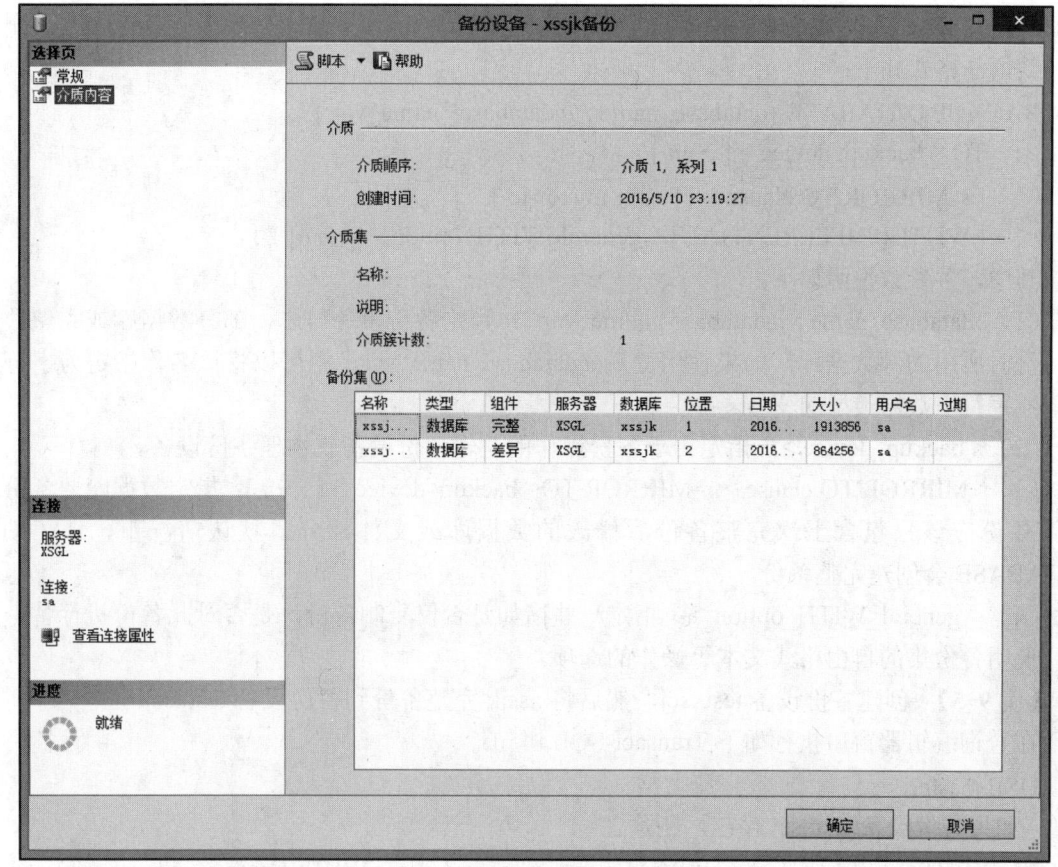

图 9-7 "介质内容"选项卡

【例 9-4】 创建 xssjk 数据库的事务日志备份。

具体操作步骤如下。

（1）打开 SSMS。

（2）在"对象资源管理器"窗口中，展开 SERVER 目录"数据库"节点。

（3）右击 xssjk 数据库节点，从弹出的快捷菜单中选择"任务"|"备份"命令。打开"备份数据库"窗口。

（4）打开"常规"选项卡，在"数据库"下拉列表框中选择 xssjk 选项；在"备份类型"下拉列表框中选择"事务日志"选项；在"备份组件"区域选择"数据库"单选按钮；在"目标"区域指定备份设备为"xssjk 备份"。

（5）单击"确定"按钮，系统开始进行事务日志备份。

9.2.3 使用 T-SQL 语句创建数据库备份

使用 BACKUP DATABASE 命令备份整个数据库，或者备份一个或多个文件或文件组。而且，使用 BACKUP LOG 命令在完整恢复模式或大容量日志模式下备份事务日志。下面简单介绍如何使用 BACKUP 命令对数据库进行完整的备份。

其语法格式如下：

BACKUP DATABASE {database_name | @database_name_var }
    TO < backup_device > [,⋯n]
    [< MIRROR TO clause >] [next-mirror-to]
    [WITH { DIFFERENTIAL | < general_WITH_option > [,⋯n] }]

其中，各参数说明如下。

（1）{database_name | @database_name_var }：指定备份事务日志。部分数据库或完整数据库备份时所用的源数据库。如果使用变量@database_name_var，则可以将该名称指定为字符串常量或字符串数据类型的变量。

（2）< backup_device >：指定用于备份操作的逻辑备份设备或物理备份设备。

（3）< MIRROR TO clause >::=MIRROR TO< backup_device > [,⋯n]：指定数据库要备份或文件备份应该只包含上次完整备份后修改的数据库或文件部分。默认情况下，BACKUP DATABASE 会创建完整备份。

（4）< general_WITH_option >：指定一些诸如是否仅复制备份，是否对此备份执行备份压缩，说明备份集的自由格式文本等操作的选项。

【例 9-5】 创建备份设备 testxscj，然后将 xssjk 完整备份到备份设备 testxscj 上。

在查询编辑器窗口执行如下 Transact-SQL 语句：

```
USE master
--如果备份设备 testxscj 存在，删除之
IF EXISTS   ( SELECT name FROM master.dbo.sysdevices WHERE name =N'testxscj' )
EXEC master.dbo.sp_dropdevice @logicalname = N'testxscj'
GO
--新建备份设备 testxscj
EXEC master.dbo.sp_addumpdevice   @devtype = N'disk', @logicalname = N'testxscj', @physicalname = N'd:\xssjk\testxscj.bak'
GO
EXEC sp_addumpdevice    'disk',    'testxscj', 'd:\xssjk\testxscj_bak'
GO
BACKUP   DATABASE xssjk TO testxscj
```

9.3 还原数据库

9.3.1 数据库还原

数据库还原是当数据库出现故障时，将备份的数据库加载到系统，是数据库恢复到备份时的状态。数据库还原有两种方法：一种是使用 SQL Server Management Studio 工具还原数据库；

另一种是使用 RESTORE 语句还原数据库。

9.3.2 利用 SQL Server Management Studio 还原数据库

【例 9-6】 使用备份设备"xssjk 备份"上的备份还原 xssjk 数据库。

具体操作步骤如下。

（1）打开 SSMS。

（2）在"对象资源管理器"窗口中，右击"数据库"节点，从弹出的快捷菜单中选择"还原数据库"命令，如图 9-8 所示。

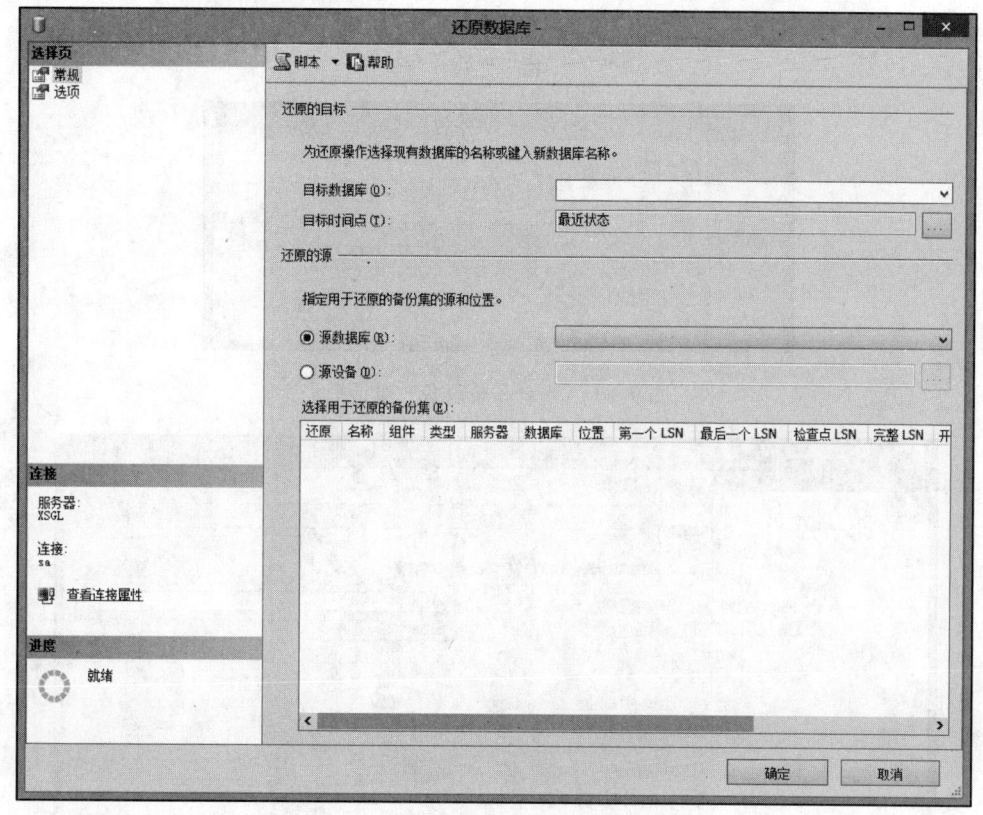

图 9-8 "还原数据库"窗口

（3）在"目标数据库"文本框中输入数据库名"xssjk"，在"还原的源"区域选择"源设备"单选按钮，单击右侧的"浏览"按钮，打开"指定设备"对话框，在"备份介质"下拉列表框中选择"备份设备"选项，如图 9-9 所示。

（4）单击"添加"按钮，打开"选择备份设备"对话框，在"备份设备"下拉列表框中选择"xssjk 备份"选项，如图 9-10 所示。

（5）单击"确定"按钮，返回"指定设备"对话框，再次单击"确定"按钮，返回"还原数据库"窗口，在"选择用于还原的备份集"区域出现备份设备中的媒体内容为 3 次备份，复选 3 种备份，可以让数据库恢复到正常状态，如图 9-11 所示。

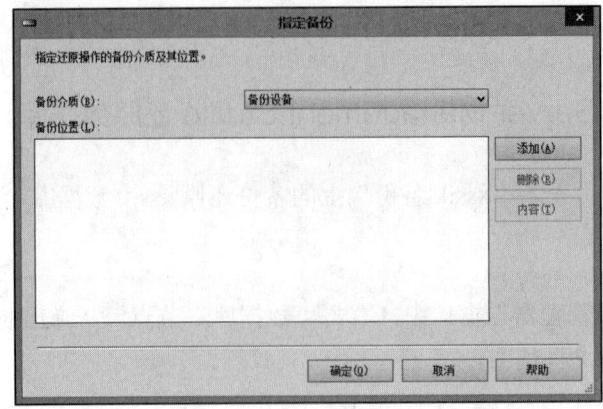

图 9-9 "指定设备"对话框

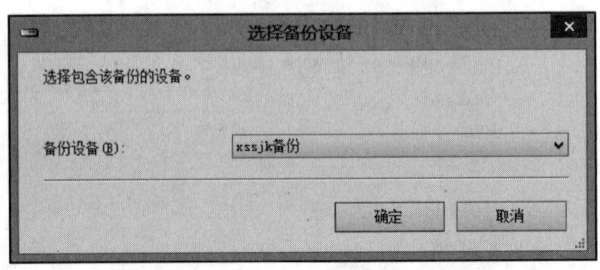

图 9-10 "选择备份设备"对话框

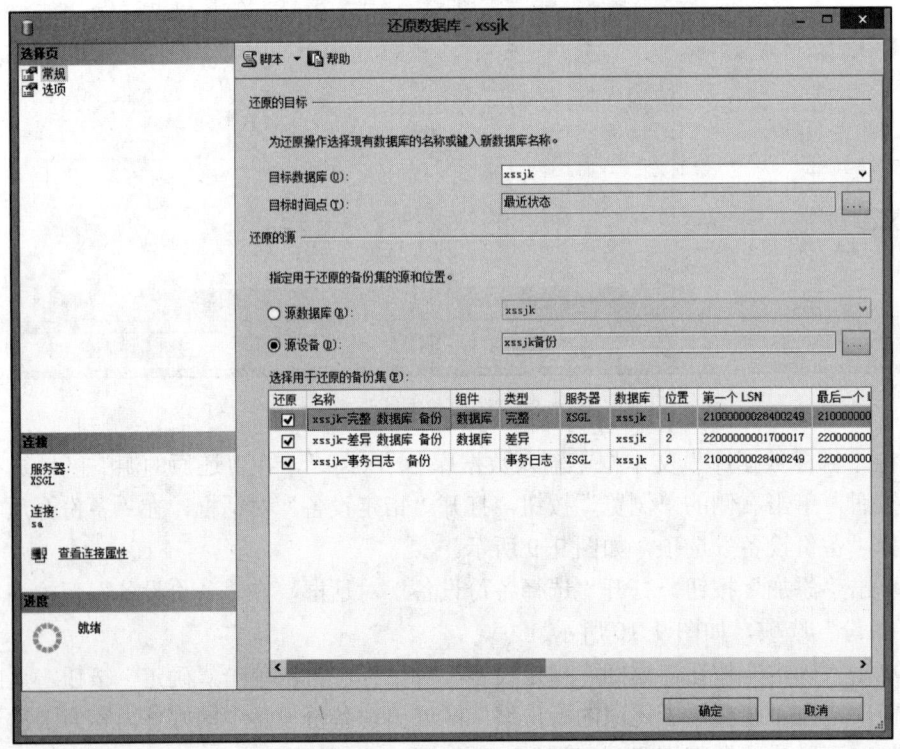

图 9-11 设置数据库设备后的"还原数据库"窗口

（6）切换到"选项"选项卡，设置恢复状态，这里使用默认设置，单击"确定"按钮，系统将会开始恢复数据库。

9.3.3 利用 T-SQL 语句还原数据库

利用 RESTORE 命令可以还原和恢复已经备份的数据库，其语法格式如下：
RESTORE DATABASE { database_name | @database_name_var }
  [FROM < backup_device > [,…n]]
其中，各参数的说明如下。
（1）{ database_name | @database_name_var }：指定备份事务日志、部分数据库或完成数据库时所用的源数据库。
（2）< backup_device >：指定用于备份数据库的逻辑备份设备或物理备份设备。
【例 9-7】 从之前创建的备份设备 testxscj 中恢复 xssjk 数据库。
在查询编辑器窗口执行如下 Transact-SQL 语句：
RESTORE DATABASE xssjk FROM testxscj

9.4 SQL Server 2008 数据转换概述

数据的导入与导出是指 SQL Server 数据库系统与外部系统之间进行数据交换的操作。导入数据是将外部数据源中的数据引入到 SQL Server 的数据库中；导出数据则是将 SQL Server 数据库中的数据转换成其他数据格式引入到其他系统之中。

在 SQL Server 2008 中使用数据导入导出向导，可以在不同的数据源和目标之间进行数据的转换。

9.4.1 数据导入

在导入数据时，需要指定将要导入的外部数据源的类型、位置和名称，以及要导入到的数据源的类型、位置和名称信息。数据的导入与导出是一对相反的操作。

【例 9-8】 创建一个 Student 数据库，将 "xssjk.xls" 文件导入到 xssjk 数据库中。
具体操作步骤如下。
（1）打开 SSMS。
（2）在"对象资源管理器"窗口中，展开"数据库"节点，从弹出的快捷菜单中选择"新建数据库"命令，创建一个名为"xssjk"的数据库。
（3）在"对象资源管理器"窗口中，展开"数据库"节点，右击 xssjk 数据库节点，从弹出的快捷菜单中选择"任务"|"导入数据"命令，打开"SQL Server 导入和导出向导"窗口，如图 9-12 所示。
（4）单击"下一步"按钮，打开"选择数据源"界面，在"数据源"下拉列表框中选择 Microsoft Excel 选项，然后单击"浏览"按钮，选择 Excel 文件路径，如图 9-13 所示。

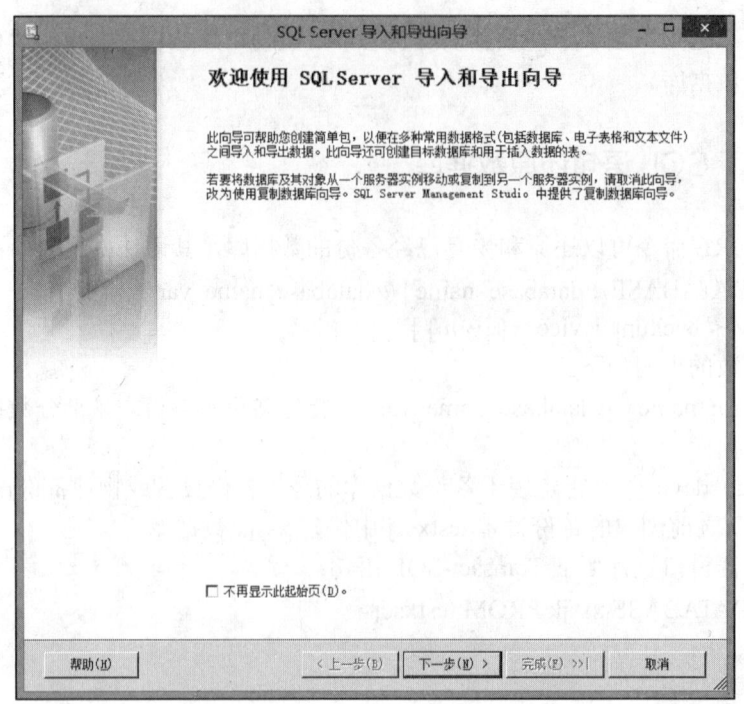

图 9-12 "SQL Server 导入和导出向导"窗口

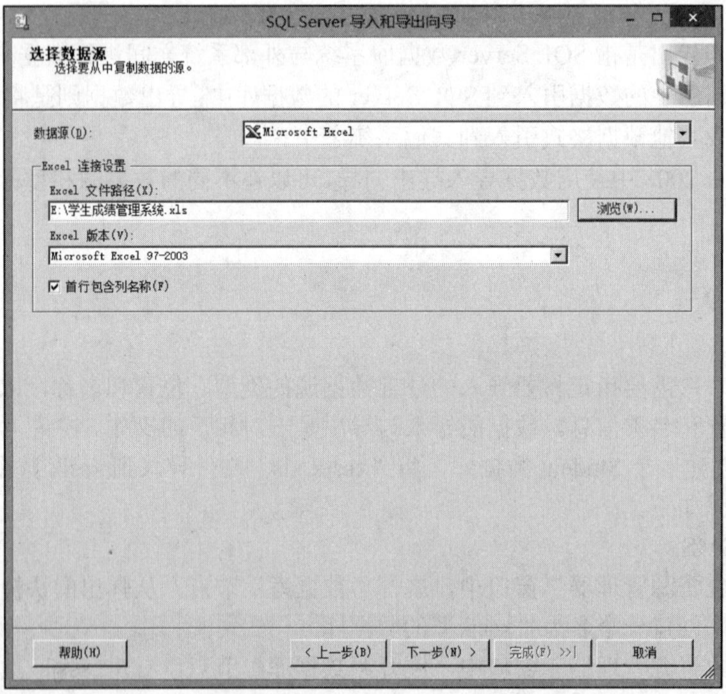

图 9-13 "选择数据源"界面

(5) 单击"下一步"按钮,打开"选择目标"界面,在"目标"下拉列表框中选择 SQL Server Native Client 10.0 选项,然后选择"身份验证"方式为"使用 Windows 身份验证",在"数据库"

下拉列表框中选择或输入"xssjk",如图 9-14 所示。

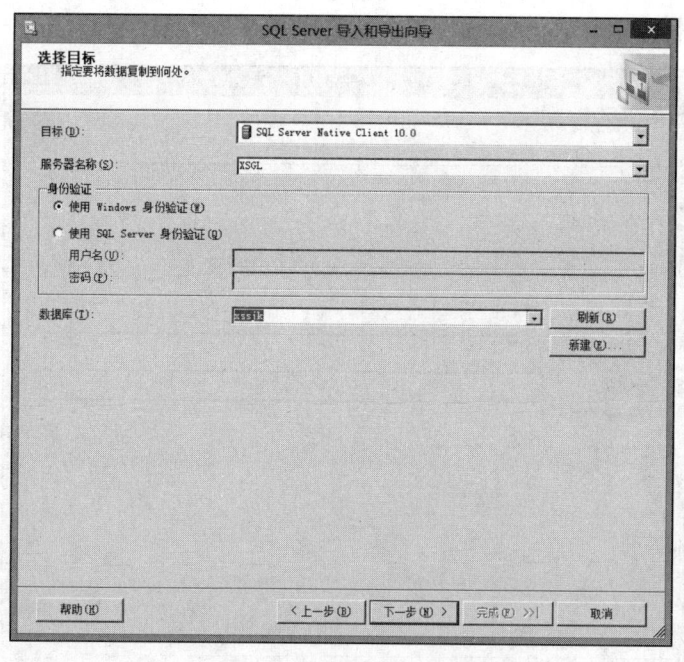

图 9-14 "选择目标"界面

(6) 单击"下一步"按钮,打开"指定表复制或查询"界面,选中"复制一个或多个表或视图的数据"单选按钮。

(7) 单击"下一步"按钮,打开"选择源表和源视图"界面。勾选"学生表"和"成绩表"复选框,表示要复制这两个表格,如图 9-15 所示。

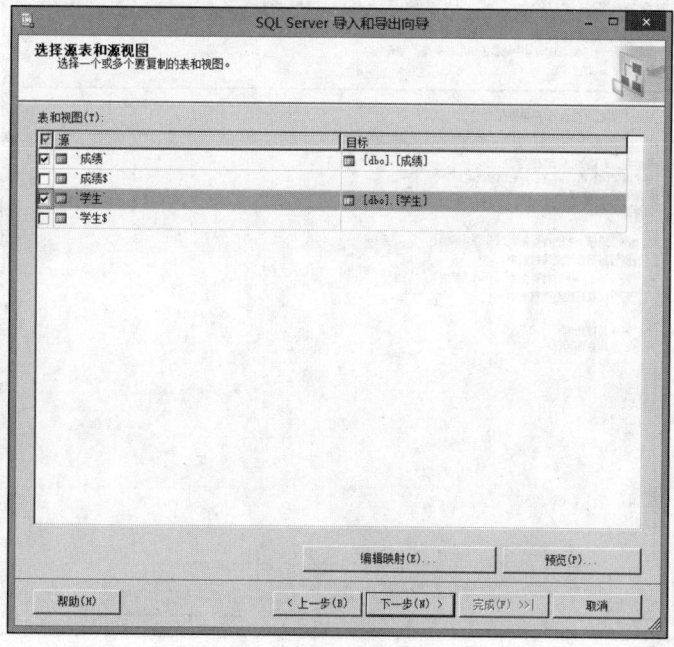

图 9-15 "选择源表和源视图"界面

9.4 SQL Server 2008 数据转换概述 / 179

（8）单击"下一步"按钮，打开"保存并运行包"界面，使用默认设置"立即运行"，不保存 SSIS 包，如图 9-16 所示。

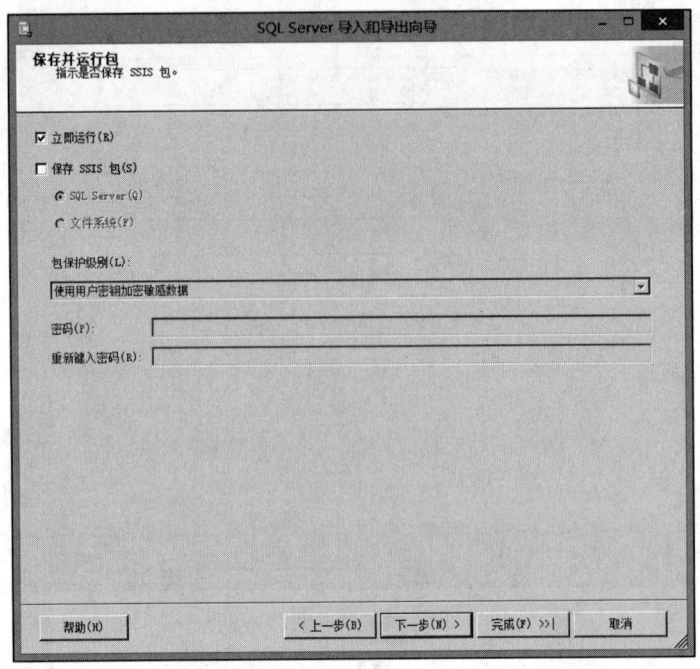

图 9-16 "保存并运行包"界面

（9）单击"下一步"按钮，打开"完成该向导"界面，确认成功导出数据，如图 9-17 所示。

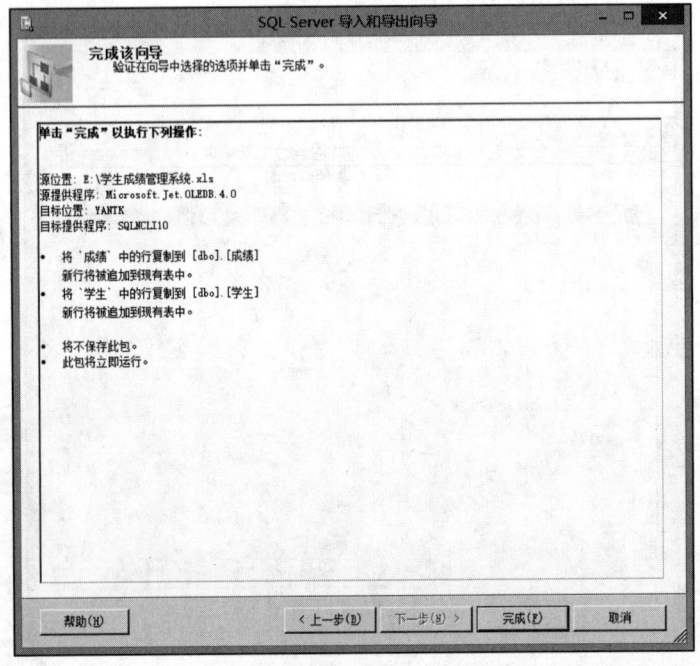

图 9-17 "完成该向导"界面

（10）单击"完成"按钮，执行数据库导入操作，执行成功后，将会打开"执行成功"界面。

（11）打开数据库 xssjk，验证数据的正确性。

9.4.2 数据导出

导出数据时，需要指定将要导出的数据源的类型、位置和名称，以及要导出的外部数据源的类型、位置和名称信息。

【例9-9】 把 xssjk 数据库中的"学生表"和"成绩表"导出为 Excel 文件。

具体操作步骤如下。

（1）打开 SSMS。

（2）在"对象资源管理器"窗口中，展开"数据库"节点，右击 xssjk 数据库节点，从弹出的快捷菜单中选择"任务"|"导出数据"命令，打开"SQL Server 导入和导出向导"窗口。

（3）单击"下一步"按钮，打开"选择数据源"界面，在"数据源"下拉列表框中选择 SQL Server Native Client 10.0 选项，然后选择"身份验证"方式为"使用 Windows 身份验证"，在"数据库"下拉列表框中选择或输入"xssjk"，如图 9-18 所示。

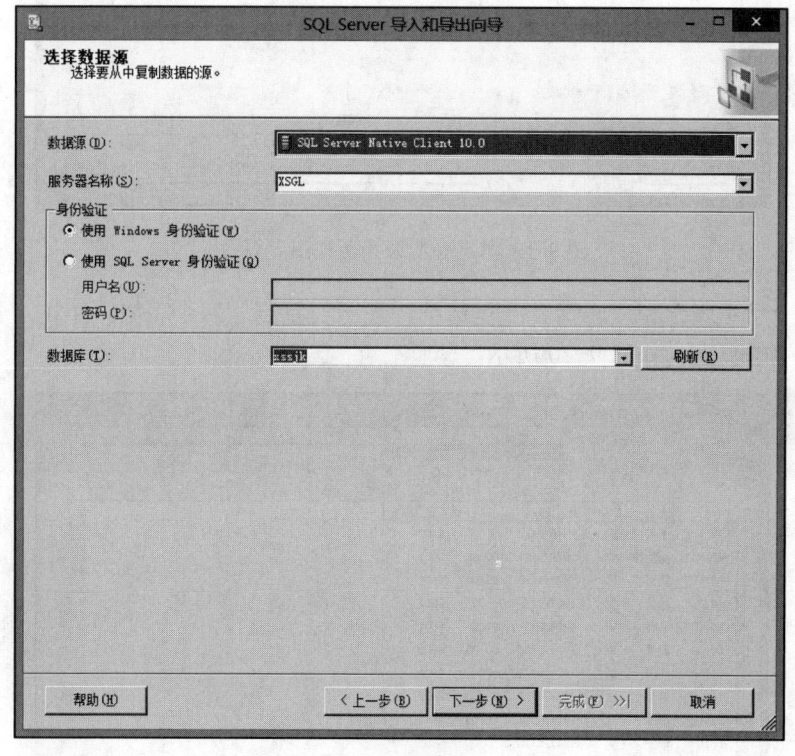

图 9-18 "选择数据源"界面

注意：在"数据源"下拉列表框中可以选择不同的数据源，不同数据源类型有不同的界面内容。根据不同的数据源，需要设置身份验证模式、服务器名称、数据库名称和文件的格式。

（4）单击"下一步"按钮，打开"选择目标"界面，在"目标"下拉列表框中选择 Microsoft Excel 选项，设置 Excel 文件路径。

（5）单击"下一步"按钮，打开"指定表复制或查询"界面。

（6）单击"下一步"按钮，打开"选择源表和源视图"界面，如图 9-19 所示。

图 9-19 "选择源表和源视图"界面

（7）勾选"学生表"和"成绩表"复选框，表示要复制这两个表格。单击"预览"按钮可以预览所选表中的数据，如图 9-20 所示。

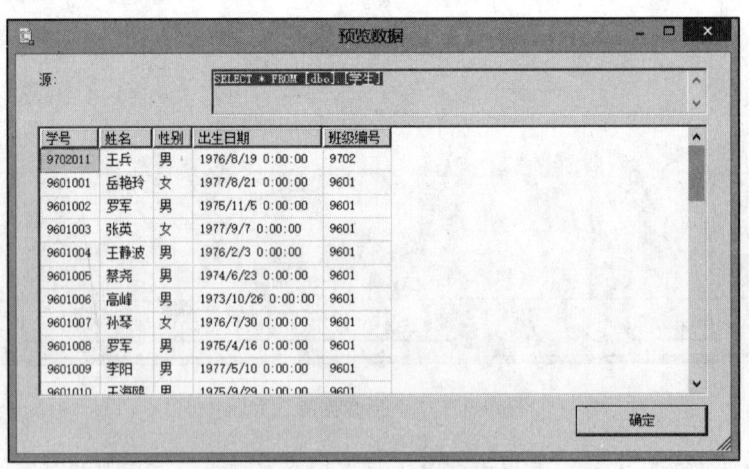

图 9-20 "预览数据"窗口

(8)单击"下一步"按钮,打开"查看数据类型映射"界面,如图 9-21 所示。

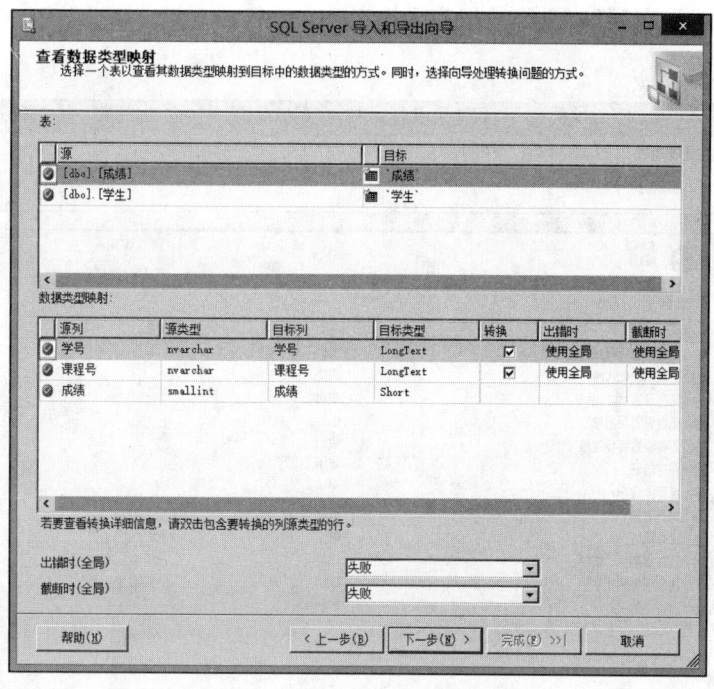

图 9-21 "查看数据类型映射"界面

(9)单击"下一步"按钮,打开"保存并运行包"界面。这里默认设置为"立即运行",不保存 SSIS 包,如图 9-22 所示。

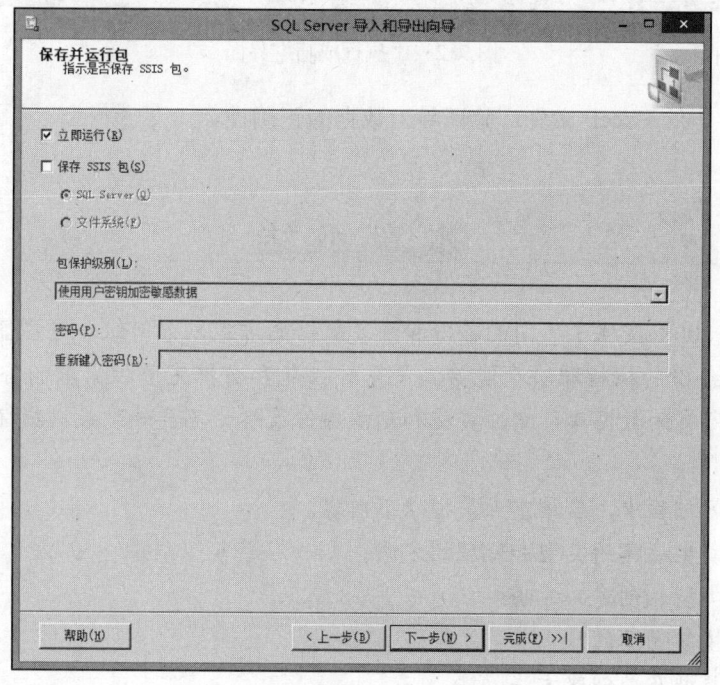

图 9-22 "保存并运行包"界面

（10）单击"下一步"按钮，打开"完成该向导"界面，确认导出数据成功。

（11）单击"完成"按钮，执行数据库导出操作，执行成功后，将会打开"执行成功"界面，如图 9-23 所示。

图 9-23 "执行成功"界面

（12）打开导出的 Excel 文件，验证导出数据的正确性。

本 章 小 结

SQL Server 2008 提供了不同的备份和恢复数据的方式，如何组合这些备份类型及如何规划这些不同类型备份的执行取决于能够满足系统性能和数据完整性需求的备份策略。需要注意的是，应该为所有的数据库计划、实施和测试备份策略，不要等到数据损坏以后再测试备份策略。

在本章的学习过程中，应该重点掌握以下内容。
（1）数据库发生故障的类型和处理的方法。
（2）备份的类型和创建的方法。
（3）备份和恢复的目的。
（4）恢复的类型及其创建方法。

(5) 事务日志在恢复过程中的作用。
(6) 如何制定合适的备份和恢复策略。

习 题 9

一、单选题

1. 下面_____选项表示要执行差异备份。
   A．Norecovery   B．Differential
   C．Recovery   D．Noint
2. 还原数据库时，首先要进行_____操作。
   A．创建最近完整数据库备份   B．创建备份设备
   C．删除差异备份   D．删除最近事务日志备份
3. 创建数据库文件或者文件组备份时，首先要进行_____操作。
   A．创建事务日志备份   B．创建备份设备
   C．删除差异备份   D．创建完整数据库备份
4. 下列故障发生时，需要数据库管理员进行手工操作恢复_____。
   A．停电   B．不小心删除表数据
   C．死锁   D．操作系统错误

二、填空题

1. SQL Server 2008 针对不同用户业务需求，提供了_____、_____、_____和_____4种备份方式供用户选择。
2. 在数据库进行备份之前，必须设置存储备份文件的物理存储介质，即_____。
3. _____备份是进行其他所有备份的基础。

三、简答题

1. 简述数据库备份和还原的基本概念。
2. 数据库备份有哪几种类型？
3. 简述数据库的恢复模式。
4. 数据库日志的功能和作用是什么？

第 10 章 关系数据库理论和设计

电子教案：
第10章 关系数据库理论和设计

本章学习目标

本章主要讲述关系数据库的规范化，关系数据库的设计，关系数据库的保护以及数据库的最新技术。通过本章学习，读者应该掌握以下内容。

（1）关系数据库理论。
（2）关系规范化的方法和步骤。
（3）数据库设计的内容、任务、步骤和方法。
（4）数据库技术的发展以及与其他技术的结合。

10.1 关系数据库理论

关系数据库是由一组关系组成的，那么针对一个具体问题，应该如何构建一个适合于它的数据模式，即应该构造几个关系，每个关系由哪些属性组成等。这是关系数据库的规范化问题。

10.1.1 函数依赖

1. 函数依赖（functional dependency，FD）

定义 10.1 设 $R(U)$ 是一个属性集 U 上的关系模式，X 和 Y 是 U 的子集。

若对于 $R(U)$ 的任意一个可能的关系 r，r 中不可能存在这样两个元组，在 X 上的属性值相等，而在 Y 上的属性值不等，则称 "X 函数确定 Y" 或 "Y 函数依赖于 X"，记作 $X \rightarrow Y$。

例如：

C(Cno,Cname)　　　001　　c 语言
　　　　　　　　　 002　　数据库

则

Cno →Cname

在关系模式 $R(U)$ 中，对于 U 的子集 X 和 Y，如果 $X \rightarrow Y$，但 $Y \nsubseteq X$，则称 $X \rightarrow Y$ 是非平凡的函数依赖；若 $X \rightarrow Y$，但 $Y \subseteq X$，则称 $X \rightarrow Y$ 是平凡的函数依赖。

这里只讨论非平凡的函数依赖。

例如，在关系 SC(Sno, Cno, GRADE)中，非平凡函数依赖：

(Sno, Cno) → GRADE

平凡函数依赖：对于任意一个关系模式，平凡函数依赖必然成立，它不反映新的语义。

(Sno, Cno) → Sno

(Sno, Cno) → Cno

若 $X \to Y$，则 X 称为这个函数依赖的决定属性组，也称为决定因素（determinant）。

若 $X \to Y$，$Y \to X$，则记作 $X \leftarrow \to Y$。

若 Y 不函数依赖于 X，则记作 $X \nrightarrow Y$。

2．完全函数依赖与部分函数依赖

定义 10.2 在关系模式 $R(U)$ 中，如果 $X \to Y$，并且对于 X 的任何一个真子集 X'，都有 $X' \nrightarrow Y$，则称 Y 完全函数依赖于 X，记作 $X \xrightarrow{f} Y$。若 $X \to Y$，但 Y 不完全函数依赖于 X，称 Y 部分函数依赖于 X，记作 $X \xrightarrow{p} Y$。

例如，在选课关系 SC(SNO, CNO, GRADE)中，学生的成绩由学号和课程号共同决定，代表该学生的一次选课，所以函数依赖为(SNO, CNO)→GRADE，但是单独由学号不能决定一门课的成绩，单独由课程号也不能决定某个学生的成绩，所以(SNO, CNO) $\xrightarrow{f}$ GRADE。

3．传递函数依赖

定义 10.3 在关系模式 $R(U)$ 中，如果 $X \to Y$，$(Y \nrightarrow X)$，$Y \nsubseteq X$，$Y \to Z$，则称 Z 传递函数依赖于 X，记作 $X \xrightarrow{传递} Z$。

例如，在关系 S(学号 SNO，所在系 SDEPT，系主任姓名 MNAME)中，学号决定学生所在系，即 SNO→SDEPT，学生所在系决定系主任姓名 SDEPT→MNAME，则 SNO $\xrightarrow{传递}$ MNAME。

4．码

定义 10.4 设 K 为关系模式 $R<U, F>$ 中的属性或属性组合。若 $K \xrightarrow{f} U$，则称 K 为 R 的一个候选码（candidate key）。若关系模式有多个候选码，则选定其中的一个作为主码（primary key）。

例如，学生关系 S (学号 SNO，姓名 SNAME，性别 SSEX，年龄 SAGE，所在系 SDEPT)的主码是学号 SNO，因为学号 SNO 能决定姓名、性别、年龄、所在系这几个属性。包含在任何一个候选码中的属性称为**主属性**（prime attribute），不包含在任何候选码中的属性称为**非主属性**（nonprime attribute）或非码属性（non-key attribute）。最简单的情况下，候选码只包含一个属性。在最极端的情况下，关系模式的所有属性组都是这个关系模式的候选码，称为**全码**（all-key）。

例如，选课关系 SC(学号 SNO，课程号 CNO，成绩 GRADE)的主码是(SNO, CNO)，非主属性是 GRADE。

定义 10.5 关系模式 R 中属性或属性组 X 并非 R 的码，但 X 是另一个关系模式的码，则称 X 是 R 的外部码（foreign key），也称外码。

如在 SC(Sno, Cno, Grade)中，Sno 不是码，但 Sno 是关系模式 S (SNO, SNAME, SSEX, SAGE, SDEPT)的主码，则 Sno 是关系模式 SC 的外部码。

主码与外部码一起提供了表示关系间联系的手段。

10.1.2 范式

范式 NF（normal form） 是符合某一种级别的关系模式的集合。关系数据库中的关系必须满足一定的要求。满足不同程度要求的为不同范式。范式的概念最早是由 E.F.Codd 提出的,他从 1971 年相继提出了三级规范化形式,即满足最低要求的第一范式(1NF),在 1NF 基础上又满足某些特性的第二范式(2NF),在 2NF 基础上再满足一些要求的第三范式(3NF)。1974 年,E.F.Codd 和 Boyce 共同提出了一个新的范式概念,即 Boyce-Codd 范式,简称 BC 范式(BCNF)。1976 年 FaGradein 提出了第四范式(4NF),后来又有人定义了第五范式(5NF)。至此,在关系数据库规范中建立了一个范式系列:1NF、2NF、3NF、BCNF、4NF 和 5NF。

通常把某一关系模式 R 为第 n 范式简记为 $R \in n\text{NF}$。范式是符合某一种级别的关系模式的集合,关系数据库中的关系必须满足一定的要求。满足不同程度要求的为不同范式。

10.1.3 关系模式的规范化

一个关系只要其分量都是不可分的数据项,它就是规范化的关系。但规范化程度过低的关系不一定能够很好地描述现实世界,可能会存在插入异常,删除异常,修改复杂,数据冗余等问题。解决这些问题的方法就是对其进行规范化,转换成高级范式。一个低一级范式的关系模式,通过模式分解可以转换为若干个高一级范式的关系模式集合,这个过程就叫关系模式的规范化。

1. 规范化的原则

关系模式的规范化是通过对关系模式的分解来实现的,但是把低一级的关系模式分解为若干个高一级的关系模式的方法并不是唯一的。在这些分解方法中,只有能够保证分解后的关系模式与原关系模式等价的方法才有意义。

下面,先来看一下判断对关系模式的一个分解是否与原关系模式等价的两种不同的标准。

(1)分解具有无损连接性。

设关系模式 $R<U, F>$ 被分解为若干个关系模式 $R_1(U_1, F_1), R_2(U_2, F_2), \cdots, R_n(U_n, F_n)$(其中 $U=U_1 \cup U_2 \cup \cdots U_n$,且不存在 $U_i \subseteq U_j$,R_i 为 R 在 U_i 上的投影),若 R 与 $R_1, R_2, \cdots, R_n$ 自然连接的结果相等,则称关系模式 R 的这个分解具有**无损连接性**。

(2)分解保持函数依赖。

设关系模式 $R<U, F>$ 被分解为若干个关系模式 $R_1(U_1, F_1), R_2(U_2, F_2), \cdots, R_n(U_n, F_n)$(其中 $U=U_1 \cup U_2 \cup \cdots U_n$,且不存在 $U_i \subseteq U_j$,F_i 为 F 在 U_i 上的投影),若 F 所逻辑蕴含的函数依赖一定也由分解得到的某个关系模式中的函数依赖 F_i 所逻辑蕴含,则称关系模式 R 的这个分解是**保持函数依赖**的。

如果一个分解具有无损连接性,则它能够保证不丢失信息。如果一个分解保持了函数依赖,则它可以减轻或解决各种异常情况。

2. 关系模式的规范化

规范化的基本思想是逐步消除数据依赖中不合适的部分,使模式中的各关系模式达到某种程度的"分离",即"一事一地"的模式设计原则。

通过对关系模式进行规范化,可以逐步消除数据依赖中不合适的部分,使关系模式达到更高的规范化程度。关系模式的规范化过程是通过对关系模式的分解来实现的,即把低一级的关系模式分解为若干个高一级的关系模式。关系模式的规范化过程可以用图 10-1 来概括。

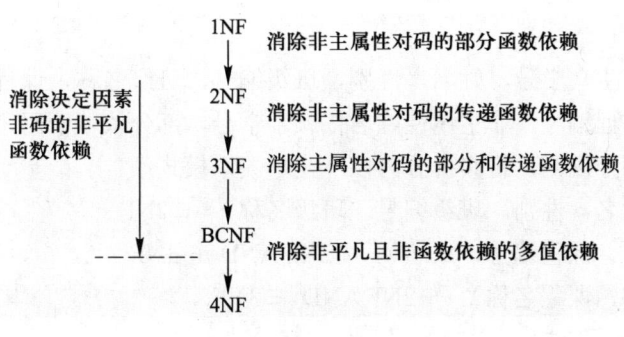

图 10-1 规范化过程

关系模式的规范化过程是通过模式分解来实现的。

3．1NF

定义 10.6 如果一个关系模式 R 的所有属性都是<u>不可分的基本数据项，则 $R \in 1NF$</u>。

第一范式是对关系模式的最起码的要求。不满足第一范式的数据库模式不能称为关系数据库。但是满足第一范式的关系模式并不一定是一个好的关系模式。例如：

学生（<u>学号</u>，姓名，性别，班级编号，班级名称，<u>课程编号</u>，课程名称，成绩） $\in 1NF$

学生关系模式存在的问题如下。

（1）更新异常。假设某学生要转系，这样学生所在系 SDEPT、学生住处 SLOC 都要发生变化，如果该生选修 N 门课，对应关系中 N 个元组，学生信息发生变化导致 N 个元组都要发生变化，导致修改复杂，即更新异常。

（2）冗余度大。假设某学生选了 10 门课，那么学生的**班级**就要重复存储 10 次，导致数据冗余。

由以上的分析可以看出，第一范式存在许多问题，需要通过模式分解向高一级范式转换。

4．2NF

定义 10.7 若关系模式 $R \in 1NF$，并且每一个非主属性都完全函数依赖于 R 的码，则 $R \in 2NF$。

例如：

学生（<u>学号</u>，姓名，性别，班级编号，班级名称，<u>课程编号</u>，课程名称，成绩） $\in 1NF$

SC（<u>学号</u>，<u>课程编号</u>，成绩） $\in 2NF$

关系模式学生（<u>学号</u>，姓名，性别，班级编号，班级名称，<u>课程编号</u>，课程名称，成绩）的码是学号和课程编号，非主属性姓名依赖于学号，部分依赖于码，因此该关系模式不是第二范式。

如果一个关系是第一范式，但不是第二范式，则按照下述规则进行投影或拆分，可以将其转化为第二范式。

（1）拆分时要破坏非主属性对码的部分函数依赖。即这样的几个属性不能同时出现在一个关系中。

（2）不丢失属性。即分解后得到的几个更小的关系中，应该包括原关系的所有属性。

（3）维持原有数据间的关系。通过对拆分后得到的关系的连接，可以完全复原为原来的关系。

例如，关系：学生（学号，姓名，性别，班级编号，班级名称，课程编号，课程名称，成绩）的码是学号和课程编号，非主属性姓名依赖于学号，部分依赖于码，因此该关系模式不是第二范式。按上述拆分规则，将其拆分为以下几个关系模式：

学生（学号，姓名，性别，班级编号，班级名称） $\in$ 2NF

学习成绩（学号，课程编号，成绩） $\in$ 2NF AND $\in$ 3NF

课程（课程编号，课程名称） $\in$ 2NF AND $\in$ 3NF

5. 3NF 的定义

定义 10.8 关系模式 $R<U,F>$ 中非主属性之间不存在函数依赖关系，则称 $R<U,F>\in$ 3NF（非主字段之间彼此不能有功能依赖性）。

如果一个关系是第二范式，但不是第三范式，则按照下述规则进行投影或拆分，可以将其转化为第三范式。

（1）拆分时要破坏非主属性之间的函数依赖关系。即这样的几个属性不能同时出现在一个关系中。

（2）不丢失属性。即分解后得到的几个更小的关系中，应该包括原关系的所有属性。

（3）维持原有数据间的关系。通过对拆分后得到的关系的连接，可以完全复原为原来的关系。

例如，按上述规则，关系模式：学生（学号，姓名，性别，班级编号，班级名称）可进一步拆分为：

学生（学号，姓名，性别，班级编号）

班级（班级编号，班级名称）

这两个关系都是第三范式。

6. BCNF

BCNF（Boyce Codd normal form，鲍依斯-科得范式）是由 Boyce 与 Codd 提出的，比上述的 3NF 又进了一步，通常认为 BCNF 是修正的第三范式，有时也称为扩充的第三范式。

定义 10.9 设关系模式 $R<U,F>\in$ 1NF。若 $X \rightarrow Y$ 且 $Y \nsubseteq X$ 时 X 必含有码，则 $R<U,F>\in$ BCNF。

也就是说，关系模式 $R<U,F>$ 中，若每一个决定因素都包含码，则 $R<U,F>\in$ BCNF。

由 BCNF 的定义可以得到结论，一个满足 BCNF 的关系模式有以下特点。

（1）所有非主属性对每一个码都是完全函数依赖。

（2）所有主属性对每一个不包含它的码是完全函数依赖。

（3）没有任何属性完全函数依赖于非码的任何一组属性。

2NF、3NF 分别消除了非主属性对码的部分函数依赖和传递函数依赖，而 BCNF 在 3NF 的基础上消除了主属性对码的部分函数依赖，因此如果 $R\in$ BCNF，则 $R\in$ 3NF，反之则不成立。

假设有系别管理关系 DEPT(系别 D，教研室 R，教师数 C，系主任 M)，其中 C 表示教研室中的教师数。一个系里只有一个主任，可以有多个教研室。这个数据库表中存在如下函数依赖：(D, R)→(M,C)，(M, R)→(D, C)。

所以，(D, R)和(M, R)都是 DEPT 的候选关键字，表中的唯一非关键字为 C，它是符合 3NF 的。但是，由于存在如下函数依赖：D→M，M→D，即存在关键字段决定关键字段的情况，所以其不符合 BCNF 范式。它会出现如下异常情况。

（1）插入异常。当没有提供教研室的信息时，无法插入此系及主任的信息。

（2）更新异常。如果系更换了主任，则表中此系的所有行的系主任列都要修改，造成修改操作的复杂化。

（3）删除异常。如果要删除某系所有教研室的信息，则系别和系主任的信息也将被删除，造成删除异常。

解决的办法是把 DEPT 关系表分解为下面两个关系表：系别管理 DEPT(D, M)和教研室管理 REAC(D, R, C)。这样的数据库表是符合 BCNF 范式的，消除了删除异常、插入异常和更新异常。

在实际开发应用中，一般要求数据库的设计要达到第三范式。另外，数据库设计时还应该根据用户的应用需要，设计相应的用户外模式。目前的关系数据库管理系统一般都提供了视图（view）的概念，通过视图可以设计更能满足用户需要的用户外模式。例如，用户可能更习惯看到（学号，姓名，课程名，成绩）这样的成绩表，这可以在关系模式"学生"、"课程"、"学习成绩"的基础上建立：学习表（学号，姓名，课程名，成绩）来实现。

10.2 数据库设计

数据库技术是信息资源开发、管理和服务的最有效的手段，因此数据库的应用范围越来越广，从小型的事务处理系统到大型的信息系统大都利用了先进的数据库技术来保持系统数据的整体性、完整性和共享性。目前，数据库的建设规模、信息量大小和使用频度已成为衡量一个国家信息化程度的重要标志之一。这就使如何科学地设计与实现数据库及其应用系统成为日益引人注目的课题。

大型数据库设计是一项庞大的工程，其开发周期长、耗资多。它要求数据库设计人员既要具有坚实的数据库知识，又要充分了解实际应用对象。所以可以说数据库设计是一项涉及多学科的综合性技术。设计出一个性能较好的数据库系统并不是一件简单的工作。

10.2.1 数据库设计的任务与内容

数据库设计的任务是在 DBMS 的支持下，按照应用的要求，为某一部门或组织设计一个结构合理、使用方便、效率较高的数据库及其应用系统。

数据库设计应包含两方面的内容：一是结构设计，也就是设计数据库框架或数据库结构；二是行为设计，即设计应用程序、事务处理等。

设计数据库应用系统，首先应进行结构设计。数据库结构设计是否合理，直接影响到系统中各个处理过程的性能和质量。另一方面，结构特性又不能与行为特性分离。静态的结构特性的设计与动态的行为特性的设计分离，会导致数据与程序不易结合，增加数据库设计的复杂性。

10.2.2 数据库的设计方法

目前常用的各种数据库设计方法大部分属于规范设计法，即都是运用软件工程的思想与方法，根据数据库设计的特点，提出了各种设计准则与设计规范。这种工程化的规范设计方法也是在目前技术条件下设计数据库的最实用的方法。

在规范设计中，数据库设计的核心与关键是逻辑数据库设计和物理数据库设计。逻辑数据库设计是根据用户要求和特定数据库管理系统的具体特点，以数据库设计理论为依据，设计数据库的全局逻辑结构和每个用户的局部逻辑结构。物理数据库设计是在逻辑结构确定之后，设计数据库的存储结构及其他实现细节。

规范设计在具体使用中又可以分为两类：手工设计和计算机辅助数据库设计。按规范设计法的工程原则与步骤手工设计数据库，其工作量较大，设计者的经验与知识在很大程度上决定了数据库设计的质量。计算机辅助数据库设计可以减轻数据库设计的工作强度，加快数据库设计速度，提高数据库设计质量。但目前计算机辅助数据库设计还只是在数据库设计的某些过程中模拟某一规范设计方法，并以人的知识或经验为主导，通过人机交互实现设计中的某些部分。

10.2.3 数据库设计的步骤

通过分析、比较与综合各种常用的数据库规范设计方法，将数据库设计分为6个阶段，如图 10-2 所示。

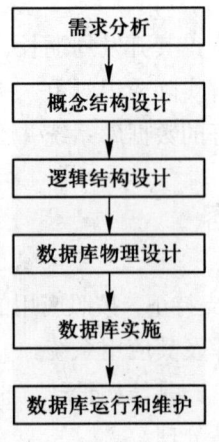

图 10-2 数据库设计的步骤

1. 需求分析

进行数据库设计首先必须准确了解和分析用户需求（包括数据与处理）。需求分析是整个设计过程的基础，是最困难、最耗费时间的一步。需求分析的结果是否准确地反映了用户的实际要求，将直接影响到后面各个阶段的设计，并影响到设计结果是否合理和实用。

2. 概念结构设计

准确抽象出现实世界的需求后，下一步应该考虑如何实现用户的这些需求。由于数据库逻辑结构依赖于具体的 DBMS，直接设计数据库的逻辑结构会增加设计人员对不同数据库管理系统的数据库模式的理解负担，因此在将现实世界需求转化为机器世界的模型之前，先以一种独立于具体数据库管理系统的逻辑描述方法来描述数据库的逻辑结构，即设计数据库的概念结构。概念结构设计是整个数据库设计的关键。

3. 逻辑结构设计

逻辑结构设计是将抽象的概念结构转换为所选用的 DBMS 支持的数据模型，并对其进行优化。

4. 数据库物理设计

数据库物理设计是为逻辑数据模型选取一个最适合应用环境的物理结构（包括存储结构和存取方法）。

5. 数据库实施

在数据库实施阶段，设计人员运用 DBMS 提供的数据语言及其宿主语言，根据逻辑设计和物理设计的结果建立数据库，编制并调试应用程序，组织数据入库，并进行试运行。

6. 数据库运行和维护

数据库应用系统经过试运行后即可投入正式运行。在数据库系统运行过程中必须不断地对其进行评价、调整与修改。

设计一个完善的数据库应用系统，往往是这 6 个阶段不断反复的过程。

在数据库设计过程中必须注意以下问题。

（1）数据库设计过程中要注意充分调动用户的积极性。用户的积极参与是数据库设计成功的关键因素之一。用户最了解自己的业务，最了解自己的需求，用户的积极配合能够缩短需求分析的进程，帮助设计人员尽快熟悉业务，更加准确地抽象出用户的需求，减少反复，也使设计出的系统与用户的最初设想更为符合。同时用户参与意见，双方共同对设计结果承担责任，也可以减少数据库设计的风险。

（2）应用环境的改变、新技术的出现等都会导致应用需求的变化，因此设计人员在设计数据库时必须充分考虑到系统的可扩充性，使设计易于变动。一个设计优良的数据库系统应该具有一定的可伸缩性，应用环境的改变和新需求的出现一般不会推翻原设计，不会对现有的应用程序和数据造成大的影响，而只是在原设计基础上做一些扩充即可满足新的要求。

（3）系统的可扩充性最终都是有一定限度的。当应用环境或应用需求发生巨大变化时，原设计方案可能终将无法再进行扩充，必须推倒重来，这时就会开始一个新的数据库设计的生命周期。但在设计新数据库应用的过程中，必须充分考虑到已有应用，尽量使用户能够平稳地从旧系统迁移到新系统。

10.3 数据库新技术

10.3.1 数据库技术与其他技术的结合

数据库技术与其他学科的内容相结合，是新一代数据库技术的一个显著特征。在结合中涌现出各种新型的数据库，例如：

（1）数据库技术与分布处理技术相结合，出现了分布式数据库。
（2）数据库技术与并行处理技术相结合，出现了并行数据库。
（3）数据库技术与人工智能相结合，出现了演绎数据库、知识库和主动数据库。
（4）数据库技术与多媒体处理技术相结合，出现了多媒体数据库。
（5）数据库技术与模糊技术相结合，出现了模糊数据库。

10.3.2 数据仓库

数据仓库（data warehouse，DW）概念的创始人 W.H.Inmon 给数据仓库作出了如下定义：数据仓库是面向主题的、集成的、稳定的、不同时间的数据集合，用以支持经营管理中的决策制订过程。其主要的特征如下。

1．数据仓库是面向主题的

它是与传统数据库面向应用相对应的。主题是一个在较高层次将数据归类的标准，每一个主题基本对应一个宏观的分析领域。比如一个保险公司的数据仓库所组织的主题可能为客户、政策、保险金、索赔。而按应用来组织则可能是汽车保险、生命保险、健康保险、伤亡保险。可以看出，基于主题组织的数据被划分为各自独立的领域，每个领域有自己的逻辑内涵而不相交叉。而基于应用的数据组织则完全不同，它的数据只是为处理具体应用而组织在一起的。应用是客观世界既定的，它对于数据内容的划分未必适用于分析所需。"主题"在数据仓库中是由一系列表实现的。也就是说，依然是基于关系数据库的。虽然现在许多人认为多维数据库更适用于建立数据仓库，它以多维数组形式存储数据。一个主题之下表的划分可能是由于对数据的综合程度不同，也可能是由于数据所属时间段不同而进行的划分。但无论如何，基于一个主题的所有表都含有一个称为公共码键的属性作为其主码的一部分。公共码键将各个表统一联系起来。同时，由于数据仓库中的数据都是同某一时刻联系在一起的，所以每个表除了其公共码键之外，还必然包括时间成分作为其码键的一部分。

2．数据仓库是集成的

前面已经讲到，操作型数据与适合 DSS（决策支持系统）分析的数据之间差别甚大。因此数据在进入数据仓库之前，必然要经过加工与集成。这一步实际是数据仓库建设中最关键、最复杂的一步。

首先，要统一原始数据中所有矛盾之处，如字段的同名异义、异名同义，单位不统一，字长不一致等。并且将对原始数据结构作一个从面向应用到面向主题的大转变。

3. 数据仓库是稳定的

数据仓库反映的是历史数据的内容，而不是处理联机数据。因而，数据经集成进入数据仓库后是极少或根本不更新的。

4. 数据仓库是随时间变化的

数据仓库是随时间变化的，主要表现在以下几个方面：首先，数据仓库内的数据时限要远远长于操作环境中的数据时限。前者一般在 5~10 年，而后者只有 60~90 天。数据仓库保存数据时限较长是为了适应 DSS 进行趋势分析的要求。其次，操作环境包含当前数据，即在存取一刹那是正确有效的数据，而数据仓库中的数据都是历史数据。最后，数据仓库数据的码键都包含时间项，从而标明该数据的历史时期。

本 章 小 结

本章主要讲述了关系数据库的规范化，关系数据库的标准语言，关系数据库的设计，关系数据库的保护以及数据库的最新技术。通过本章学习，读者应该掌握关系模式的规范化方法和理论，了解 SQL 语言的功能和特点，知道关系数据库的设计、保护的方法和步骤，从而对数据库有一个从理论到实践、从结构到内容的全面认识。

习 题 10

1. 解释下列术语：函数依赖、平凡函数依赖、非平凡函数依赖、完全函数依赖、部分函数依赖、传递函数依赖、候选码、主码、举例说明。
2. 什么是 1NF、2NF、3NF？
3. 为什么要对关系模式进行规范化？
4. $R<U, F>$ 中，U={SNO, SDEPT, MNAME, CNAME, GRADERADE}（SNO 学号，SDEPT 所在系，MNAME 系主任名，CNAME 课程名，GRADERADE 分数）。

有关语义如下：一个系只有一个系主任，一个学生可以选择多门课程，一门课程可以被多个学生所选择。写出 U 上的极小函数依赖，把该关系规范化为 3NF。

5. 设有关系模式 R（运动员编号，比赛项目，成绩，比赛类别，比赛主管），如果规定：每个运动员每参加一个比赛项目，只有一个成绩；每个比赛项目只属于一个比赛类别；每个比赛类别只有一个比赛主管。写出该关系的主码和 R 上的极小函数依赖，把该关系规范化为 3NF。

6. 上网查找大数据、数据挖掘、云计算方面的相关资料。

第 11 章　数据库应用（Java）程序开发实例

源代码：
数据库应用（Java）
程序开发实例

本章学习目标

本章主要通过应用程序的开发实例讲述通过 JDBC 开发连接数据库应用程序的方法。通过本章学习，读者应该掌握以下内容。

（1）了解 JDBC 的基本概念及技术原理。
（2）掌握 JDBC API 中的主要类及接口的使用方法。
（3）掌握 JDBC 访问数据库的一系列操作。
（4）掌握使用 JDBC 进行数据库编程。

11.1　Java 连接数据库技术

11.1.1　JDBC 简介

JDBC（Java database connectivity，Java 数据库连接）是一种可用于执行 SQL 语句的 Java API（application programming interface，应用程序设计接口），由一些 Java 语言写的类、接口组成，可以为多种关系数据库提供统一访问。JDBC 给数据库应用开发人员、数据库前台工具开发人员提供了一种标准的应用程序设计接口，使开发人员可以用纯 Java 语言编写完整的数据库应用程序。如图 11-1 所示为 JDBC 的工作方式。

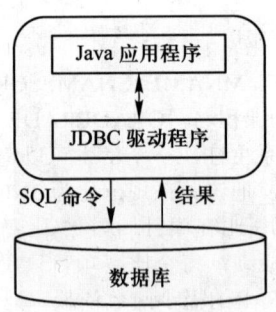

图 11-1　JDBC 工作方式

有了 JDBC，向各种关系数据发送 SQL 语句就是一件很容易的事。换言之，有了 JDBC API，就不必为访问 SQL Server 数据库专门写一个程序，为访问 Oracle 数据库又专门写一个程序，或为访问其他类型数据库又编写另一个程序，等等，程序员只需用 JDBC API 写一个程序就够了，它可向相应数据库发送 SQL 调用。同时，将 Java 语言和 JDBC 结合起来使程序员不必为不同的平台编写不同的应用程序，只需写一遍程序就可以让它在任何平台上运行，这也是 Java 语言"编写一次，处处运行"的优势。如图 11-2 所示为 JDBC 数据库连接的体系结构。

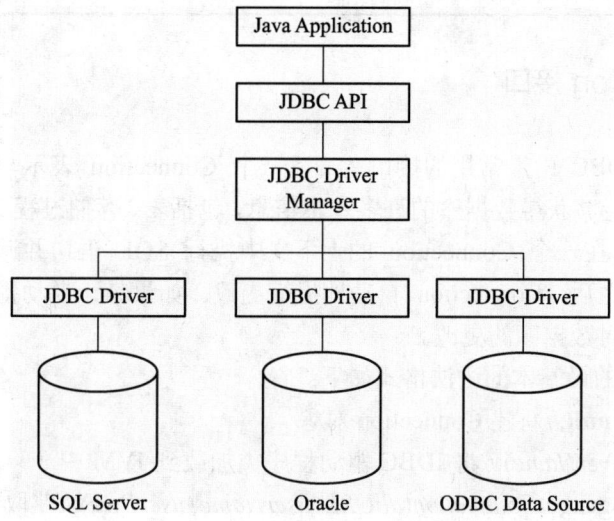

图 11-2　JDBC 数据库连接的体系结构

Java 数据库连接体系结构是用于 Java 应用程序连接数据库的标准方法。JDBC 对 Java 程序员而言是 API，对实现与数据库连接的服务提供商而言是接口模型。作为 API，JDBC 为程序开发提供标准的接口，并为数据库厂商及第三方中间件厂商实现与数据库的连接提供了标准方法。JDBC 使用已有的 SQL 标准并支持与其他数据库连接标准，如 ODBC 之间的桥接。JDBC 实现了所有这些面向标准的目标并且具有简单、严格类型定义且高性能实现的接口。每个数据库厂商都根据此接口实现了对其数据库进行支持的 JDBC 驱动程序。

JDBC 与数据库进行通信的类和接口都包含在 java.sql 包中，使用时必须显式地声明如下语句：

import java.sql.*;

部分常用类和接口如表 11-1 所示，后面的章节会对常用的类和接口进行详细介绍。

表 11-1　java.sql 包常用类与接口

类/接口名称	说　　明
Connection	连接对象，用于与数据库取得连接
Driver	用于创建连接（Connection）对象
Statement	语句对象，用于执行 SQL 语句，并将数据检索到结果集（ResultSet）对象中
PreparedStatement	预编译语句对象，用于执行预编译的 SQL 语句，执行效率比 Statement 高
CallableStatement	存储过程语句对象，用于调用执行存储过程
ResultSet	结果集对象，包含执行 SQL 语句后返回的数据的集合
SQLException	数据库异常类，是其他 JDBC 异常类的根类，继承 java.lang.Exception，绝大部分对数据库进行操作的方法都有可能抛出该异常

续表

类/接口名称	说　　明
DriverManager	驱动程序管理类，用于加载和卸载各种驱动程序，并建立与数据库的连接
Date	该类中包含将 SQL 日期格式转换成 Java 日期格式的方法
TimeStamp	表示一个时间戳，能精确到纳秒

11.1.2　Connection 接口

Connection 是 JDBC 中最常用的接口之一，一个 Connection 表示与一个特定数据库的会话。从 Connection 中能够获得数据库的许多基本信息，包括表、存储过程、所支持的 SQL 语法、该连接的能力等。通常在一个 Connection 的上下文中执行 SQL 语句并返回结果。默认情况下，在执行完每一个语句之后，Connection 自动地提交更改。如果禁止自动提交，必须进行显式的提交，否则将不保存对数据库的更改。

使用 Connection 的最基本的语法格式如下：
Connection con = **null**;//新建 Connection 对象
Class.*forName*(*driverName*);//将 JDBC 驱动程序类加载到 JVM 中
con = DriverManager.*getConnection*(*dbURL, userName, userPwd*);//获取连接对象

其中 *driverName* 是 JDBC 驱动程序类的名称，通常为如下定义：

static String *driverName* = "com.microsoft.sqlserver.jdbc.SQLServerDriver";
即使用微软提供的 SQLServer 的驱动程序。

dbURL 是要连接到数据库的地址，通常为如下定义：

static String *dbURL* = "jdbc:sqlserver://xsgl:1433;DatabaseName=xssjk";
即通过 1433 端口连接到本机的 testDB 数据库。

userName 和 *userPwd* 分别为该数据库的用户名和密码，例如：

static String *userName* = "sa";

static String *userPwd* = "123456";

Connection 中最常用的方法如下。

（1）createStatement。方法定义：

public abstract Statement createStatement() throws SQLException

不带参数的 SQL 语句通常用 Statement 对象执行。返回值为一个新建的 Statement 对象，用于执行 SQL 语句。如果发生了数据访问错误则会抛出一个 SQLException 对象。如果多次执行同一个 SQL 语句，使用一个 PreparedStatement 更为有效。

（2）PrepareStatement。方法定义：

public abstract PreparedStatement prepareStatement(String sql) throws SQLException

一条带有或不带输入参数的 SQL 语句可以被预编译并存放在 PreparedStatement 对象中。该对象可用于有效地多次执行该语句。

参数 sql 是一个 SQL 语句，它可以包含一个或多个以"?"标识的输入参数位置标志符。返回值是一个包含该预编译语句的新建 PreparedStatement 对象。如果发生了数据访问错误则抛

出一个 SQLException 对象。

（3）prepareCall。方法定义：

public abstract CallableStatement prepareCall(String sql) throws SQLException

通过创建一个 CallableStatement 来处理一个 SQL 存储过程调用语句。返回值为一个包含该编译的 SQL 语句的新建 CallableStatement 对象，并且提供了设置其输入和输出参数的方法和执行方法。

参数 sql 是一个 SQL 语句，它可以包含一个或多个以"?"标识的输入、输出参数位置标志符。如果发生了数据访问错误则抛出一个 SQLException 对象。

（4）close。方法定义：

public abstract void close() throws SQLException

在有些情况下，需要立即释放 Connection 的数据库和 JDBC 资源，而不是等待它们被自动释放，可以使用 close 方法。但当一个 Connection 被 Java 的垃圾收集机制收集时，它会被自动关闭。某些致命错误也会使 Connection 关闭。如果发生了数据访问错误则抛出一个 SQLException 对象。

（5）isClosed。方法定义：

public abstract boolean isClosed() throws SQLException

检测一个 Connection 是否被关闭。返回值为 boolean 型数据，如果连接被关闭则为 true，如果仍然打开则为 false。如果发生了数据访问错误则抛出一个SQLException 对象。

11.1.3　Statement 接口

Statement 的对象用于执行一条静态的 SQL 语句并获取它产生的结果，通常由 Connection 对象的 createStatement 方法产生。最基本的使用语法格式如下：

Statement st=*con*.createStatement();

其中 con 为连接到某数据库的 Connection 对象。

一般使用 ResultSet 接收 Statement 对象执行 SQL 语句后产生的结果，任何时候每条语句仅能打开一个 ResultSet 。因此，如果要交替读取多个不同的 ResultSet，那么每个 ResultSet 一定由不同的语句产生。如果有 ResultSet 存在，所有的语句执行方法都隐式关闭当前的 ResultSet 。

Statement 中最常用的方法如下。

（1）executeQuery。方法定义：

public abstract ResultSet executeQuery(String sql) throws SQLException

执行一条返回单个 ResultSet 的 SQL 语句。返回值为包含查询所产生数据的 ResultSet，且永远不为 null 。参数 sql 为静态的 SQL SELECT 语句，如"SELECT * FROM student"。如果发生了数据访问错误则抛出一个 SQLException 对象。

（2）executeUpdate。方法定义：

public abstract int executeUpdate(String sql) throws SQLException

执行一条 SQL INSERT、UPDATE 或 DELETE 语句，也可以执行没有返回值的 SQL 语句，如 SQL DDL 语句。参数 sql 为一条 SQL INSERT、UPDATE 或 DELETE 语句或没有返回值的 SQL 语句。如果执行 INSERT、UPDATE 或 DELETE 语句，返回值为受到该语句影响的行数；执行没有返回值的语句时返回值为 0。如果发生了数据访问错误则抛出一个 SQLException 对象。

（3）close。方法定义：

public abstract void close() throws SQLException

在很多情况下，需要在 Statement 自动关闭时立即释放该 Statement 的数据库和 JDBC 资源，close 方法就是这种立即释放方法。另外，当 Statement 被 Java 的垃圾收集机制收集时，它也会被自动关闭。如果一个 Statement 对象关闭，那么它的 ResultSet 如果存在也将被关闭。如果发生了数据访问错误则抛出一个 SQLException 对象。

11.1.4　ResultSet 接口

ResultSet 接口的对象用于表示数据库查询后的结果集，通常通过 Statement 对象执行查询数据库的语句生成。最基本的使用语法格式如下：

ResultSet rs=st.executeQuery("SELECT * from student");

其中 st 为连接到某数据库的 Connection 对象所创建的 Statement 对象。

ResultSet 的常用方法有如下两类。

（1）指针移动类。ResultSet 对象中具有指向其当前数据行的指针。最初，指针被置于第一行之前，可使用 next 方法将指针移动到下一行。该方法在 ResultSet 对象中没有下一行时返回 false，因此可以在 while 循环中使用它来对 ResultSet 对象进行遍历。默认的 ResultSet 对象不可更新，仅有一个向前移动的指针。因此，只能遍历一次，并且只能按从第一行到最后一行的顺序进行。例如：

while(rs.next()){

　　…

}

（2）数据获取类。ResultSet 接口提供用于从当前行检索列值的获取方法。可以使用列的索引编号或列的名称检索值。一般情况下，使用列索引较为高效。列从 1 开始编号。为了获得最大的可移植性，应该按从左到右的顺序读取每行中的结果集列，而且每列只能读取一次。

while(rs.next()){
　　String name=rs.getString(1);
　　String password=rs.getString(2);
}

对于获取方法，JDBC 驱动程序尝试将基础数据转换为在获取方法中指定的 Java 类型，并返回适当的 Java 值。常用的获取方法如表 11-2 所示。

表 11-2　ResultSet 常用方法

返回值	方法及说明
Array	getArray(int i) 以 Java 编程语言中 Array 对象的形式检索此 ResultSet 对象的当前行中指定列的值
Array	getArray(String colName) 以 Java 编程语言中 Array 对象的形式检索此 ResultSet 对象的当前行中指定列的值
boolean	getBoolean(int columnIndex) 以 Java 编程语言中 boolean 的形式检索此 ResultSet 对象的当前行中指定列的值
boolean	getBoolean(String columnName) 以 Java 编程语言中 boolean 的形式检索此 ResultSet 对象的当前行中指定列的值
Date	getDate(int columnIndex) 以 Java 编程语言中 java.sql.Date 对象的形式检索此 ResultSet 对象的当前行中指定列的值
Date	getDate(String columnName) 以 Java 编程语言中 java.sql.Date 对象的形式检索此 ResultSet 对象的当前行中指定列的值
double	getDouble(int columnIndex) 以 Java 编程语言中 double 的形式检索此 ResultSet 对象的当前行中指定列的值
double	getDouble(String columnName) 以 Java 编程语言中 double 的形式检索此 ResultSet 对象的当前行中指定列的值
float	getFloat(int columnIndex) 以 Java 编程语言中 float 的形式检索此 ResultSet 对象的当前行中指定列的值
float	getFloat(String columnName) 以 Java 编程语言中 float 的形式检索此 ResultSet 对象的当前行中指定列的值
int	getInt(int columnIndex) 以 Java 编程语言中 int 的形式检索此 ResultSet 对象的当前行中指定列的值
int	getInt(String columnName) 以 Java 编程语言中 int 的形式检索此 ResultSet 对象的当前行中指定列的值
long	getLong(int columnIndex) 以 Java 编程语言中 long 的形式检索此 ResultSet 对象的当前行中指定列的值
long	getLong(String columnName) 以 Java 编程语言中 long 的形式检索此 ResultSet 对象的当前行中指定列的值
Object	getObject(int columnIndex) 以 Java 编程语言中 Object 的形式获取此 ResultSet 对象的当前行中指定列的值
Object	getObject(String columnName) 以 Java 编程语言中 Object 的形式获取此 ResultSet 对象的当前行中指定列的值
short	getShort(int columnIndex) 以 Java 编程语言中 short 的形式检索此 ResultSet 对象的当前行中指定列的值
short	getShort(String columnName) 以 Java 编程语言中 short 的形式检索此 ResultSet 对象的当前行中指定列的值
String	getString(int columnIndex) 以 Java 编程语言中 String 的形式检索此 ResultSet 对象的当前行中指定列的值
String	getString(String columnName) 以 Java 编程语言中 String 的形式检索此 ResultSet 对象的当前行中指定列的值
Time	getTime(int columnIndex) 以 Java 编程语言中 java.sql.Time 对象的形式检索此 ResultSet 对象的当前行中指定列的值
Time	getTime(String columnName) 以 Java 编程语言中 java.sql.Time 对象的形式检索此 ResultSet 对象的当前行中指定列的值

需要注意的是，用作获取方法参数的列名称 columnName 不区分大小写。用 columnName 调用获取方法时，如果多个列具有这一名称，则返回第一个匹配列的值。columnName 选项在生成结果集的 SQL 查询中使用列名时使用。对于没有在查询中显式命名的列，最好使用列编号。如果使用 columnName，程序员无法保证名称实际所指的就是预期的列。

11.2 学生管理系统的设计

本节以学生管理系统为例来讲述如何使用 Java 来开发一个实际的信息管理系统，以及在这个系统中 JDBC 的使用方法。

学生管理系统是针对学校学生处的大量业务处理工作而开发的管理软件，主要用于学校学生信息管理，总体任务是实现学生信息关系的系统化、科学化、规范化和自动化，其主要任务是用计算机对学生各种信息进行日常管理，如查询、修改、增加、删除等，另外还考虑到学生选课，针对这些要求来设计学生信息管理系统。推行学生管理系统的应用是进一步推进学生学籍管理规范化、电子化，控制辍学和提高教育水平的重要举措。

11.2.1 系统的需求

本系统的用户主要是各学校的教师、学生、教务管理人员和计算机系统管理员，因此系统应包含以下主要功能了。

（1）用户登录。登录功能是进入系统必须经过的验证过程，其主要功能是验证使用者的身份，确认使用者的权限，从而在使用软件过程中能安全地控制系统数据，即不同的用户有不同的权限，每个使用人员不得跨越其权限操作软件，可以避免不必要的数据丢失事件发生。

（2）学生信息管理。学生信息管理主要是教务管理人员进行新生入学的档案录入及学生在校期间对与学生个人学籍信息相关的学生档案进行修改、查询。由于学生档案的数量十分庞大，这就需要系统能够提供对于学生个人、班级、专业等信息的良好组织，并为教务管理人员提供便捷的信息检索与修改方式。

（3）选课管理。选课管理是学生管理系统的重要业务之一，是以学生用户为主要操作者的功能。旨在通过向全体学生提供与其相关的校内课程，并允许学生根据自身情况选择其中的一门或多门进行学习。因此，系统需要提供全面的课程信息、教师信息、当前选课情况等信息，以方便学生进行全面比较、综合评估后做出选择。同时还需要提供方便快捷的课程选择方式。

（4）成绩管理。成绩管理是学生管理系统的又一重要业务，是以教师用户为主要操作者的功能。旨在通过向全体教师提供其所授课程、授课班级、选课学生等信息，帮助任课教师方便快捷地录入或修改其所授课程成绩。因此，系统需要提供清晰的界面列出所授课程及选课学生，并提供简捷的途径帮助教师录入、修改成绩。另外，系统还应为学生提供查询课程成绩的途径。

（5）系统管理。计算机系统管理员所需要的主要功能，包括管理系统信息，对各角色人员、权限进行管理等。

11.2.2 系统的模块划分

根据前述需求分析,得出系统应包含以下功能模块,如图11-3所示。

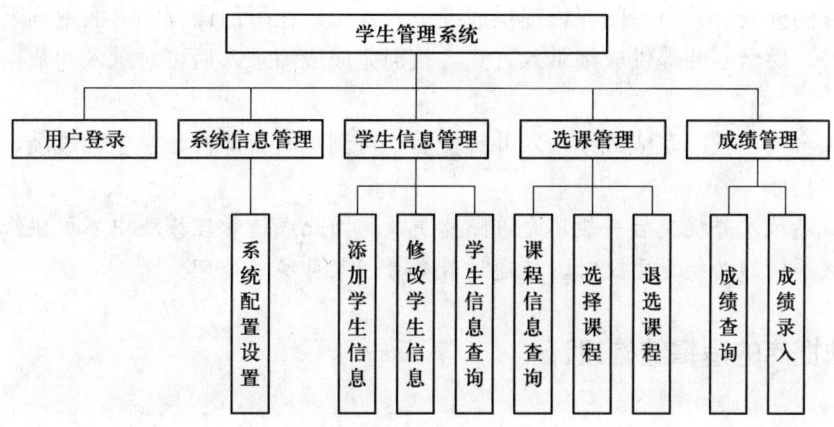

图 11-3 学生管理系统模块结构图

1. 用户登录模块

输入数据为用户名和密码。单击"确定"按钮后,若用户名、密码正确则根据用户身份提供相应管理界面,否则提示登录失败。单击"取消"按钮后退出系统。对于教师和教务管理人员,用户名为工号。对于学生,用户名为学号。

2. 系统信息管理模块

系统配置设置,输入数据为数据库服务器地址、数据库连接用户名、数据库连接密码。单击"确定"按钮保存设置,单击"取消"按钮退出界面。

3. 学生信息管理模块

(1)添加学生信息。新生入学时需要录入学生信息,对录取的学生提供其各项信息的输入,包括学号、姓名、性别、出生日期、专业、班级、身份证号、联系电话、家庭住址等。

(2)修改学生信息。如果学生在校期间学籍信息发生了变动,比如,发生转专业、授奖惩、留级等情况时,需要根据学号查询到学生信息,并由教务管理人员对相关信息进行修改。

(3)学生信息查询。列表显示所有学生的基本信息,包括学号、姓名、性别、出生日期、专业、班级、身份证号、联系电话、家庭住址。提供按班级、专业列表显示功能。

4. 选课管理模块

(1)课程信息查询。在学生选课时提供当前可供选择的所有课程列表,包括课程编号、课程名、开课专业、任课教师、课时量、学分、限选人数、当前已选人数等,并提供对于课程描述和任课教师信息的浏览。

(2)选择课程。在学生选课界面提供选择课程功能,当学生选定某门课程时,将当前已选人数与限选人数进行对比。若人数已满,则提示学生选择其他课程,否则选定课程并将当前已选人数加 1。在此界面还应提供学生修改已选课程功能，即学生可更改自己所选择的课程。

（3）退选课程。学生在完成课程选择后希望改选其他课程时，可使用退选课程功能取消原选修的课程。此时该退选课程的当前已选人数减 1。

5．成绩管理模块

（1）成绩录入。每学期考试结束后，任课教师会录入所教授课程的成绩。提供该教师所教授的所有课程的列表，并为每门课程提供成绩录入入口。在每门课程的界面中列表显示所有选课学生的学号、姓名，并提供成绩录入方式。教师完成成绩录入后可对录入的数据进行保存并提交。

（2）成绩查询。教师完成成绩录入并提交后，可浏览所有课程、学生的成绩，并提供按学号、成绩排序功能。

注意：成绩录入并提交后一般不允许随意更改，因此成绩管理模块中不提供修改功能。若存在录入错误等问题必须要更改时，应通过教务管理人员统一处理。

11.2.3 数据库的逻辑结构设计

1．系统 E-R 图

系统主要 E-R 图如图 11-4 所示。

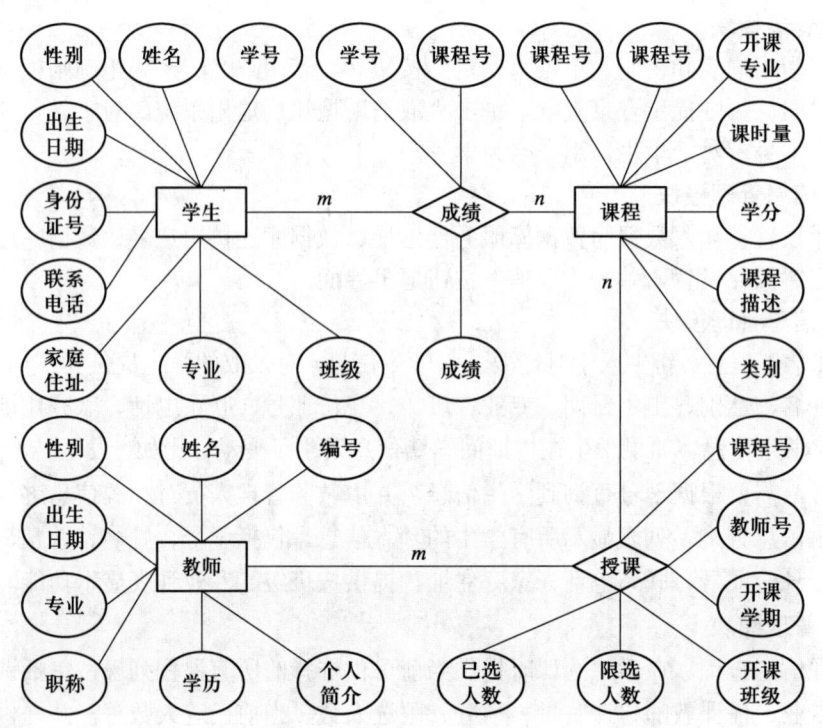

图 11-4　系统主要 E-R 图

系统主要包含 3 类实体。

（1）学生：作为系统的核心实体之一，学生具有众多的属性，对于其属性的识别要严格参照功能需求，所有需要录入的信息都应仔细识别是否应作为属性添加到 E-R 图中。值得注意的是，班级和专业这两个属性也可以作为实体单独存在，本系统仅限于学生个人信息及选课功能，故在此处被用作属性。

（2）教师：系统中另一极为重要的实体，其属性的识别也应严格按照具体系统录入的需求进行，所有需要录入的信息都应仔细识别是否应作为属性添加到 E-R 图中。需注意专业属性，在包含教师管理的系统也是作为单独实体存在的。

（3）课程：在学生管理系统中，课程作为教师与学生的纽带，起着非常重要的作用，但课程与教师和学生都是多对多（$m:n$）的关系，需要进行拆分。

系统中应包含两个关系。

（1）成绩：学生与课程之间存在多对多的关系，即每名学生可以学习多门课程，每门课程可以被多个学生学习。因此通过成绩进行拆分，即每名学生对每门课程的一次学习情况作为一条记录，其学习成果由成绩表示。

（2）授课：教师与课程之间也存在多对多的关系，即每位教师可以教授多门课程，每门课程可以被多位教师教授。因此通过授课关系进行拆分，即每位教师对每个班级的一次授课情况作为一条记录。

另外，系统中还包含教务管理员实体，较为简单，只包含用户名、密码、所属部门等属性，对重要业务不产生实质影响，故不再赘述。

2．数据库表设计

根据前述 E-R 图设计出系统具有如表 11-3～表 11-8 所示的表结构：

表 11-3　学生信息表

编 号	字 段 名 称	数 据 类 型	说　　明
1	学号	varchar(20)	主键
2	姓名	varchar(20)	
3	性别	int	性别（0：男，1：女）
4	出生日期	date	
5	身份证号	varchar(20)	
6	联系电话	varchar(20)	
7	家庭住址	varchar(50)	
8	专业	varchar(20)	
9	班级	varchar(10)	

学生信息表与学生实体相对应，包含其所有属性。学号字段为主键以保持数据完整性，但注意其数据类型应为 varchar 而不是 int，主要原因在于该字段的各位上的数字或字母通常带有特定含义，如标识专业、班级、入学年份等。在需要对学生专业和班级进行管理的系统中，专业和班级字段常作为外键与相关表进行关联，本系统无此功能，故不再赘述。

表 11-4　成绩信息表

编 号	字 段 名 称	数 据 类 型	说　　明
1	编号	int	自增
2	学号	varchar(20)	联合主键、外键

续表

编号	字段名称	数据类型	说明
3	课程号	varchar(10)	联合主键、外键
4	成绩	int	

成绩信息表与成绩关系相对应,包含其所有属性。其中学号、课程号字段应设为联合主键,以保持数据完整性。同时学号字段还作为外键与学生信息表关联,用以表示成绩信息所属的学生。课程号为外键与课程信息表关联,用以表示成绩信息所对应的课程。另外,为管理方便,成绩信息表中还可添加编号字段,并设为自增。

另外需注意的是,本系统只考虑学生单次学习课程的成绩情况,若存在重修时一般有两种处理方法。一是使用重修成绩覆盖原始成绩,二是在成绩关系中加入时间属性,用以记录学生获得该次成绩的时间。有兴趣的读者可以尝试实现此功能。

表 11-5 课程信息表

编号	字段名称	数据类型	说明
1	课程号	varchar(10)	主键
2	课程名	varchar(30)	
3	类别	varchar(10)	
4	开课专业	varchar(20)	
5	课时量	int	
6	学分	int	
7	课程描述	varchar(500)	

课程信息表与课程实体相对应,包含其所有属性。其中课程号字段应设为主键,以保持数据完整性,但注意其数据类型应为 varchar 而不是 int,主要原因在于该字段的各位上的数字或字母通常带有特定含义,如标识开课专业、课程类别等。类别字段用以表示课程类型,如必修课、基础课、选修课等,也可使用 int 型数据,用整型数表示,但需在程序中做数字与文字的转换。在需要对开课专业进行管理的系统中,开课专业字段常作为外键与相关表进行关联,本系统无此功能,故不再赘述。

表 11-6 授课信息表

编号	字段名称	数据类型	说明
1	编号	int	自增
2	教师号	varchar(10)	联合主键、外键
3	课程号	varchar(10)	联合主键、外键
4	开课班级	varchar(10)	联合主键
5	开课学期	varchar(10)	
6	限选人数	int	
7	已选人数	int	

授课信息表与授课关系相对应,包含其所有属性。其中教师号、课程号、开课班级字段应设为联合主键,以保持数据完整性。同时教师号字段还作为外键与教师信息表关联,用以表示

授课信息所属的教师。课程号为外键与课程信息表关联，用以表示授课信息所对应的课程。同一位教师可能会为不同班级上同一门课，因此开课班级也应设为联合主键。另外，为管理方便，成绩信息表中还可添加编号字段，并设为自增。

表 11-7 教师信息表

编 号	字 段 名 称	数 据 类 型	说 明
1	教师号	varchar(10)	主键
2	姓名	varchar(20)	
3	性别	int	性别（0：男，1：女）
4	出生日期	date	
5	专业	varchar(20)	
6	职称	varchar(10)	
7	学历	varchar(10)	
8	个人简介	varchar(500)	

教师信息表与教师实体相对应，包含其所有属性。其中教师号字段应设为主键，以保持数据完整性，但注意其数据类型应为 varchar 而不是 int，主要原因在于该字段的各位上的数字或字母通常带有特定含义，如标识专业、员工类别等。在需要对专业进行管理的系统中，专业字段常作为外键与相关表进行关联，本系统无此功能，故不再赘述。

表 11-8 员工信息表

编 号	字 段 名 称	数 据 类 型	说 明
1	用户名	varchar(20)	主键
2	密码	varchar(20)	
3	员工类别	varchar(20)	所属部门的类别

员工信息表与员工实体相对应，包含其所有属性。其中用户名字段应设为主键，以保持数据完整性。员工类别字段也可使用 int 型数据，用整型数表示，但需在程序中做数字与文字的转换。

11.3　学生管理系统的编程与实现

11.3.1　连接数据库的实现

系统数据库使用 SQL Server 2008，通过 JDBC 实现数据库的访问，基本步骤如下。
（1）导入 java.sql 包。
（2）加载并注册相应厂商提供的驱动程序。
（3）创建 Connection 对象。
（4）创建 Statement 对象。
（5）执行 SQL 语句。

（6）使用 ResultSet 对象。
（7）关闭 ResultSet 对象。
（8）关闭 Statement 对象。
（9）关闭 Connection 对象。

由于每个需要访问数据库的模块中都需要包含上述步骤，可以将其抽象出来作为一个公共的数据库访问类，为所有模块提供灵活的操作。示例代码如下：

import java.sql.*;//（1）　　导入　java.sql 包
…
String url = "jdbc:microsoft:sqlserver://xsgl:1433;DatabaseName=xssjk;";
Class.*forName*("com.microsoft.sqlserver.jdbc.SQLServerDriver");
//（2）　　加载并注册相应厂商提供的驱动程序
Connection con = DriverManager.*getConnection*(url, "sa", "123456");
//（3）　　创建 Connection 对象
Statement ps = con.createStatement();
//（4）　　创建 Statement 对象
ResultSet rs = ps.executeQuery("select * from users");
//（5）　　执行 SQL 语句
while (rs.next()) {//（6）　　使用 ResultSet 对象
　　rowData[i][0] = rs.getString("username");
　　rowData[i][1] = rs.getString("pwd");
　　rowData[i][2] = rs.getString("power");
　　i = i + 1;
}
rs.close();//（7）　　关闭 ResultSet 对象
ps.close();//（8）　　关闭 Statement 对象
con.close();//（9）　　关闭 Connection 对象

11.3.2　登录模块的设计与实现

在登录模块中用户需要输入用户名、密码，通过验证后根据其权限进入相关界面，如图 11-5 所示。

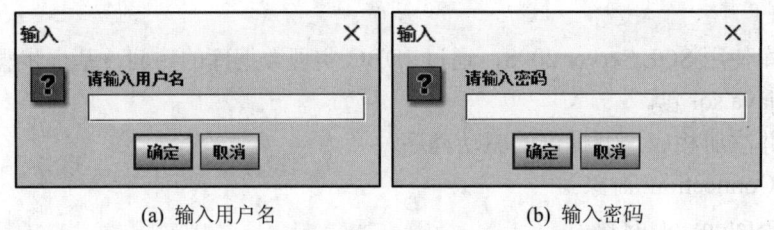

(a) 输入用户名　　　　　　(b) 输入密码

图 11-5　登录界面

核心代码如下：

```java
try {
    rs = ps.executeQuery("select * from users where username='" + username + "' ");
    //从数据库中读取符合条件的用户
    if (!rs.next())
    {//如果记录数为0，则说明无此用户
        JOptionPane.showMessageDialog(null, "不存在此用户！");
    } else if (!(rs.getString("pwd").trim().equals(pwd))) {//密码不匹配
        JOptionPane.showMessageDialog(null, "密码错误！");
    } else {
        if (rs.getString("power").trim().equals("系统管理员"))
        {
            //对管理员显示所有菜单
            xjgl.setEnabled(true);
            bjgl.setEnabled(true);
            kcsz.setEnabled(true);
            cjgl.setEnabled(true);
            jMenuFile.setEnabled(true);
            llyh.setEnabled(true);
            adduser.setEnabled(true);
        } else {//对普通用户显示部分菜单
            cjgl.setEnabled(true);
            xjgl.setEnabled(true);
            xgcj.setEnabled(false);
            tjcj.setEnabled(false);
            xgxj.setEnabled(false);
            tjxj.setEnabled(false);
        }
    }
}
```

11.3.3 系统主界面的设计与实现

登录成功后进入系统主界面，在此界面中通过选择菜单中的菜单项可进入系统的相应功能。所有功能都以子窗口的形式展现，如图11-6所示。

图 11-6 系统主界面

核心代码如下：

contentPane = (JPanel) **this**.getContentPane();
contentPane.setLayout(**null**);
this.setResizable(**false**);
this.setTitle("学生管理系统");
jMenuFile.setFont(**new** java.awt.Font("Dialog", 0, 15));
jMenuFile.setForeground(Color.***black***);
jMenuFile.setText(" 系统 ");
jMenuHelp.setFont(**new** java.awt.Font("Dialog", 0, 15));
jMenuHelp.setText(" 帮助 ");
jMenuHelpAbout.setFont(**new** java.awt.Font("Dialog", 0, 15));
jMenuHelpAbout.setText("关于   ");
jMenuHelpAbout.addActionListener(**new** mainFrame_jMenuHelpAbout_ActionAdapter(**this**));
adduser.setFont(**new** java.awt.Font("Dialog", 0, 15));
adduser.setText("添加用户");
adduser.addActionListener(**new** mainFrame_adduser_actionAdapter(**this**));
xjgl.setFont(**new** java.awt.Font("Dialog", 0, 15));
xjgl.setText(" 学籍管理 ");
xjgl.addActionListener(**new** mainFrame_xjgl_actionAdapter(**this**));
bjgl.setFont(**new** java.awt.Font("Dialog", 0, 15));

```java
bjgl.setText("    班级管理      ");
kcsz.setFont(new java.awt.Font("Dialog", 0, 15));
kcsz.setText("    课程设置    ");
cjgl.setFont(new java.awt.Font("Dialog", 0, 15));
cjgl.setText("成绩管理");
tjcj.setFont(new java.awt.Font("Dialog", 0, 15));
tjcj.setText("添加成绩信息");
tjcj.addActionListener(new mainFrame_tjcj_actionAdapter(this));
tjxj.setFont(new java.awt.Font("Dialog", 0, 15));
tjxj.setForeground(Color.black);
tjxj.setText("添加学籍信息");
tjxj.addActionListener(new mainFrame_tjxj_actionAdapter(this));
xgxj.setFont(new java.awt.Font("Dialog", 0, 15));
xgxj.setText("修改学籍信息");
xgxj.addActionListener(new mainFrame_xgxj_actionAdapter(this));
cxxj.setFont(new java.awt.Font("Dialog", 0, 15));
cxxj.setText("查询学籍信息");
cxxj.addActionListener(new mainFrame_cxxj_actionAdapter(this));
tjbj.setFont(new java.awt.Font("Dialog", 0, 15));
tjbj.setText("添加班级信息");
tjbj.addActionListener(new mainFrame_tjbj_actionAdapter(this));
xgbj.setFont(new java.awt.Font("Dialog", 0, 15));
xgbj.setText("修改班级信息");
xgbj.addActionListener(new mainFrame_xgbj_actionAdapter(this));
tjkc.setFont(new java.awt.Font("Dialog", 0, 15));
tjkc.setText("添加课程信息");
tjkc.addActionListener(new mainFrame_tjkc_actionAdapter(this));
xgkc.setFont(new java.awt.Font("Dialog", 0, 15));
xgkc.setText("修改课程信息");
xgkc.addActionListener(new mainFrame_xgkc_actionAdapter(this));
sznj.setFont(new java.awt.Font("Dialog", 0, 15));
sznj.setText("设置年级课程");
sznj.addActionListener(new mainFrame_sznj_actionAdapter(this));
jLabel1.setText("");
jLabel1.setBounds(new Rectangle(1, 0, 800, 603));
xgcj.setFont(new java.awt.Font("Dialog", 0, 15));
xgcj.setText("修改成绩信息");
```

```
xgcj.addActionListener(new mainFrame_xgcj_actionAdapter(this));
cxcj.setFont(new java.awt.Font("Dialog", 0, 15));
cxcj.setText("查询成绩信息");
cxcj.addActionListener(new mainFrame_cxcj_actionAdapter(this));
exit.setFont(new java.awt.Font("Dialog", 0, 15));
exit.setText("退出");
```

上述代码用于设置系统的菜单，通过 setText 方法将所有功能的名称添加到系统的菜单项中。然后为所有菜单项设置监听器，监听鼠标的点击动作。捕获鼠标动作后跳转到事件处理方法，根据点击情况显示相关功能界面。事件处理方法示例代码如下：

```
void jMenuItem1_actionPerformed(ActionEvent e) {
    new xiugaimima();
}

void xgkc_actionPerformed(ActionEvent e) {
    new xgkcxx();
}

void sznj_actionPerformed(ActionEvent e) {
    new sznjkc();
}

void tjcj_actionPerformed(ActionEvent e) {
    new addresult();
}

void xgcj_actionPerformed(ActionEvent e) {
    new xgcj();
}

void cxcj_actionPerformed(ActionEvent e) {
    new sacnresult();
}
```

11.3.4 学生信息管理模块的设计与实现

本模块主要用于管理学生的学籍信息，包括学籍信息的添加、查询、修改、删除等功能。添加学籍信息是数据录入的过程，将所有学生信息逐条插入到数据库中，如图 11-7 所示。

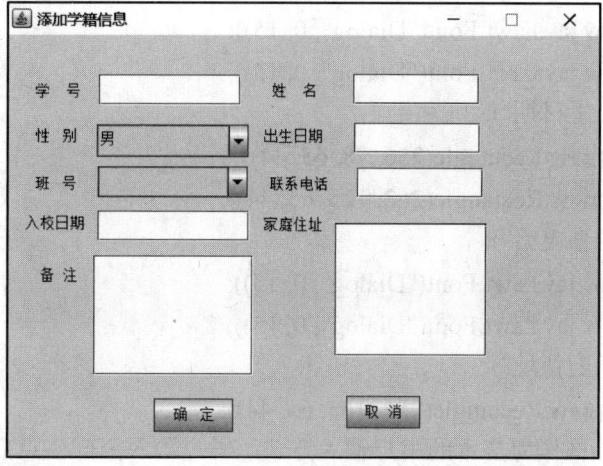

图 11-7 "添加学籍信息"界面

jLabel1.setFont(**new** java.awt.Font("Dialog", 0, 15));
jLabel1.setText("学　　号");
jLabel1.setBounds(**new** Rectangle(26, 34, 58, 44));
this.setForeground(Color.*black*);
this.setResizable(**false**);
this.setState(Frame.*NORMAL*);
this.setTitle("添加学籍信息");
this.getContentPane().setLayout(**null**);
xh.setFont(**new** java.awt.Font("Dialog", 0, 15));
xh.setText("");
xh.setBounds(**new** Rectangle(90, 39, 143, 30));
jLabel2.setBounds(**new** Rectangle(26, 78, 58, 44));
jLabel2.setText("性　　别");
jLabel2.setFont(**new** java.awt.Font("Dialog", 0, 15));
jLabel3.setFont(**new** java.awt.Font("Dialog", 0, 15));
jLabel3.setText("班　　号");
jLabel3.setBounds(**new** Rectangle(26, 125, 58, 44));
jLabel4.setBounds(**new** Rectangle(16, 164, 65, 44));
jLabel4.setText("入校日期");
jLabel4.setFont(**new** java.awt.Font("Dialog", 0, 15));
jLabel5.setBounds(**new** Rectangle(31, 215, 58, 44));
jLabel5.setText("备　　注");
jLabel5.setFont(**new** java.awt.Font("Dialog", 0, 15));
jLabel6.setBounds(**new** Rectangle(264, 33, 58, 44));
jLabel6.setText("姓　　名");

jLabel6.setFont(**new** java.awt.Font("Dialog", 0, 15));
jLabel7.setFont(**new** java.awt.Font("Dialog", 0, 15));
jLabel7.setText("出生日期");
jLabel7.setBounds(**new** Rectangle(256, 78, 65, 44));
jLabel8.setBounds(**new** Rectangle(262, 125, 65, 44));
jLabel8.setText("联系电话");
jLabel8.setFont(**new** java.awt.Font("Dialog", 0, 15));
jLabel9.setFont(**new** java.awt.Font("Dialog", 0, 15));
jLabel9.setText("家庭住址");
jLabel9.setBounds(**new** Rectangle(256, 165, 65, 44));

使用文本框和组合框作为基本的用户输入方法，用户输入全部信息后单击"确定"按钮执行如下代码所示的数据插入操作：

ps.executeUpdate("Insert Into student Values('" + xh.getText().trim() + "','" + xm.getText().trim()+ "','" + sex.getSelectedItem().toString() + "','" + rq.getText().trim() + "','"+ bh.getSelectedItem() + "','" + tel.getText().trim() + "','" + rxrq.getText().trim() + "','"+ address.getText().trim() + "','" + comment.getText().trim() + "')");

再浏览学生信息可显示所有已录入的学生信息，可按照学号、姓名、班级号查找，如图 11-8 所示。

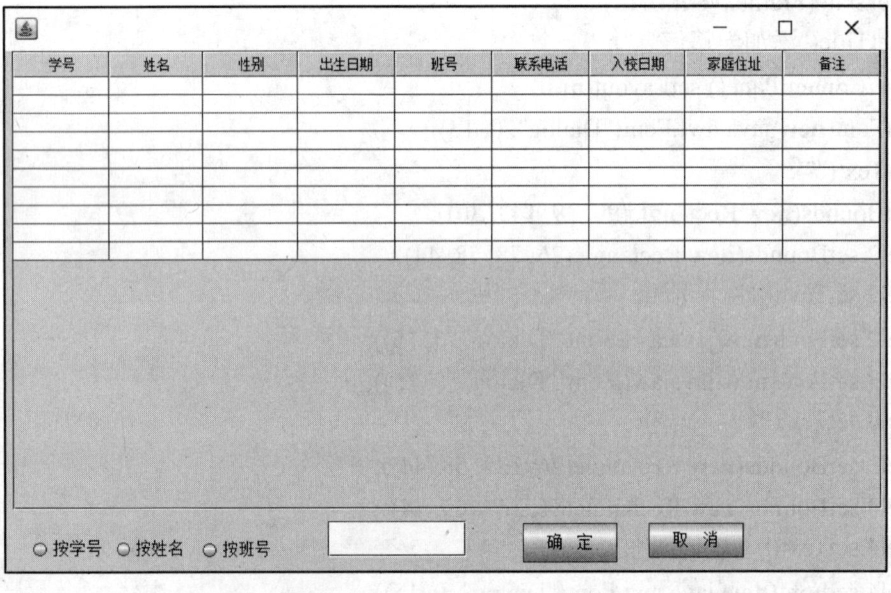

图 11-8 查询学籍信息界面

this.setLocale(java.util.Locale.*getDefault*());
this.getContentPane().setLayout(**null**);
jScrollPane1.setBounds(**new** Rectangle(6, 0, 780, 400));
ok.setToolTipText("直接点击确定,可查询全部学生信息");

```java
cancel.setBounds(new Rectangle(578, 412, 85, 30));
cancel.setFont(new java.awt.Font("Dialog", 0, 15));
cancel.setText("取    消");
cancel.addActionListener(new cxxj_cancel_actionAdapter(this));
ok.setBounds(new Rectangle(465, 412, 85, 34));
ok.setFont(new java.awt.Font("Dialog", 0, 15));
ok.setText("确    定");
ok.addActionListener(new cxxj_ok_actionAdapter(this));
input.setFont(new java.awt.Font("Dialog", 0, 15));
input.setText("");
input.setBounds(new Rectangle(291, 410, 124, 31));
xh.setFont(new java.awt.Font("Dialog", 0, 15));
xh.setRolloverEnabled(false);
xh.setText("按学号");
xh.setBounds(new Rectangle(20, 417, 74, 34));
xm.setBounds(new Rectangle(95, 417, 74, 34));
xm.setText("按姓名");
xm.setRolloverEnabled(false);
xm.setFont(new java.awt.Font("Dialog", 0, 15));
bh.setBounds(new Rectangle(174, 418, 74, 34));
bh.setText("按班号");
bh.setRolloverEnabled(false);
bh.setFont(new java.awt.Font("Dialog", 0, 15));
this.getContentPane().add(jScrollPane1, null);
this.getContentPane().add(input, null);
this.getContentPane().add(ok, null);
this.getContentPane().add(cancel, null);
this.getContentPane().add(bh, null);
this.getContentPane().add(xm, null);
this.getContentPane().add(xh, null);
jScrollPane1.getViewport().add(jTable1, null);
this.setBounds(100, 100, 800, 500);
this.setVisible(true);
buttonGroup2.add(xh);
buttonGroup2.add(bh);
buttonGroup2.add(xm);
```

使用表格作为基本的数据显示方式，通过单选按钮选择查询类别，通过文本框输入查询条件，单击"确定"按钮后显示查询结果。根据查询类别不同执行下面的 SQL 语句：

```java
if (xh.isSelected()) {
    rs = ps.executeQuery("select * from student where student_ID='" + input.getText().trim() + "'");
```

```java
} else if (xm.isSelected()) {
    rs = ps.executeQuery("select * from student where student_Name='" + input.getText().trim() + "'");
} else if (bh.isSelected()) {
    rs = ps.executeQuery("select * from student where class_NO='" + input.getText().trim() + "'");
} else
    rs = ps.executeQuery("select * from student");

while (rs.next()) {
    rowData[i][0] = rs.getString("student_ID");
    rowData[i][1] = rs.getString("student_Name");
    rowData[i][2] = rs.getString("student_Sex");
    rowData[i][3] = rs.getString("born_Date").substring(0, 10);
    rowData[i][4] = rs.getString("class_NO");
    rowData[i][5] = rs.getString("tele_Number");
    rowData[i][6] = rs.getString("ru_Date").substring(0, 10);
    rowData[i][7] = rs.getString("address");
    rowData[i][8] = rs.getString("comment");
    i = i + 1;
}
```

"修改学籍信息"界面与"添加学籍信息"界面类似，但增加了逐条查看学籍信息的按钮，同时还可以修改、删除当前记录，如图 11-9 所示。

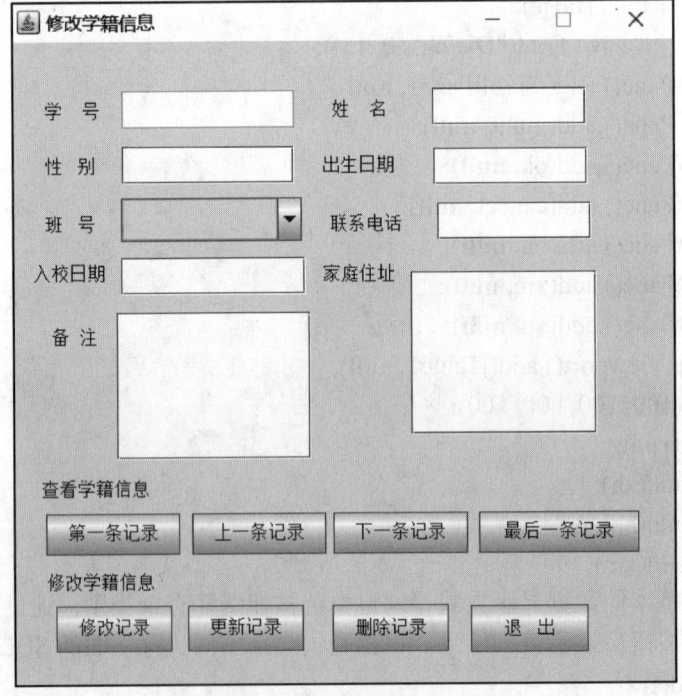

图 11-9 "修改学籍信息"界面

```java
jLabel1.setFont(new java.awt.Font("Dialog", 0, 15));
jLabel1.setText("学    号");
jLabel1.setBounds(new Rectangle(26, 34, 58, 44));
this.setForeground(Color.black);
this.setResizable(false);
this.setState(Frame.NORMAL);
this.setTitle("修改学籍信息");
this.getContentPane().setLayout(null);
xh.setBackground(Color.white);
xh.setFont(new java.awt.Font("Dialog", 0, 15));
xh.setEditable(false);
xh.setText("");
xh.setBounds(new Rectangle(90, 39, 143, 30));
jLabel2.setBounds(new Rectangle(26, 78, 58, 44));
jLabel2.setText("性    别");
jLabel2.setFont(new java.awt.Font("Dialog", 0, 15));
jLabel3.setFont(new java.awt.Font("Dialog", 0, 15));
jLabel3.setText("班    号");
jLabel3.setBounds(new Rectangle(26, 125, 58, 44));
jLabel4.setBounds(new Rectangle(16, 164, 65, 44));
jLabel4.setText("入校日期");
jLabel4.setFont(new java.awt.Font("Dialog", 0, 15));
jLabel5.setBounds(new Rectangle(31, 215, 58, 44));
jLabel5.setText("备    注");
jLabel5.setFont(new java.awt.Font("Dialog", 0, 15));
jLabel6.setBounds(new Rectangle(264, 33, 58, 44));
jLabel6.setText("姓    名");
jLabel6.setFont(new java.awt.Font("Dialog", 0, 15));
jLabel7.setFont(new java.awt.Font("Dialog", 0, 15));
jLabel7.setText("出生日期");
jLabel7.setBounds(new Rectangle(256, 78, 65, 44));
jLabel8.setBounds(new Rectangle(262, 125, 65, 44));
jLabel8.setText("联系电话");
jLabel8.setFont(new java.awt.Font("Dialog", 0, 15));
jLabel9.setFont(new java.awt.Font("Dialog", 0, 15));
```

jLabel9.setText("家庭住址");

jLabel9.setBounds(**new** Rectangle(256, 165, 65, 44));

用户在文本框内完成信息修改后,单击"修改记录"按钮可执行对当前记录的更新语句:

ps.executeUpdate("update student set student_Name='" + xm.getText().trim() + "',student_Sex='"+ sex.getText().trim() + "',born_Date='" + rq.getText().trim() + "',class_NO='"+ bh.getSelectedItem() + "',tele_Number='" + tel.getText().trim() + "',ru_Date='"+ rxrq.getText().trim() + "',address='" + address.getText().trim() + "',comment='"+ comment.getText().trim() + "'where student_ID='" + xh.getText().trim() + "'");

单击"删除记录"按钮可对当前记录执行删除语句:

ps.executeUpdate("delete from student where student_ID='" + xh.getText().trim() + "'");

11.3.5 选课管理模块的设计与实现

选课管理模块主要包括管理员对课程信息的录入与修改,学生对课程的选择与退选。

采用表格显示所有课程,文本框作为输入信息的主要途径,如图 11-10 所示。

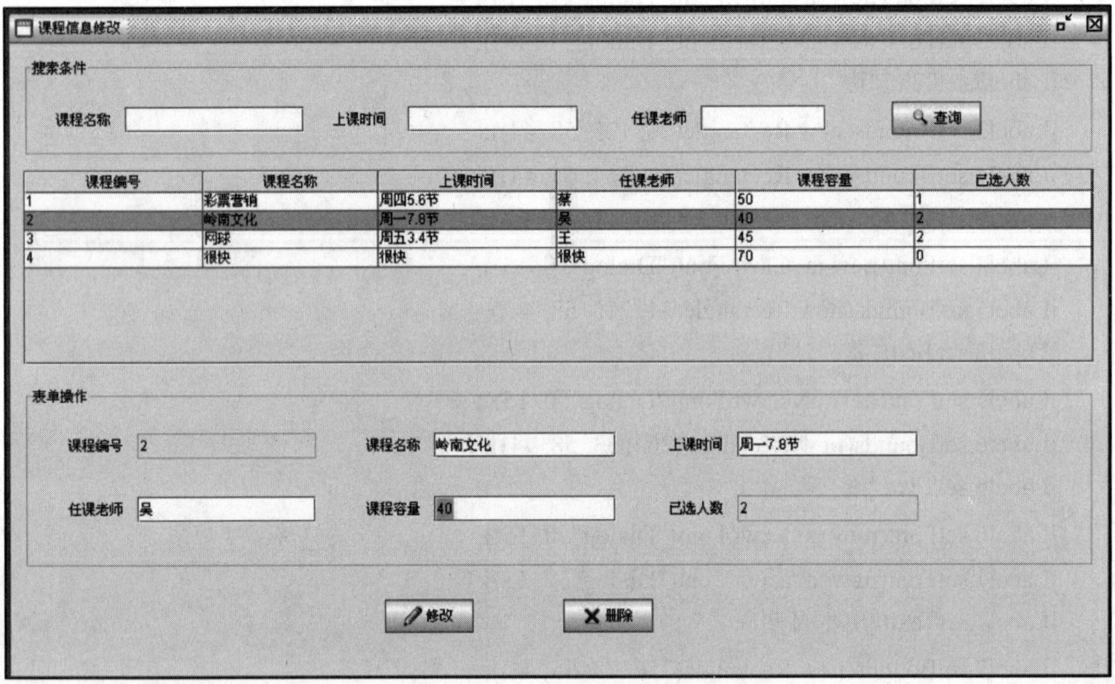

图 11-10 "课程信息修改"界面

jPanel1 = **new** javax.swing.JPanel();

jLabel1 = **new** javax.swing.JLabel();

```
s_courseNameTxt = new javax.swing.JTextField();
jLabel2 = new javax.swing.JLabel();
s_courseTimeTxt = new javax.swing.JTextField();
jLabel3 = new javax.swing.JLabel();
s_courseTeacherTxt = new javax.swing.JTextField();
jb_search = new javax.swing.JButton();
jScrollPane1 = new javax.swing.JScrollPane();
courseTable = new javax.swing.JTable();
jPanel2 = new javax.swing.JPanel();
courseIdTxt = new javax.swing.JTextField();
jLabel4 = new javax.swing.JLabel();
courseNameTxt = new javax.swing.JTextField();
jLabel5 = new javax.swing.JLabel();
courseTimeTxt = new javax.swing.JTextField();
jLabel6 = new javax.swing.JLabel();
courseTeacherTxt = new javax.swing.JTextField();
jLabel7 = new javax.swing.JLabel();
capacityTxt = new javax.swing.JTextField();
jLabel8 = new javax.swing.JLabel();
numSelectedTxt = new javax.swing.JTextField();
jLabel9 = new javax.swing.JLabel();
jb_modify = new javax.swing.JButton();
jb_delete = new javax.swing.JButton();
```

用户在文本框内完成信息修改后,单击"修改记录"按钮可执行对当前记录的更新语句:

```
String sql="update t_course set
courseName=?,courseTime=?,courseTeacher=?,capacity=? where courseId=? ";
PreparedStatement pstmt=con.prepareStatement(sql);
pstmt.setString(1, course.getCourseName());
pstmt.setString(2, course.getCourseTime());
pstmt.setString(3, course.getCourseTeacher());
pstmt.setInt(4,course.getCapacity() );
pstmt.setInt(5, course.getCourseId());
return pstmt.executeUpdate();
```

在"课程选择"界面使用表格为学生用户显示所有可选课程,如图 11-11 所示。

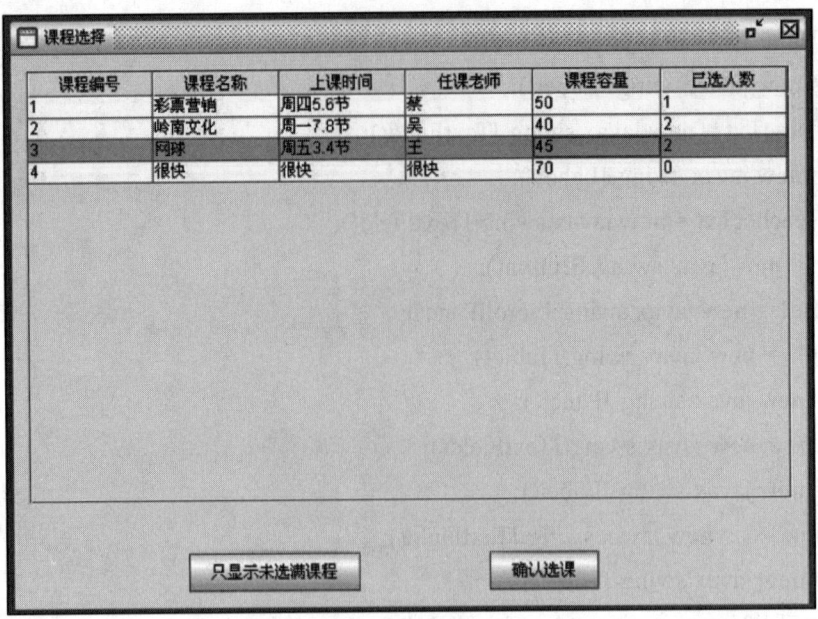

图 11-11 "课程选择"界面

```
try {
    con = dbUtil.getCon();
    ResultSet rs = courseDao.UnderFullList(con, course);
    while (rs.next()) {
        Vector v = new Vector();
        v.add(rs.getString("courseId"));
        v.add(rs.getString("courseName"));
        v.add(rs.getString("courseTime"));
        v.add(rs.getString("courseTeacher"));
        v.add(rs.getString("capacity"));
        v.add(rs.getString("numSelected"));
        dtm.addRow(v);
    }
}
```

学生在表格中选定某门课程后单击"确认选课"按钮执行下面语句将选课信息插入到数据库中:

```
String sql="insert into t_selection value(null,?,?)";
PreparedStatement    pstmt=con.prepareStatement(sql);
pstmt.setInt(1,selection.getCourseId());
pstmt.setInt(2, selection.getSno());
return pstmt.executeUpdate();
```

在"已选课程查看"界面（如图 11-12 所示）通过表格列出学生所有已选课程，同时在此界面也可以退选当前课程。

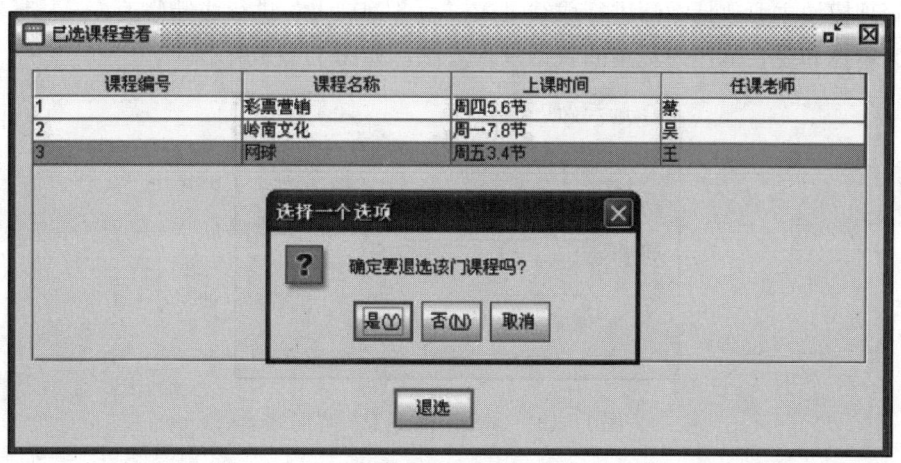

图 11-12 "已选课程查看"界面

```
try {
    con = dbUtil.getCon();
    ResultSet rs = selectionDao.SelectedList(con, currentSno);
    while (rs.next()) {
        Vector v = new Vector();
        v.add(rs.getString("courseId"));
        v.add(rs.getString("courseName"));
        v.add(rs.getString("courseTime"));
        v.add(rs.getString("courseTeacher"));
        dtm.addRow(v);
    }
}
```

通过下面代码列出当前学生所有已选课程：

```
String sql="select    * from t_selection s,t_course c where s.Sno=? and s.courseId=c.courseId ";
PreparedStatement pstmt=con.prepareStatement(sql);
pstmt.setInt(1,sno);
return pstmt.executeQuery();
```

选中课程退选时使用下面代码从数据库中删除对应信息：

```
String sql="delete from t_selection where courseId=? and Sno=?";
PreparedStatement    pstmt=con.prepareStatement(sql);
pstmt.setInt(1,selection.getCourseId());
pstmt.setInt(2, selection.getSno());
return pstmt.executeUpdate();
```

11.3.6 成绩管理模块的设计与实现

成绩管理模块主要包括教师进行成绩录入，教务管理人员进行成绩修改。使用文本框和组合框作为基本的数据录入方法，如图 11-13 所示。

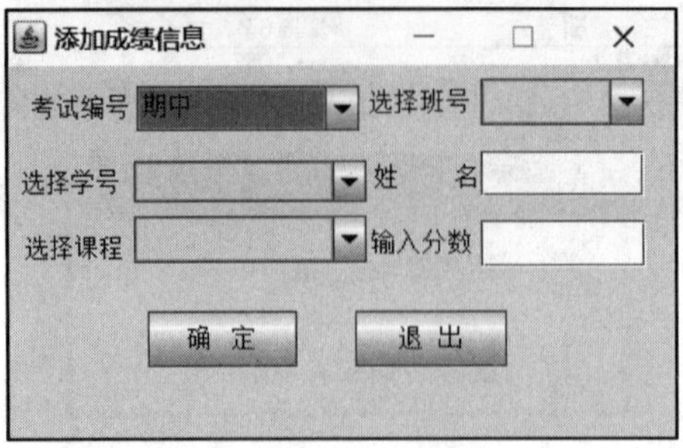

图 11-13 "添加成绩信息"界面

jLabel1.setFont(**new** java.awt.Font("Dialog", 0, 15));

jLabel1.setText("考试编号");

jLabel1.setBounds(**new** Rectangle(13, 11, 67, 28));

this.setLocale(java.util.Locale.*getDefault*());

this.setResizable(**false**);

this.setState(Frame.*NORMAL*);

this.setTitle("添加成绩信息");

this.getContentPane().setLayout(**null**);

ksbh.setFont(**new** java.awt.Font("Dialog", 0, 15));

ksbh.setBounds(**new** Rectangle(77, 12, 132, 26));

ksbh.addItem("期中");

ksbh.addItem("期末");

jLabel2.setBounds(**new** Rectangle(214, 8, 63, 28));

jLabel2.setText("选择班号");

jLabel2.setFont(**new** java.awt.Font("Dialog", 0, 15));

jLabel3.setBounds(**new** Rectangle(7, 54, 67, 28));

jLabel3.setText("选择学号");

jLabel3.setFont(**new** java.awt.Font("Dialog", 0, 15));

jLabel4.setBounds(**new** Rectangle(217, 51, 63, 28));

jLabel4.setText("姓   名");

jLabel4.setFont(**new** java.awt.Font("Dialog", 0, 15));

jLabel5.setBounds(**new** Rectangle(215, 89, 64, 28));

jLabel5.setText("输入分数");

jLabel5.setFont(**new** java.awt.Font("Dialog", 0, 15));

jLabel6.setBounds(**new** Rectangle(9, 92, 67, 28));
jLabel6.setText("选择课程");
jLabel6.setFont(**new** java.awt.Font("Dialog", 0, 15));
用户输入数据并单击"确定"按钮后通过下面代码将成绩数据插入到数据库中：
cr.executeUpdate("Insert Into result Values('" + ksbh.getSelectedItem().toString() + "','"+ xh.getSelectedItem().toString() + "','" + xm.getText().trim() + "','"+ bh.getSelectedItem().toString() + "','" + kc.getSelectedItem().toString() + "','"+ fs.getText().trim() + "')");
管理员修改成绩界面（如图 11-14 所示）与教师录入成绩界面类似，但是包括了修改、删除成绩功能。

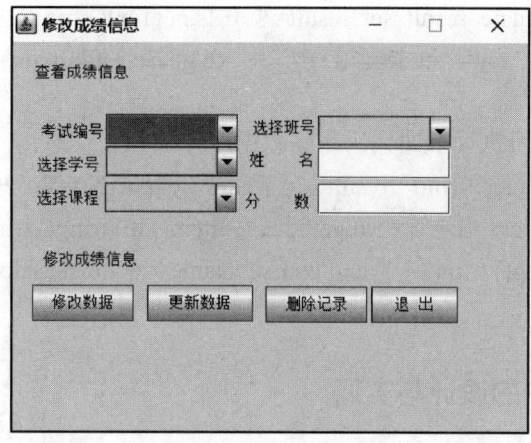

图 11-14 "修改成绩信息"界面

jLabel1.setFont(**new** java.awt.Font("Dialog", 0, 15));
jLabel1.setText("考试编号");
jLabel1.setBounds(**new** Rectangle(27, 66, 63, 38));
this.getContentPane().setLayout(**null**);
jLabel2.setFont(**new** java.awt.Font("Dialog", 0, 15));
jLabel2.setText("选择学号");
jLabel2.setBounds(**new** Rectangle(23, 97, 65, 39));
jLabel3.setFont(**new** java.awt.Font("Dialog", 0, 15));
jLabel3.setText("选择班号");
jLabel3.setBounds(**new** Rectangle(229, 63, 64, 37));
jLabel4.setFont(**new** java.awt.Font("Dialog", 0, 15));
jLabel4.setText("姓   名");
jLabel4.setBounds(**new** Rectangle(226, 94, 66, 35));
xgjl.setText("修改数据");
xgjl.addActionListener(**new** xgcj_xgjl_actionAdapter(**this**));
xgjl.setBounds(**new** Rectangle(19, 228, 97, 34));
xgjl.setFont(**new** java.awt.Font("Dialog", 0, 15));

```
gxsj.setText("更新数据");
gxsj.addActionListener(new xgcj_gxsj_actionAdapter(this));
gxsj.setBounds(new Rectangle(129, 228, 101, 34));
gxsj.setFont(new java.awt.Font("Dialog", 0, 15));
scjl.setText("删除记录");
scjl.addActionListener(new xgcj_scjl_actionAdapter(this));
scjl.setBounds(new Rectangle(242, 229, 98, 34));
scjl.setFont(new java.awt.Font("Dialog", 0, 15));
```
录入成绩后单击"修改数据"按钮执行下面代码更新数据库中的相关信息：

```
ins.executeUpdate("Update result set result='" + fs.getText().trim() + "' where exam_No='"+ ksbh.getSelectedItem() + "'and student_ID='" + xh.getSelectedItem() + "'and class_No='"+ bh.getSelectedItem() + "'");
```

单击"删除记录"按钮执行下面代码删除数据库中的相关信息：

```
ins.executeUpdate("delete from result  where exam_No='" + ksbh.getSelectedItem().toString().trim()+ "'and student_ID='" + xh.getSelectedItem().toString().trim() + "'and class_NO='"+ bh.getSelectedItem().toString().trim() + "' and course_Name='"+ kc.getSelectedItem().toString().trim() + "'");
```

11.3.7 成绩查询模块的设计与实现

成绩查询模块主要用于教师或学生查询考试成绩。

使用表格作为基本的数据显示方式，通过单选按钮选择查询类别，通过文本框输入查询条件，单击"确定"按钮后显示查询结果。可按照学号、班号、课程进行查询，如图11-15所示。

图11-15 成绩查询界面

```java
this.setLocale(java.util.Locale.getDefault());
this.getContentPane().setLayout(null);
jScrollPane1.setBounds(new Rectangle(6, 0, 780, 400));
ok.setToolTipText("直接点击确定,可查询全部成绩信息");
cancel.setBounds(new Rectangle(578, 412, 85, 30));
cancel.setFont(new java.awt.Font("Dialog", 0, 15));
cancel.setText("取    消");
cancel.addActionListener(new sacnresult_cancel_actionAdapter(this));
ok.setBounds(new Rectangle(465, 412, 85, 34));
ok.setFont(new java.awt.Font("Dialog", 0, 15));
ok.setText("确    定");
ok.addActionListener(new sacnresult_ok_actionAdapter(this));
input.setFont(new java.awt.Font("Dialog", 0, 15));
input.setText("");
input.setBounds(new Rectangle(291, 410, 124, 31));
xh.setFont(new java.awt.Font("Dialog", 0, 15));
xh.setRolloverEnabled(false);
xh.setText("按学号");
xh.setBounds(new Rectangle(19, 414, 74, 34));
kc.setBounds(new Rectangle(196, 415, 74, 34));
kc.setText("按课程");
kc.setRolloverEnabled(false);
kc.setFont(new java.awt.Font("Dialog", 0, 15));
bh.setBounds(new Rectangle(111, 413, 74, 34));
bh.setText("按班号");
bh.setRolloverEnabled(false);
bh.setFont(new java.awt.Font("Dialog", 0, 15));
```
根据查询类别不同执行下面的 SQL 语句:
```java
if (xh.isSelected()) {
    rs = ps.executeQuery("select * from result where student_ID='" + input.getText().trim() + "'");
} else if (kc.isSelected()) {
    rs = ps.executeQuery("select * from result where course_Name='" + input.getText().trim() + "'");
} else if (bh.isSelected()) {
    rs = ps.executeQuery("select * from result where class_NO='" + input.getText().trim() + "'");
} else
    rs = ps.executeQuery("select * from result");
```

11.3.8 系统管理模块的设计与实现

系统管理模块主要是对系统用户的管理，包括添加用户，浏览用户，修改密码等。

使用文本框作为输入用户信息的基本途径，通过组合框选择用户类型，如图 11-16 所示。

图 11-16 "添加用户"界面

panel1.setLayout(**null**);
this.getContentPane().setLayout(**null**);
panel1.setBounds(**new** Rectangle(10, 10, 452, 369));
jLabel1.setFont(**new** java.awt.Font("Dialog", 0, 15));
jLabel1.setText("请输入用户名");
jLabel1.setBounds(**new** Rectangle(2, 17, 101, 35));
userF.setText("");
userF.setBounds(**new** Rectangle(113, 19, 121, 31));
jLabel2.setFont(**new** java.awt.Font("Dialog", 0, 15));
jLabel2.setText("请 输 入 密 码");
jLabel2.setBounds(**new** Rectangle(7, 69, 101, 35));
sure.setBounds(**new** Rectangle(12, 204, 90, 35));
sure.setFont(**new** java.awt.Font("Dialog", 0, 15));
sure.setText("确　定");
sure.addActionListener(**new** adduser_sure_actionAdapter(**this**));
cancel.setBounds(**new** Rectangle(132, 204, 90, 38));
cancel.setFont(**new** java.awt.Font("Dialog", 0, 15));
cancel.setText("取 消");
cancel.addActionListener(**new** adduser_cancel_actionAdapter(**this**));
this.setTitle("添加用户");

录入信息后单击"确定"按钮执行下面语句将数据插入数据库：

ps.executeUpdate("Insert Into users Values('" + userF.getText().trim() + "','"+ pwd.getText().trim()

+ "','" + power.getSelectedItem().toString() + "')");

浏览用户界面，使用表格作为基本的数据显示方式，如图11-17所示。

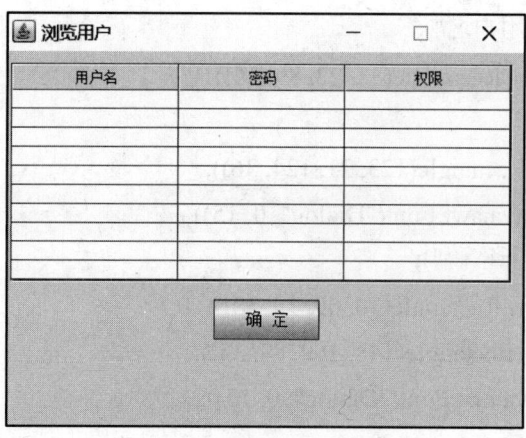

图 11-17 "浏览用户"界面

JScrollPane jScrollPane1 = **new** JScrollPane();
Object[][] rowData = **new** Object[10][3];
String[] columnNames = { "用户名", "密码", "权限" };
JTable jTable1 = **new** JTable(rowData, columnNames);
JButton ok = **new** JButton();
如下代码从数据库中读取所有用户信息，并显示：
rs = ps.executeQuery("select * from users");
while (rs.next()) {
    rowData[i][0] = rs.getString("username");
    rowData[i][1] = rs.getString("pwd");
    rowData[i][2] = rs.getString("power");
    i = i + 1;
}

使用文本框作为输入用户信息的基本途径，如图11-18所示。

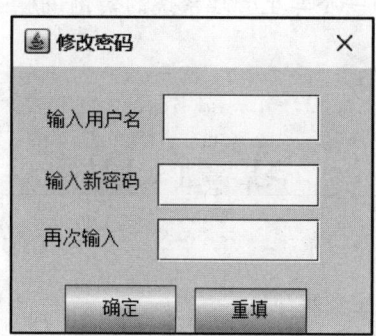

图 11-18 "修改密码"界面

```
panel1.setBounds(new Rectangle(-5, 0, 400, 300));
jLabel1.setFont(new java.awt.Font("Dialog", 0, 15));
jLabel1.setText("输入用户名");
jLabel1.setBounds(new Rectangle(31, 23, 89, 36));
userF.setText("");
userF.setBounds(new Rectangle(123, 21, 124, 36));
jLabel2.setFont(new java.awt.Font("Dialog", 0, 15));
jLabel2.setText("输入新密码");
jLabel2.setBounds(new Rectangle(30, 69, 78, 38));
cancel.setBounds(new Rectangle(148, 169, 89, 35));
cancel.setFont(new java.awt.Font("Dialog", 0, 15));
cancel.setText("重填");
cancel.addActionListener(new xiugaimima_cancel_actionAdapter(this));
sure.setBounds(new Rectangle(46, 167, 88, 37));
sure.setFont(new java.awt.Font("Dialog", 0, 15));
sure.setText("确定");
sure.addActionListener(new xiugaimima_sure_actionAdapter(this));
```

输入信息后单击"确定"按钮,执行如下代码更新数据库中的信息:

```
ps.executeUpdate("Update users set pwd='" + pwd.getText().trim() + "' where username='"+ userF.getText().trim() + "'");
```

本 章 小 结

本章首先介绍了 JDBC 的结构及实现方式、JDBC API、JDBC 中的常用类与接口,然后讲述了通过 JDBC 访问数据库的编程实现,包括实现与数据库的连接,访问数据库,提取数据库操作结果等一系列操作。最后用一个学生管理系统的实例讲解了通过 JDBC 实现信息管理系统的设计与编程方法。

习 题 11

一、简答题

1. 简述 JDBC 访问数据库的主要步骤。
2. JDBC 访问数据库所用到的类和接口有哪些?
3. 如果数据库换成 Oracle、Java 怎样连接 Oracle 数据库?

二、程序设计题

1．在学生管理系统数据库中建立一个教师信息表，其结构为教师号、姓名、性别、出生日期、专业、职称、学历、个人简介。编写程序实现对教师信息的插入、查询、修改、删除操作。

2．完善学生管理系统，添加课程管理、教师授课信息管理等功能，使其成为教师、学生、教务管理人员共用的多用户、多角色管理系统。

第 12 章 上机实验指导

12.1 实验一 SQL Server 2008 的安装

12.1.1 实验目的与要求

（1）掌握 SQL Server 2008 服务器的安装。
（2）掌握 SQL Server 配置管理器的基本使用方法。
（3）掌握 Microsoft SQL Server Management Studio 的基本使用方法。
（4）对数据库及其对象有一个基本了解。

12.1.2 实验准备

（1）了解 SQL Server 2008 各种版本安装的软、硬件要求。
（2）了解 SQL Server 2008 支持的身份验证模式。
（3）了解 SQL Server 2008 各组件的主要功能。
（4）对数据库、表、数据库对象有一个基本了解。
（5）了解 Microsoft SQL Server Management Studio 的各主要组件。

12.1.3 实验内容

1. 安装 SQL Server 2008
根据软硬件环境，选择一个合适版本的 SQL Server 2008。安装步骤请参照课本内容。

2. SQL Server 配置管理器的基本操作
（1）SQL Server 2008 服务管理器的启动、暂停、停止。
（2）SQL Server 2008 服务管理器的各项属性设置，包括默认登录名和密码、启动模式等的变更；

3. 了解 Microsoft SQL Server Management Studio 的主要组件和基本操作方式
（1）启动 Microsoft SQL Server Management Studio 并连接服务器，正确调出和隐藏主要的组件，包括已注册的服务器、对象资源管理器、解决方案资源管理器、模板资源管理器、摘要页和文档窗口。
（2）更改环境布局，包括关闭和隐藏组件，移动组件和取消组件停靠等。
（3）查看并更改文档布局，包括选项卡式文档布局和 MDI 环境模式。

（4）配置启动选项：在"工具"菜单上，选择"选项"命令，展开"环境"目录，并选择"常规"选项。在"启动时"列表中，查看以下选项。

① 打开对象资源管理器。这是默认选项。
② 打开新查询窗口。
③ 打开对象资源管理器和新查询。
④ 打开空环境。
⑤ 单击首选选项，再单击"确定"按钮。

（5）熟悉主要组件，如对象资源管理器、查询窗口等的布局和使用。

12.2 实验二 数据库、表的创建和管理

12.2.1 实验目的与要求

（1）了解 SQL Server 数据库的逻辑结构和物理结构。
（2）了解表的结构特点。
（3）了解 SQL Server 的基本数据类型。
（4）了解空值的概念。
（5）学会在 SQL Server Management Studio 中创建数据库和表。
（6）学会使用 T-SQL 语句创建数据库和表。

12.2.2 实验准备

（1）要明确能够创建数据库的用户必须是系统管理员，或是被授权使用 CREATE DATABASE 语句的用户。
（2）创建数据库必须要确定数据库名、所有者（即创建数据库的用户）、数据库大小（最初的大小、最大的大小、是否允许增长及增长的方式）和存储数据的文件。
（3）确定数据库包含哪些表，各表的结构，还要了解 SQL Server 的常用数据类型。
（4）了解两种常用的创建数据库、表的方法。

12.2.3 实验内容

1. 在 SQL Server Management Studio 中创建用于学生选课管理的数据库 xssjk

要求：数据库 xssjk 初始大小为 10 MB，最大为 50 MB，数据库自动增长，增长方式是按 5%比例增长；日志文件初始为 2 MB，最大可增长到 5 MB，按 1 MB 增长，如图 12-1 所示。数据库的逻辑文件名和物理文件名均采用默认值，分别为 xssjk_DATA 和 C:…\MSSQL\DATA\xssjk.MDF，事务日志的逻辑文件名和物理文件名也均采用默认值,分别为 xssjk_LOG 和 C:…\MSSQL\DATA\xssjk_LOG.LDF。

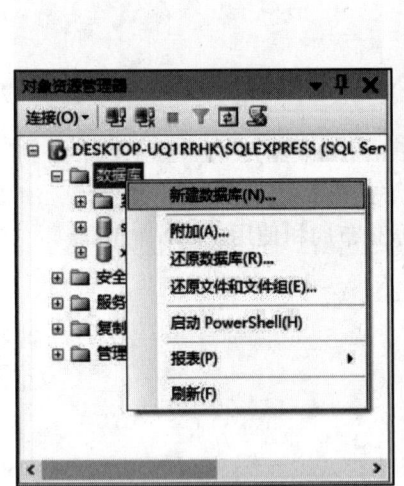 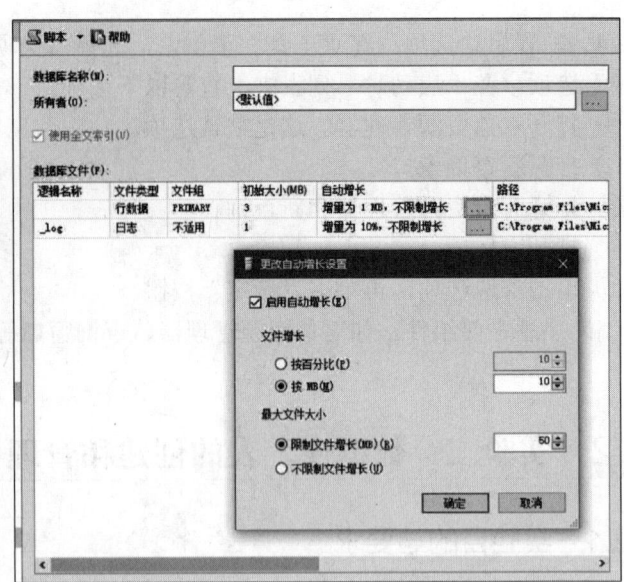

图 12-1 创建数据库

在 SQL Server Management Studio 中选中数据库 xssjk，右击，选择"删除"命令，可以删除选中的数据库。

2. 在数据库 xssjk 中创建用于存储学生、班级、课程以及选课等信息的数据表

在 SQL Server 2008 的数据库中，文件夹是按数据库对象的类型建立的，文件夹名是该数据库对象名。当在企业管理器中选择服务器和数据库文件夹，并打开已定义好的学生选课数据库后，会发现它自动设置了关系图、表、视图、存储过程、用户、角色、规则、默认值等文件夹。

数据库 xssjk 中具体包含下列 4 个表。

（1）student：学生基本信息表。

（2）class：班级信息表。

（3）course：课程信息表。

（4）SC：选课信息表

各表的结构分别如表 12-1～表 12-4 所示。

表 12-1 学生表结构

列 名	描 述	数 据 类 型	允 许 空 值	说 明
sno	学号	Varchar(20)	No	主键
sname	姓名	Varchar(50)	No	
age	年龄	Int	YES	
sex	性别	char(2)	YES	
dept	所在系	Varchar(50)	YES	

表 12-2 班级表结构

列　名	描　述	数据类型	允许空值	说　明
clno	班级号	Char(5)	No	主键
speciality	班级所在专业	Varchar(20)	No	
inyear	入校年份	Char(4)	No	
number	班级人数	Integer	YES	大于1，小于100
monitor	班长学号	Char(7)	YES	外部码

表 12-3 课程表结构

列	描　述	数据类型	允许空值	说　明
cno	课程号	Varchar(20)	No	主键
cname	课程名	Varchar(50)	No	
credit	学分	Float	YES	
pcno	先修课	Varchar(20)	YES	
describe	课程描述	varchar(100)	YES	

表 12-4 选课表结构

列	描　述	数据类型	允许空值	说　明
sno	学号	Varchar(20)	No	主键（同时都是外键）
cno	课程号	Varchar(20)	No	
grade	成绩	Float	YES	

例如，要建立 SC 表，在 SQL Server Management Studio 中选择数据库 xssjk，在 xssjk 上右击，选择"新建"|"表"命令，输入 SC 表各字段信息，单击"保存"按钮，输入表名 SC，即创建了表 SC。具体结果如图 12-2 所示。按同样的操作过程创建其他表。

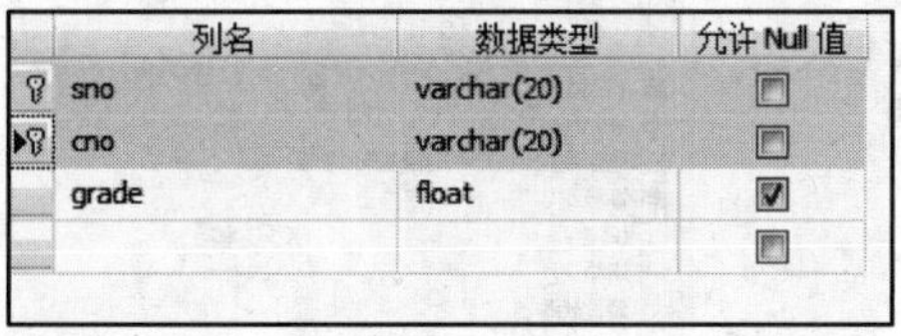

图 12-2 创建 SC 表

在 SQL Server Management Studio 中选择数据库 xssjk 的表 SC，右击，选择"删除"命令，即可以删除已经创建的表 SC。

3. 定义表的完整性约束和索引

表的约束包括码（主键）约束、外键约束（关联或关系约束）、唯一性约束、Check（检查）约束 4 种。这些约束可以在表属性对话框中定义。

（1）定义索引和键。

打开"索引/键"对话框，如图 12-3 所示。

① 查看、修改或删除索引时，先要在"选定的主/唯一键或索引"下拉列表框中选择索引名，其索引内容就显示在表中。需要时，可以直接在表中修改索引内容。如改变索引列名，改

变排序方法等。对于不需要的索引可以单击"删除"按钮,直接删除此索引。

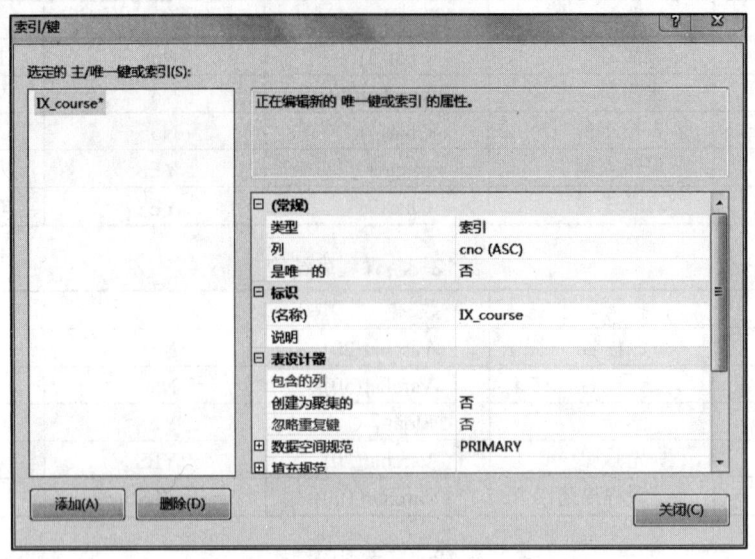

图 12-3 "索引/键"对话框

② 新建一个索引时,单击"添加"按钮,并在下面的表中输入索引名、索引列名及排列顺序。

(2) 定义表间关联。打开"外键关系"对话框,如图 12-4 所示。

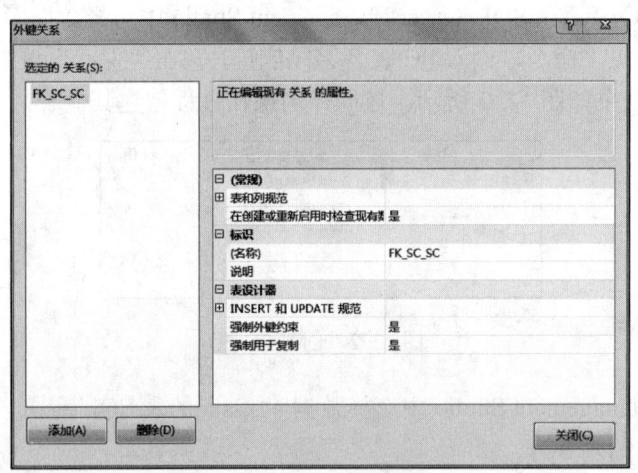

图 12-4 "外键关系"对话框

① 查看、修改或删除表关联时,先要在"选定的关系"下拉列表框中选择关系名,其关联内容就显示在表中。需要时,可以直接在表中修改关联内容,例如改变主键,改变外键等。对于不需要的关联可以单击"删除"按钮,直接删除此关联。

② 新建一个关联时,单击"添加"按钮,选择库中的关联表(参照表)后,在右边的"表和列规范"选项的右方单击"浏览"按钮。进入如图 12-5 所示的界面,将相同的字段对应起来

即可创建表间关系（若对应不起来则无法创建）。

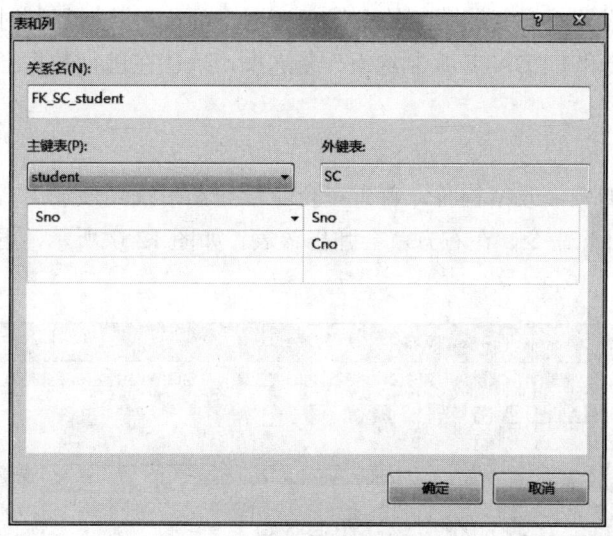

图 12-5 "表和列"对话框

③ 设置"创建中检查现存数据"复选框，确定新建关联时是否对数据进行检查，要求符合外键约束；设置"对复制强制关系"复选框，确定在进行数据复制时是否要符合外键约束；设置"对 INSERT 和 UPDATE 强制关系"复选框，确认在对数据插入和更新时，是否符合外键约束；设置"级联更新相关的字段"复选框和"级联删除相关的记录"复选框，确认被参照关系的主键未被修改时，是否也将参照表中的对应的外键值修改，而被参照关系上的码值被删除时，是否也将参照表中对应外键的记录删除。

（3）定义 CHECK 约束。打开"CHECK 约束"对话框，如图 12-6 所示。

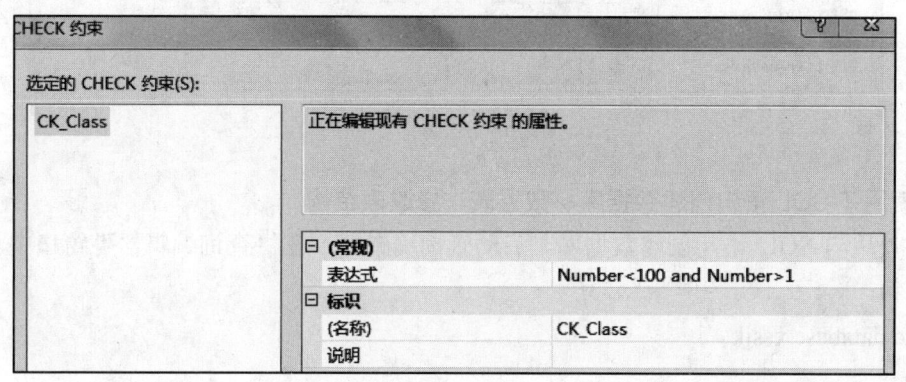

图 12-6 "CHECK 约束"对话框

① 查看、修改或删除 CHECK 约束时，先要在"选定的 CHECK 约束"下拉列表框中选择 CHECK 约束名，需要时，可以直接在右边"表达式"项中修改约束表达式。对于不需要的 CHECK 约束可以单击"删除"按钮，直接删除此约束。

② 新建一个 CHECK 约束时，单击"添加"按钮，并在表中输入名称和表达式。

③ 设置"创建中检查现存数据"复选框，确认在创建约束时是否对表中数据进行检查，要求符合约束要求；设置"对复制强制约束"复选框，确认对数据复制时是否要求符合约束条件；设置"对 INSERT 和 UPDATE 强制约束"复选框，确认在进行数据插入和数据修改时，是否要求符合约束条件。

4．修改表结构

当需要对创建好的表修改结构时，首先在企业管理器中找到该表，右击该表名，在弹出的快捷菜单中选择"设计"命令，在右方就会弹出该表，如图 12-7 所示，用户可对原有内容进行修改。

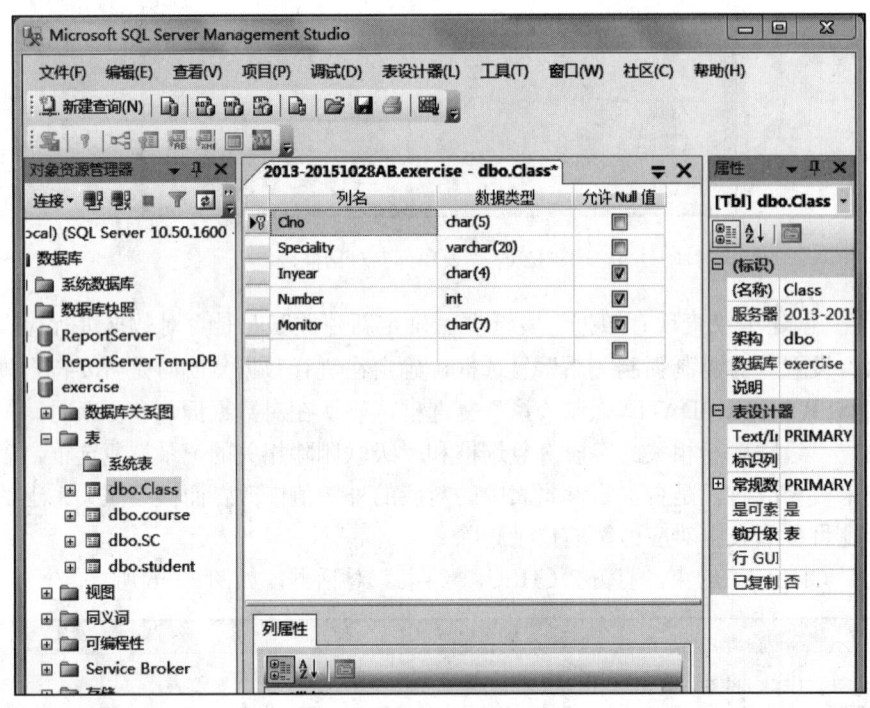

图 12-7　设计表

5．使用 T-SQL 语句创建数据库、数据表、修改表结构

（1）使用 T-SQL 语句创建数据库。启动查询编辑器，在"查询编辑器"窗口中输入如下 T-SQL 语句：

create database xssjk
on
(name='xssjk_data ',
filename='c:\program files\microsoft\mssql\data\ xssjk_data.mdf',
size=10mb,
maxsize=50mb,
filegrowth=5%)

log on
(name='xssjk_log ',
filename='c:\program files\microsoft\mssql\data\ xssjk_log.ldf',
size=2mb,
maxsize=5mb,
filegrowth=1mb)
go

单击工具栏的"执行"图标执行上述语句，并在 SQL Server Management Studio 中的对象资源管理器中查看执行结果。

（2）使用 T-SQL 语句创建 student、class、course 和 SC 表。启动查询编辑器，在"查询编辑器"窗口中输入以下 T-SQL 语句：

use xssjk
go
create table student
(sno   varchar(20)   PRIMARY KEY,
        sname varchar(50)   not   null,
        age int,
        sex char(2),
        dept   varchar(50)
)
go

单击工具栏的"执行"图标，执行上述语句，即可创建表 student。用同样的操作过程创建其他表，并在 SQL Server Management Studio 中查看结果。

（3）使用 T-SQL 语句修改表结构。可以使用 Alter 语句增加、删除或修改字段信息。

例如，为学生表中年龄字段增加约束，限制年龄至少要 15 岁：

ALTER TABLE student ADD CONSTRAINT AGE CHECK(AGE > 15)

在学生表中增加班级字段为字符型，长度为 50：

ALTER TABLE student ADD class   varchar(50)   NULL

修改学生表中的班级字段的长度为 20：

ALTER TABLE student ALTER COLUMN class varchar(20)

删除学生表中的班级字段：

ALTER TABLE student   DROP   COLUMN   class

12.2.4 注意事项

（1）建表中如果出现错误，应采用相应的修改结构或删除结构的方法。
（2）注意数据库的主键、外键和数据约束的定义。

12.2.5 思考题

1. 数据库中一般不允许更改主键数据。如果需要更改主键数据，怎样处理？
2. 为什么不能随意删除被参照表中的主键？

12.3 实验三 表数据的操作

12.3.1 实验目的与要求

（1）学会在 SQL Server Management Studio 中对表进行插入、修改和删除数据操作。
（2）学会使用 T-SQL 语句对表进行插入、修改和删除数据操作。
（3）了解 T-SQL 语句对表数据操作的灵活控制功能。

12.3.2 实验准备

（1）要了解对表数据的插入、修改、删除都属于表数据的更新操作，对表数据的操作可以在 SQL Server Management Studio 中进行，也可以使用 T-SQL 语句实现。
（2）要掌握 T-SQL 中用于对表数据进行插入、修改和删除的命令，分别是 INSERT、UPDATE 和 DELETE（或 TRUNCATE TABLE）。
（3）要了解使用 T-SQL 语句在对表数据进行插入、修改及删除，比在 SQL Server Management Studio 中操作表数据更灵活，功能更强大。

12.3.3 实验内容

1. 在 SQL Server Management Studio 中向 student 表插入记录

要求：记录不少于 10 条，不仅满足数据的约束要求，还要有表间关联的记录。

在对象资源管理器中选择表 student，右击，选择"返回所有行"命令，逐字段输入各记录值，输入完后，关闭表窗口。用同样的方法向其他表中插入记录。

2. 在 SQL Server Management Studio 中删除数据库 xssjk 中表的数据

要求：在对象资源管理器中删除表 student 的第 2、8 行。

在对象资源管理器中选择表 student，右击，选择"返回所有行"命令，选择要删除的行，右击，选择"删除"命令，关闭表窗口。为了防止误操作，SQL Server 2008 将弹出一个警告框，要求用户确认删除操作，单击"确认"按钮即可删除记录，也可通过先选中一行或多行记录，然后再按 Delete 键的方法一次删除多条记录，如图 12-8 所示。

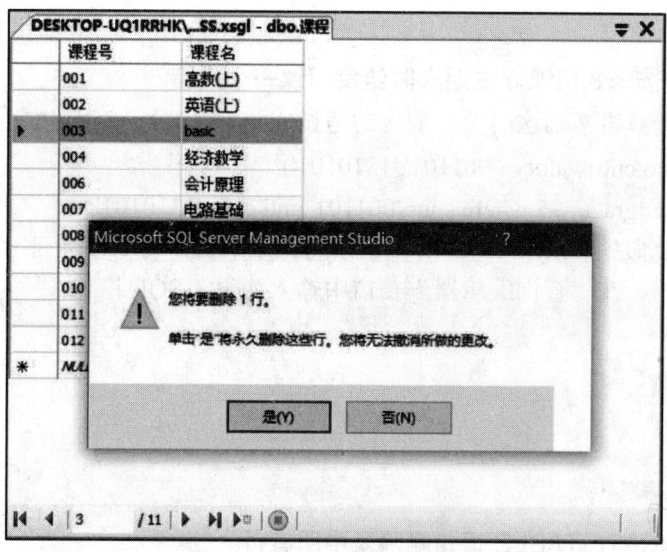

图 12-8 删除表中的数据

3. 在 SQL Server Management Studio 中将表 student 中某学号记录的年龄改为 21

在对象资源管理器中选择表 student，右击，选择"返回所有行"命令，将光标定位至指定学号的记录的 age 字段，将值改为 21。

4. 使用 T-SQL 命令分别向 xssjk 数据库的 student 表中插入一行记录

启动查询编辑器，在"查询编辑器"窗口中输入如下 T-SQL 语句：

use xssjk

go

insert into student

values(1,'李明',21,'男','数理系')

go

然后，再次启动查询编辑器，在"查询编辑器"窗口中输入如下 T-SQL 语句（或者直接在对象资源管理器中打开 xssjk 数据库的 student 表，观察其变化）：

use xssjk

go

select * from student

go

5. 使用 T-SQL 命令修改表中的某个记录的字段值

启动查询编辑器，在"查询编辑器"窗口中输入如下 T-SQL 语句：

use xssjk

go

update student

set age=25

where sno=1

go

6. 给每个学生选修 3 门课，在期末时给每门课一个成绩

如张林选修了计算机基础这门课，期末的考试成绩为 95 分，SQL 语句如下：

Insert into SC(sno,cno) values ('001101','1310101');

Update   SC   set grade=95 where sno='001101' and cno='1310101';

7. 使用 T-SQL 命令修改表 student 中的所有记录的值，将 sno 全部+1

启动查询编辑器，在"查询编辑器"窗口中输入如下 T-SQL 语句：

use xssjk

go

update student

set sno=sno+1

go

8. 使用 TRUNCATE TABLE 语句删除表中所有行

启动查询编辑器，在"查询编辑器"窗口中输入如下 T-SQL 语句：

use xssjk

go

truncate table student

go

单击工具栏的"执行"图标，执行上述语句，将删除 student 表中的所有行。

12.3.4 注意事项

（1）输入数据时要注意数据类型。

（2）使用 TRUNCATE TABLE 语句删除表中所有行，实验时一般不要轻易执行这个操作，因为后面实验还要用到这些数据。如要实验该命令的效果，可创建一个临时表，输入少量数据后进行。

12.3.5 思考题

向实验二建立的表中输入数据，并修改其中的一条或多条数据，再删除部分或全部数据，最后使用 SQL Server Management Studio 观察各表中数据的变化情况。

12.4 实验四 数据库的简单查询和连接查询

12.4.1 实验目的与要求

（1）掌握 SELECT 语句的基本语法。

（2）掌握子查询的表示。
（3）掌握连接查询的表示。
（4）掌握 SELECT 语句的统计函数的作用和使用方法。
（5）掌握 SELECT 语句的 GROUP BY 和 ORDER BY 子句的作用和使用方法。

12.4.2 实验准备

（1）了解 SELECT 语句的基本语法格式。
（2）了解 SELECT 语句的执行方法。
（3）了解子查询的表示方法。
（4）了解 SELECT 语句的统计函数的作用。
（5）了解 SELECT 语句的 GROUP BY 和 ORDER BY 子句的作用。

12.4.3 实验内容

1. 简单查询的使用

（1）求数学系学生的学号和姓名。
SELECT sno,sname
FROM student
WHERE dept='数学系';
（2）求选修了课程的学生学号。
SELECT distinct(sno)
FROM sc;
（3）求选修课程号为 1310101 的学生学号和成绩。
SELECT distinct(sno),grade
FROM sc
WHERE cno='1310101';
（4）求选修课程号为 1310101 的成绩在 80～90 分之间的学生学号和成绩，并将成绩乘以系数 0.8 输出。
SELECT distinct(sno),grade*0.8 as 'score'
FROM sc
WHERE cno='1310101' and grade between 80 and 90;
（5）求数学系或计算机系姓张的学生的信息。
SELECT *
FROM student
WHERE dept in ('数学系','计算机系') and sname like '张%';

（6）求缺少了成绩的学生的学号和课程号。

SELECT sno,cno

FROM sc

WHERE grade is null;

2．子查询的使用

求选修课程号为 1310101 的学生的基本信息。

SELECT　*

FROM　student

WHERE sno = (SELECT sno

　　　　　　FROM SC

　　　　　　WHERE cno ='1310101');

3．连接查询的使用

（1）查询每个学生的情况以及他（她）所选修的课程。

SELECT student.*,course.cname

FROM student,sc,course

WHERE student.sno=sc.sno and sc.cno=course.cno;

（2）求学生的学号、姓名、选修的课程名及成绩。

SELECT student.sno,sname,cname,grade

FROM student,sc,course

WHERE student.sno=sc.sno and sc.cno=course.cno;

（3）求选修离散数学课程且成绩为 90 分以上的学生学号、姓名及成绩。

SELECT student.sno,sname,grade

FROM student,sc,course

WHERE student.sno=sc.sno and sc.cno=course.cno

and cname='离散数学' and grade>=90;

（4）查询每一门课的间接先修课（即先修课的先修课）。

SELECT first.cno,second.pcno

FROM course as first,course as second WHERE first.pcno=second.cno;

4．统计函数的使用

（1）求学生的平均年龄。在查询编辑器窗口中输入如下语句并执行：

SELECT AVG(age) FROM student;

运行结果如图 12-9 所示。

（2）求学生性别为男性的总人数。在查询编辑器窗口中输入如下语句并执行：

SELECT count(sex) FROM student WHERE sex='男';

运行结果如图 12-10 所示。

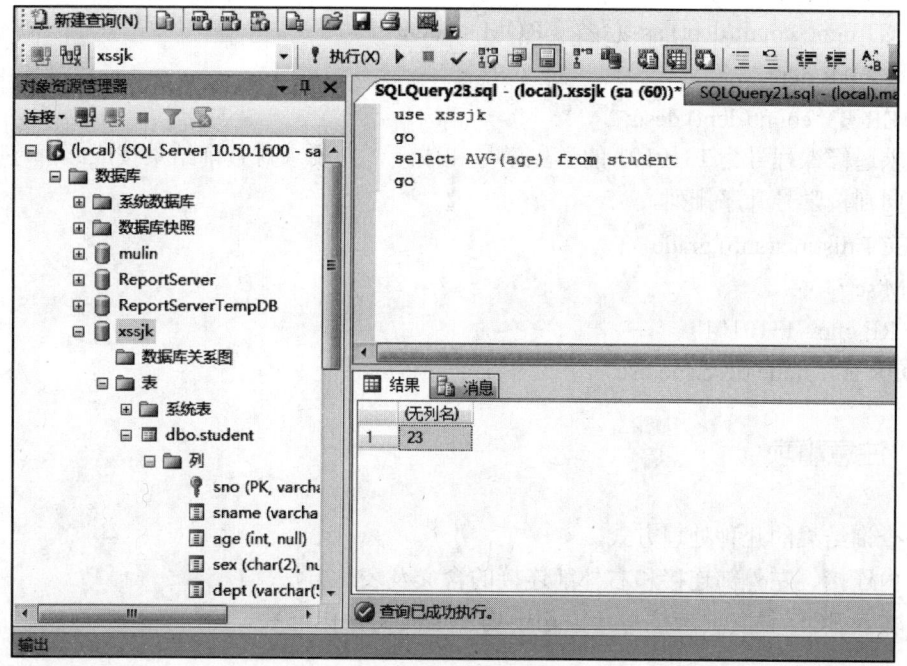

图 12-9　学生的平均年龄

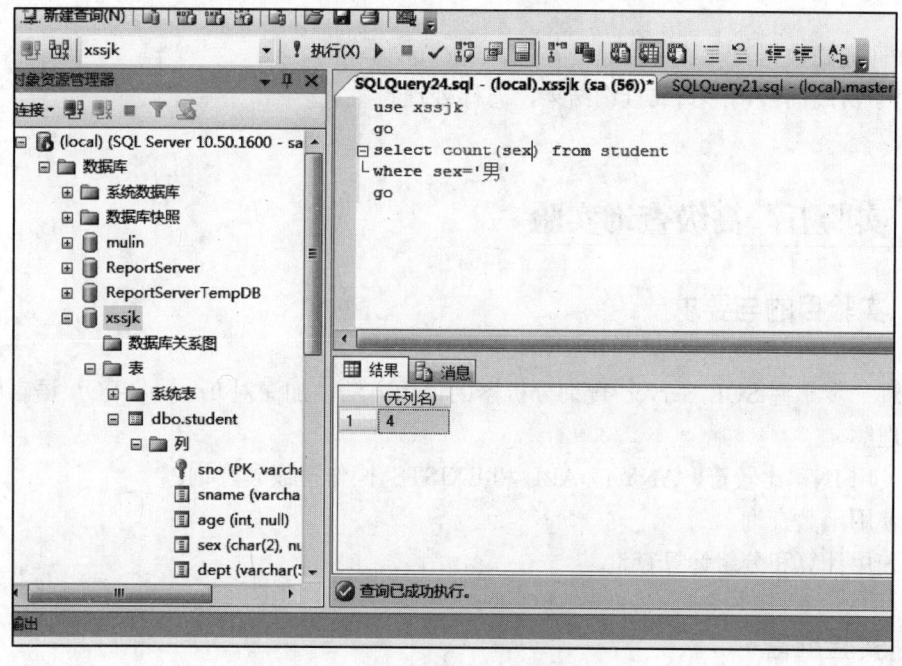

图 12-10　学生性别为男性的总人数

5. GROUP BY、ORDER BY 子句的使用

(1) 按系别进行分组并统计各系的学生总数并对总数降序排列。使用 AS 子句将结果中学生总数的标题指定为总数。在查询编辑器窗口中输入如下语句并执行：

SELECT dept, count(dept) as 总数 FROM student
GROUP BY dept
ORDER BY count(dept) desc;

（2）求选修课程号为 1310101 的学生学号和成绩，并要求对查询结果按成绩降序排列，如果成绩相同则按学号升序排列。

SELECT distinct(sno),grade
FROM sc
WHERE cno='1310101'
ORDER BY grade desc,sno asc;

12.4.4 注意事项

（1）查询结果的几种处理方式。
（2）内连接、左外部连接和右外部连接的含义及表达方法。
（3）输入 SQL 语句时应注意，语句中均使用西文操作符号。

12.4.5 思考题

1．如何提高数据查询和连接速度？
2．对于常用的查询形式或查询结果，怎样处理？

12.5 实验五 高级查询实验

12.5.1 实验目的与要求

（1）进一步掌握 SQL Server 查询分析器的使用方法，加深对 Transact-SQL 语言的嵌套查询语句的理解。
（2）使用 IN、比较符、ANY 或 ALL 和 EXISTS 操作符嵌套查询。
（3）使用函数查询。
（4）使用计算和分组计算查询。

12.5.2 实验准备

（1）了解 IN 、比较符、ANY 或 ALL 和 EXISTS 操作符的用法。
（2）了解嵌套查询的执行方法。
（3）了解函数查询的表示方法，包括统计函数和分组统计函数的使用方法。
（4）了解计算和分组计算查询的表示方法。

12.5.3 实验内容

（1）求选修了离散数学的学生学号和姓名，如图 12-11 所示。
SELECT sno, sname
FROM   student
WHERE sno IN (SELECT sno
              FROM SC
              WHERE cno IN
                 (SELECT cno
                  FROM   course
                  WHERE cname='离散数学');

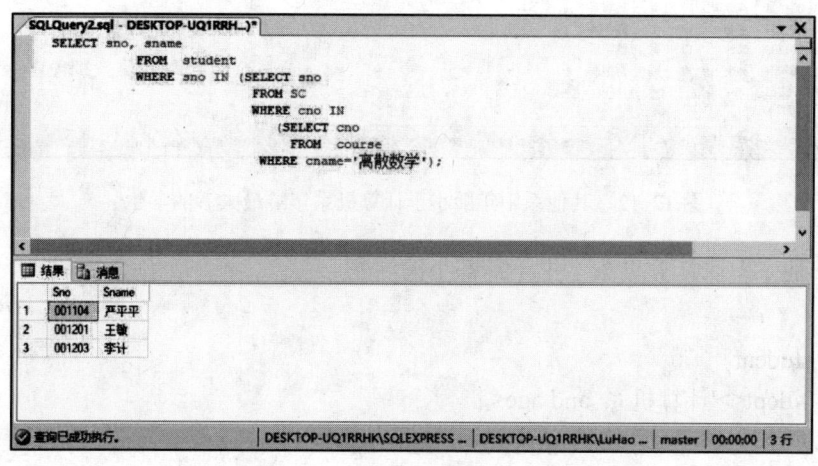

图 12-11　选修了离散数学的学生学号和姓名

（2）求课程号为 1310101 的课程中成绩高于张林的学生的学号和成绩。
SELECT sno,grade
FROM   SC
WHERE   cno='1310101' and grade>
            (SELECT grade
             FROM   SC
             WHERE cno='1310101' and sno=
                    (SELECT sno
                      FROM   student
                      WHERE sname='张林'));

（3）求其他系中年龄小于计算机系年龄最大者的学生，如图 12-12 所示。
SELECT   *
FROM student

WHERE dept<>'计算机系' and age<
            (SELECT   max(age)
                FROM student
                    WHERE dept='计算机系');

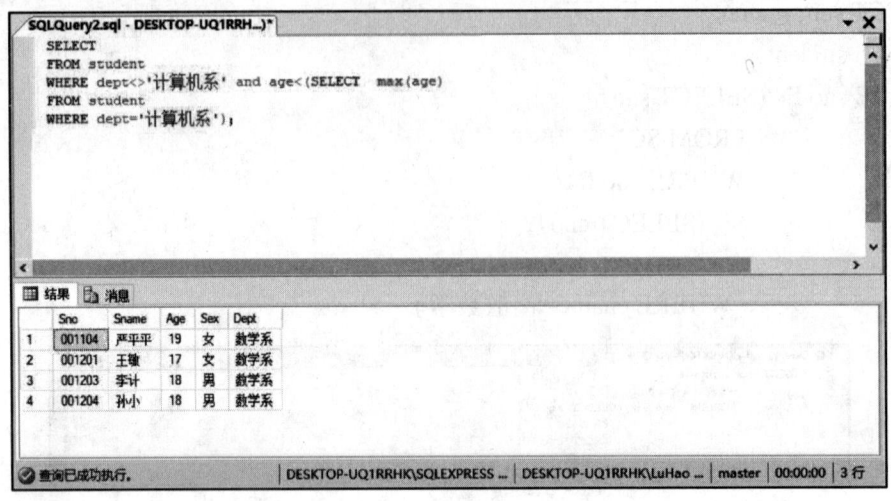

图 12-12 其他系中年龄小于计算机系年龄最大者的学生

（4）求其他系中比计算机系学生年龄都小的学生。
SELECT   *
FROM   student
WHERE   dept<>'计算机系' and age<
                (SELECT   min (age)
                    FROM   student
                        WHERE dept='计算机系');

（5）求选修了 1310206 课程的学生姓名。
SELECT   sname
FROM   student
WHERE   sno   IN (SELECT sno
            FROM   SC
            WHERE cno='1310206');

（6）求没有选修 1310206 课程的学生姓名。
SELECT   sname
  FROM   student
  WHERE   sno not IN (SELECT sno
            FROM   SC
            WHERE cno='1310206');

（7）查询选修了全部课程的学生的姓名。
SELECT sname
FROM student
WHERE exists
　　(SELECT *
　　 FROM course
　　 WHERE exists
　　　　(SELECT *
　　　　 FROM sc
　　　　 WHERE sno=student.sno and cno=course.cno));

（8）求至少选修了学号为"001103"的学生所选修的全部课程的学生学号和姓名。
SELECT sno,sname
FROM student
WHERE sno in
　　(SELECT scx.sno
　　 FROM sc scx
　　 WHERE not exists
　　　　(SELECT *
　　　　 FROM sc scy
　　　　 WHERE scy.sno='001103' and not exists
　　　　　　(SELECT *
　　　　　　 FROM sc scz
　　　　　　 WHERE scz.sno=scx.sno and scz.cno=scy.cno)));

（9）查询选修"计算机基础"的成绩高于平均成绩的学生学号、成绩，如图12-13所示。

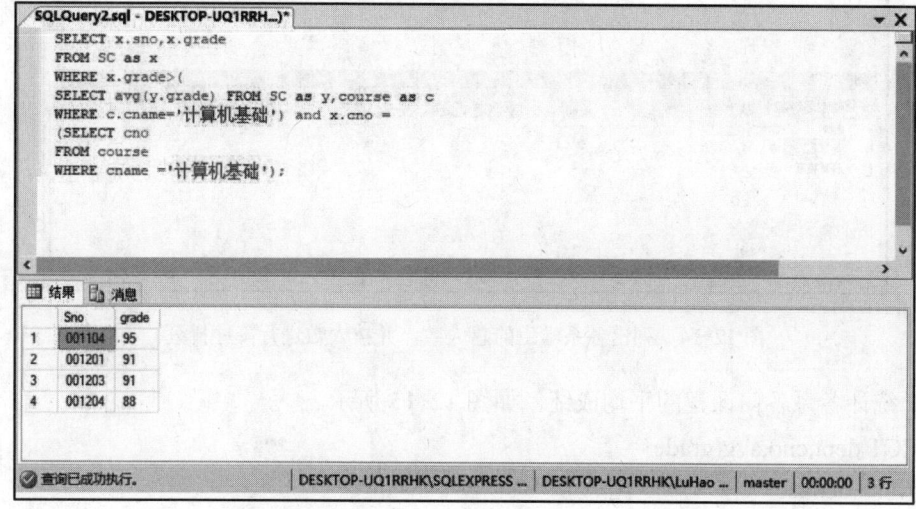

图12-13　成绩高于平均成绩的学生学号、成绩

SELECT x.sno,x.grade
FROM SC as x
WHERE x.grade>(
  SELECT avg(y.grade) FROM SC as y,course as c
  WHERE c.cname='计算机基础') and x.cno =
     (SELECT cno
      FROM course
       WHERE cname ='计算机基础');

（10）求选修计算机基础课程的学生的平均成绩。
SELECT avg(grade)
 FROM sc
 WHERE sno in
  (SELECT sno FROM sc WHERE cno=
    (SELECT cno FROM course
     WHERE cname='计算机基础'));

（11）列出各系学生的总人数，并按人数进行降序排列，如图 12-14 所示。
SELECT dept, count(*) as total
 FROM student
  GROUP BY dept
  ORDER BY total desc;

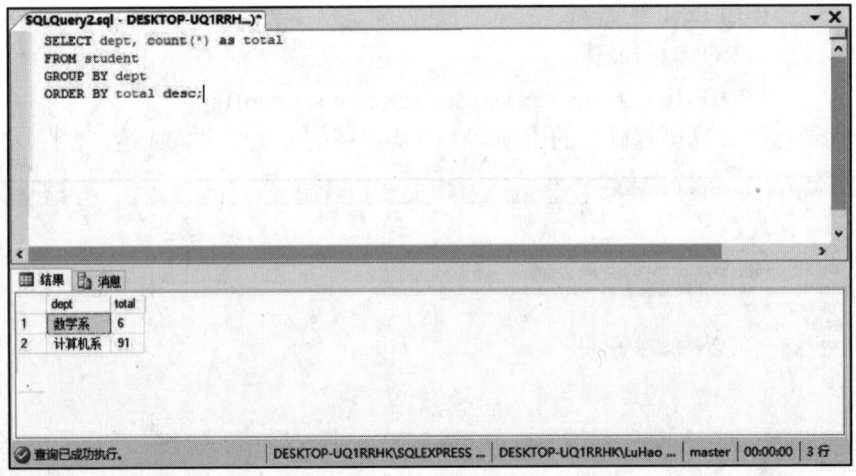

图 12-14 列出各系学生的总人数，并按人数进行降序排列

（12）统计各系各门课程的平均成绩，如图 12-15 所示。
SELECT dept,cno,avg(grade)
FROM student,sc
GROUP BY dept,cno;

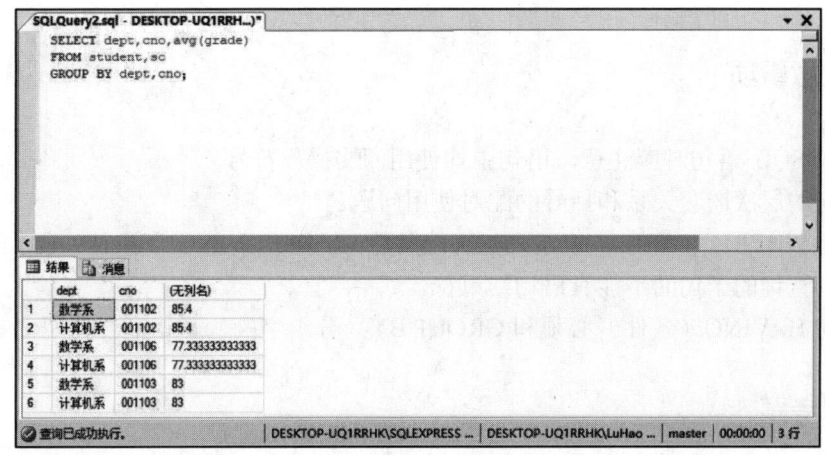

图 12-15 各系各门课程的平均成绩

（13）查询选修计算机基础和离散数学课程的学生学号和平均成绩。

SELECT s1.sno,avg(grade) as 平均分
FROM sc as s1
WHERE '计算机基础' in
    (SELECT cname
      FROM course WHERE cno in
         (SELECT s2.cno FROM sc as s2
            WHERE s2.sno=s1.sno))
and '离散数学' in
         (SELECT cname FROM course
             WHERE cno in
                 (SELECT cno FROM sc as s3
                    WHERE s3.sno=s1.sno))
Group by s1.sno;

（14）创建视图。

学生选课数据库中已经建立了 student、course 和 SC 这 3 个表，结构如下：

student（sno,sname,age,sex,dept）
course（cno,cname,credit,pcno,describe）
SC（sno,cno,grade）

如果要在上述 3 个表的基础上建立一个视图，取名为 SC_VIEW，其 SQL 语句如下：

CREATE VIEW SC_VIEW
AS SELECT STUDENT.* , COURSE.*, SC.GRADE
FROM STUDENT, COURSE, SC
WHERE STUDENT.SNO=SC.SNO AND COURSE.CNO=SC.CNO;

12.5.4 注意事项

（1）输入 SQL 语句时应注意，语句中均使用西文操作符号。
（2）语句的层次嵌套关系和括号的配对使用问题。
（3）子句 WHERE（条件）表示元组筛选条件，子句 HAVING（条件）表示组选择条件。
（4）组合查询的子句间不能有语句结束符。
（5）子句 HAVING（条件）必须和 GROUP BY（分组字段）子句配合使用。

12.5.5 思考题

1. 试用多种形式表示实验中的查询语句，并进行比较。
2. 组合查询语句是否可以用其他语句代替，有什么不同？
3. 使用 GROUP BY（分组条件）子句后，语句中的统计函数的运行结果有什么不同？

12.6 实验六 数据安全性实验

12.6.1 实验目的与要求

（1）加深对数据安全性和完整性的理解。
（2）掌握 SQL Server 中有关用户、角色及操作权限的管理方法。
（3）学会创建和使用规则、默认值和触发器。

12.6.2 实验准备

（1）理解 SQL Server 的安全认证模式。
（2）理解 SQL Server 的用户和角色管理，设置和管理数据操作权限。

12.6.3 实验内容

1. 设置 SQL Server 的安全认证模式

（1）打开 SQL Server Management Studio，右击需要设置的 SQL 服务器，在弹出的快捷菜单中选择"属性"命令，如图 12-16 所示。
（2）在弹出的 SQL 服务器属性窗口中，选择"安全性"选项卡，如图 12-17 所示。
（3）在"安全性"选项卡中有一个"服务器身份认证"区域，它包括两个单选按钮：选择"SQL Server 和 Windows 身份验证模式"单选按钮为选择混合安全认证模式；选择"Windows 身份验证模式"单选按钮则为选择集成安全认证模式。

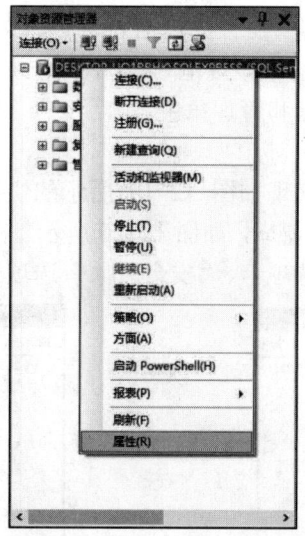

图 12-16 选择"属性"命令

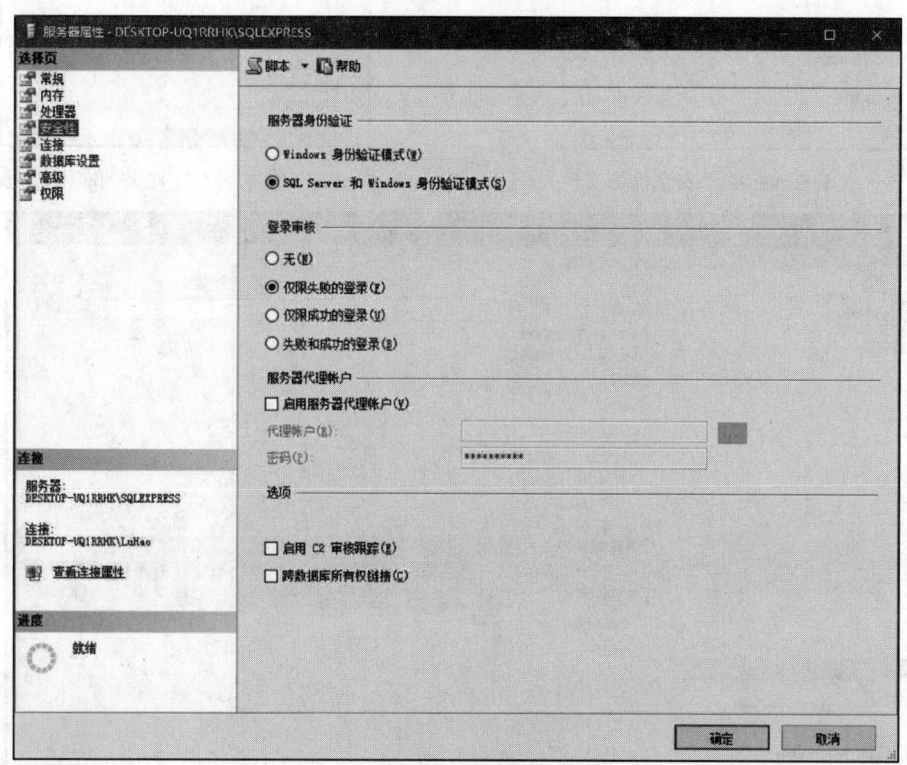

图 12-17 "安全性"选项卡

2. 登录的管理

（1）查看"安全性"文件夹的内容。使用 SQL Server Management Studio 可以创建、查看和管理登录。"登录名"文件夹存放在 SQL 服务器的"安全性"文件夹中。进入 SQL Server Management Studio，打开指定的 SQL 服务器组和 SQL 服务器，并选择"安全性"文件夹后，就会出现如图 12-18 所示的窗口。

12.6 实验六 数据安全性实验 / 251

通过该窗口可以看出，"安全性"文件夹包括 6 个文件夹："登录名""服务器角色""凭据""加密提供程序""审核"和"服务器审核规范"。其中"登录名"文件夹用于存储和管理登录用户；"服务器角色"文件夹用于存储和管理角色。

（2）创建一个登录用户。

① 右击"登录名"文件夹，出现如图 12-19 所示的快捷菜单。选择"新建登录名"命令后，就会出现一个"登录名-新建"窗口，如图 12-20 所示。在该窗口中有"常规"选项卡、服务器角色"选项卡、"用户映射"选项卡、"安全对象"选项卡和"状态"选项卡。

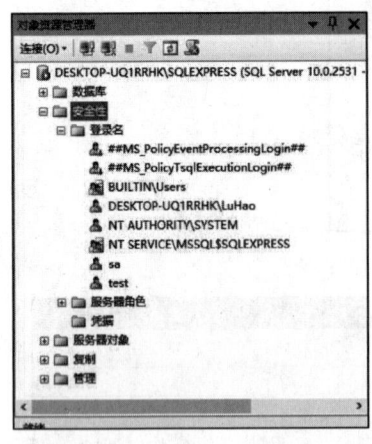
图 12-18　SQL Server 的"安全性"文件夹

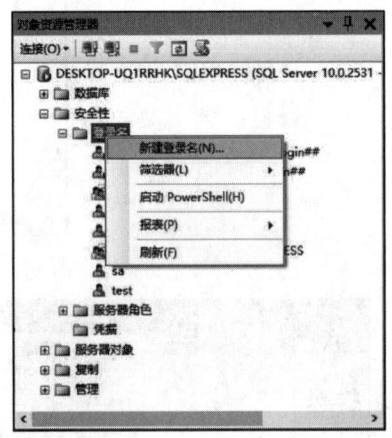
图 12-19　"登录名"文件夹的右键快捷菜单

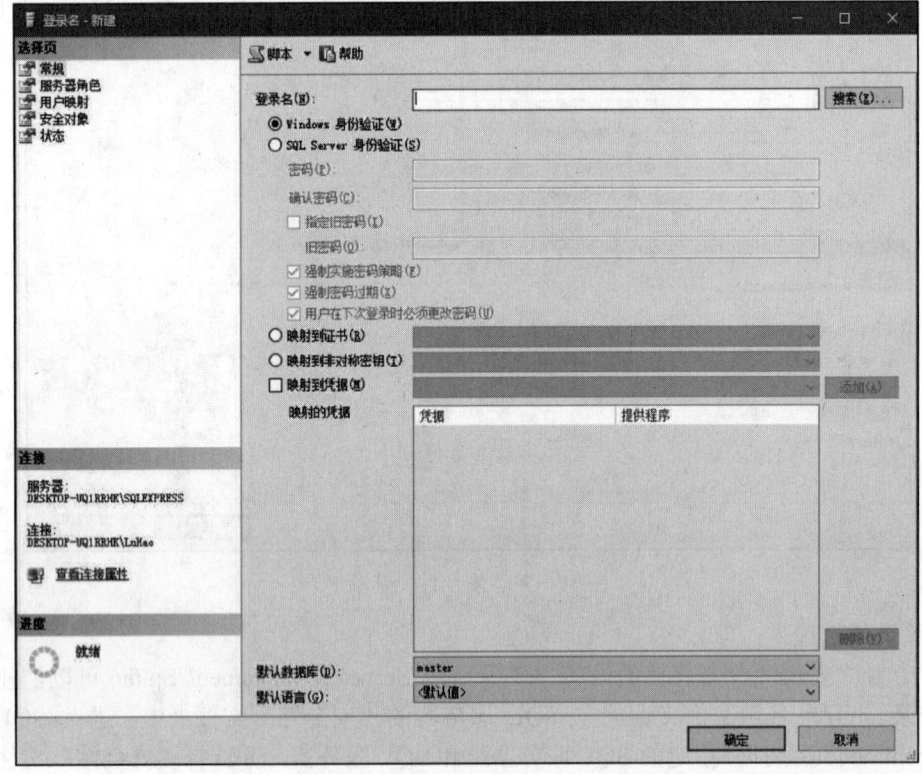
图 12-20　"常规"选项卡

② 在"常规"选项卡中要输入用户名，选择该用户的安全认证模式，选择默认数据库和默认语言。如果使用 SQL Server 安全认证模式，可以直接在"登录名"文本框中输入新登录名，并在下面的栏目中输入登录密码。如果选择 Windows 身份验证，需要单击名称右边的"搜索"按钮，调出"选择用户或组"对话框，如图 12-21 所示，单击"高级"按钮，再单击"立即查找"按钮，从中选择新建的登录名称，如图 12-22 所示。

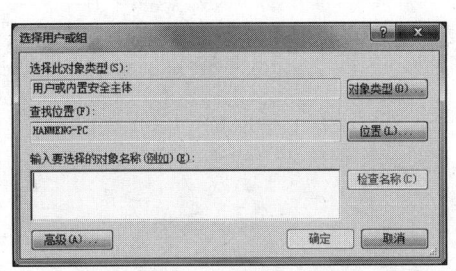

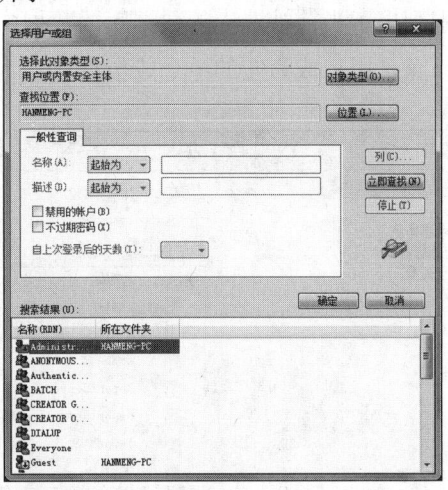

图 12-21 "选择用户或组"对话框　　　　图 12-22　Windows 系统具有的默认登录用户

③ 选择"服务器角色"选项卡，确定用户所属服务器角色。"服务器角色"选项卡如图 12-23 所示，在"服务器角色"选项卡的"服务器角色"列表中列出了系统的固定服务器角色，在这些固定服务器角色的左端有相应的复选框，勾选某个复选框，该登录用户就成为相应的服务器角色成员了。在下面描述栏目中，列出了当前被选中的服务器角色的权限。

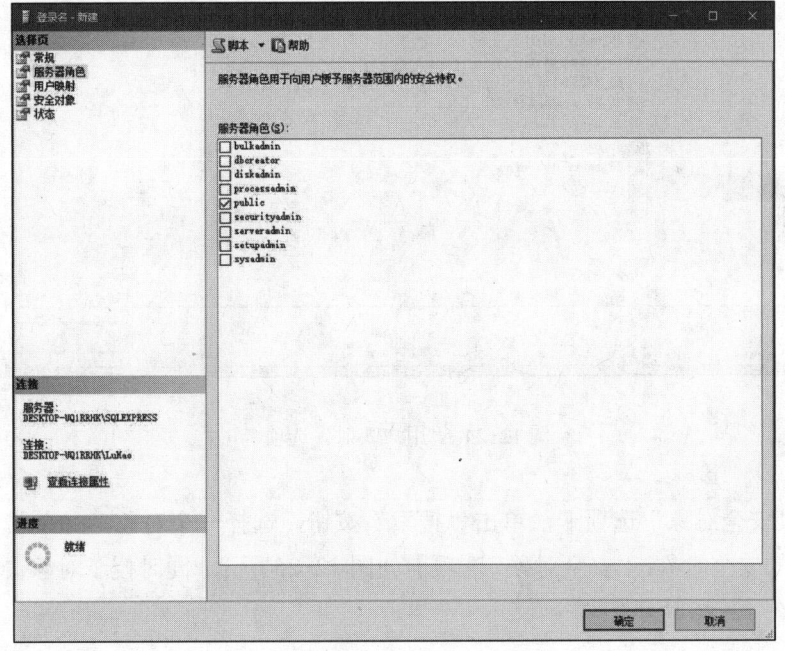

图 12-23 "服务器角色"选项卡

④ 选择"用户映射"选项卡，确定用户能访问的数据库，并确定用户所属的数据库角色。"用户映射"选项卡如图 12-24 所示，在"用户映射"选项卡中有两个列表框：上面的列表框中列出了该 SQL 服务器全部的数据库，单击某个数据库左端的复选框，表示允许该登录用户访问相应的数据库，它右边为该登录用户在数据库中使用的用户名，可以对其进行修改；下面的列表框中列出了当前被选中的数据库的数据库角色清单，单击某个数据库角色左端的复选框，表示使该登录用户成为它的一个成员。

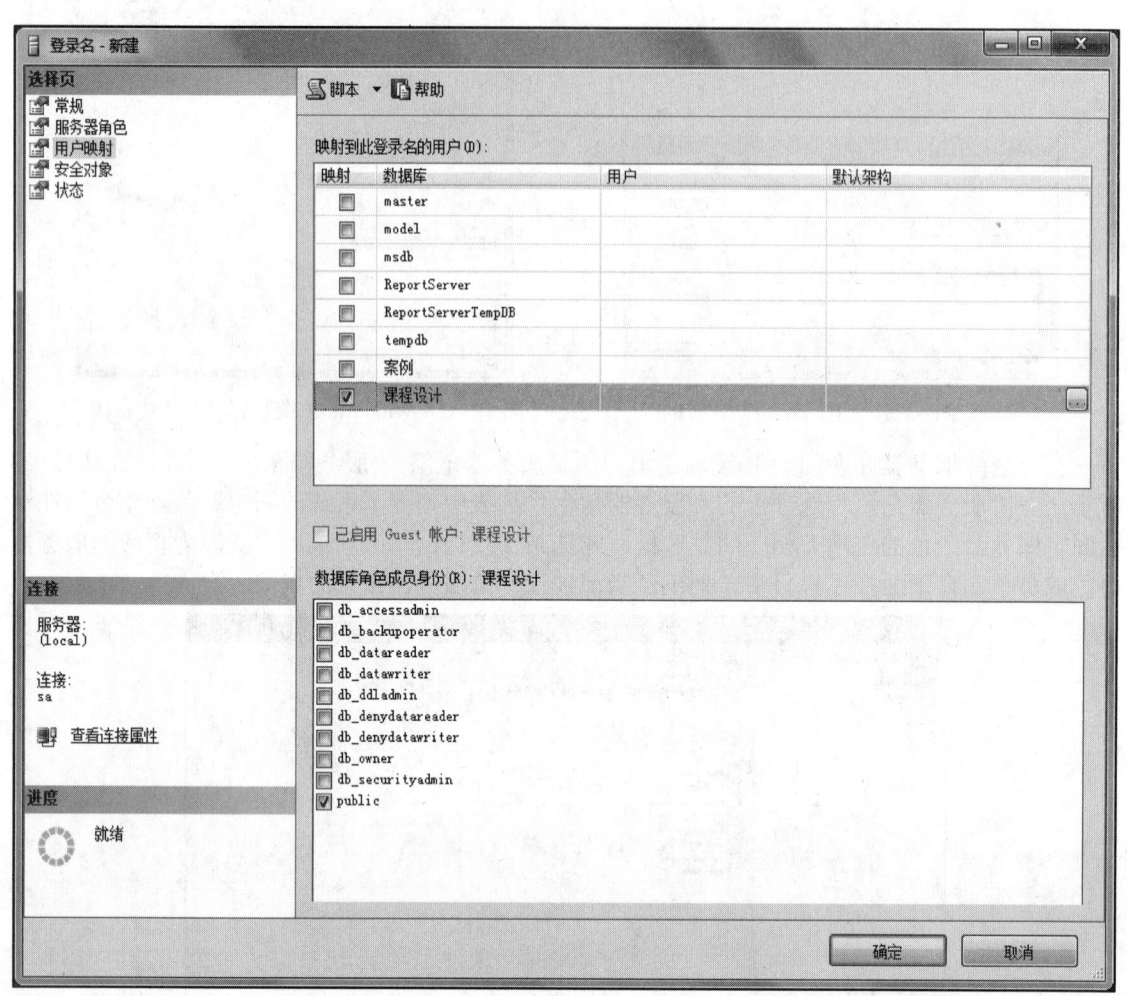

图 12-24 "用户映射"选项卡

⑤ 选择"安全对象"选项卡，单击"搜索"按钮，选择一个对象，并单击"确定"按钮确定用户所属的安全对象，"安全对象"选项卡如图 12-25 所示；同时授予对象一些自己将要用到的权限，如图 12-26 所示。

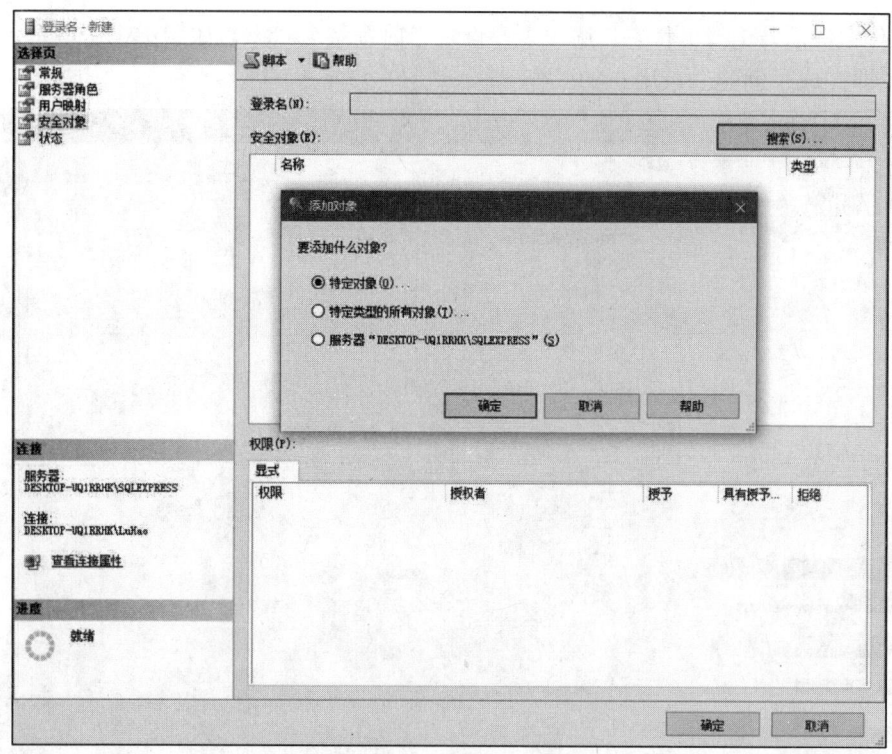

图 12-25 "安全对象"选项卡

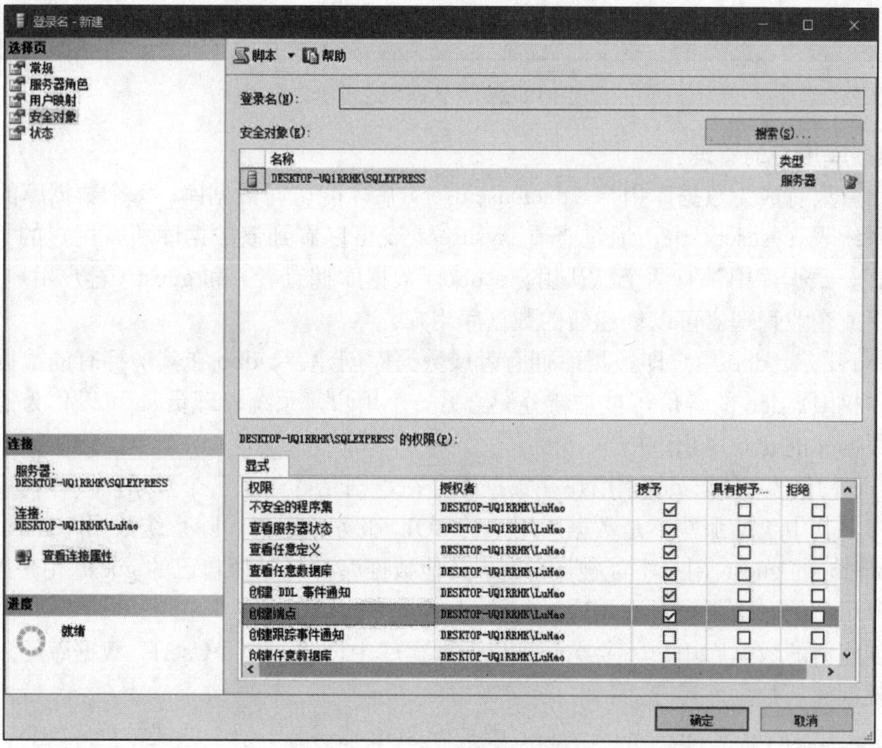

图 12-26 安全对象权限授予

12.6 实验六 数据安全性实验 / 255

⑥ 操作完成后，选择"状态"选项卡，查看当前登录名状态，如图 12-27 所示，单击"确定"按钮，即完成了创建登录用户的工作。

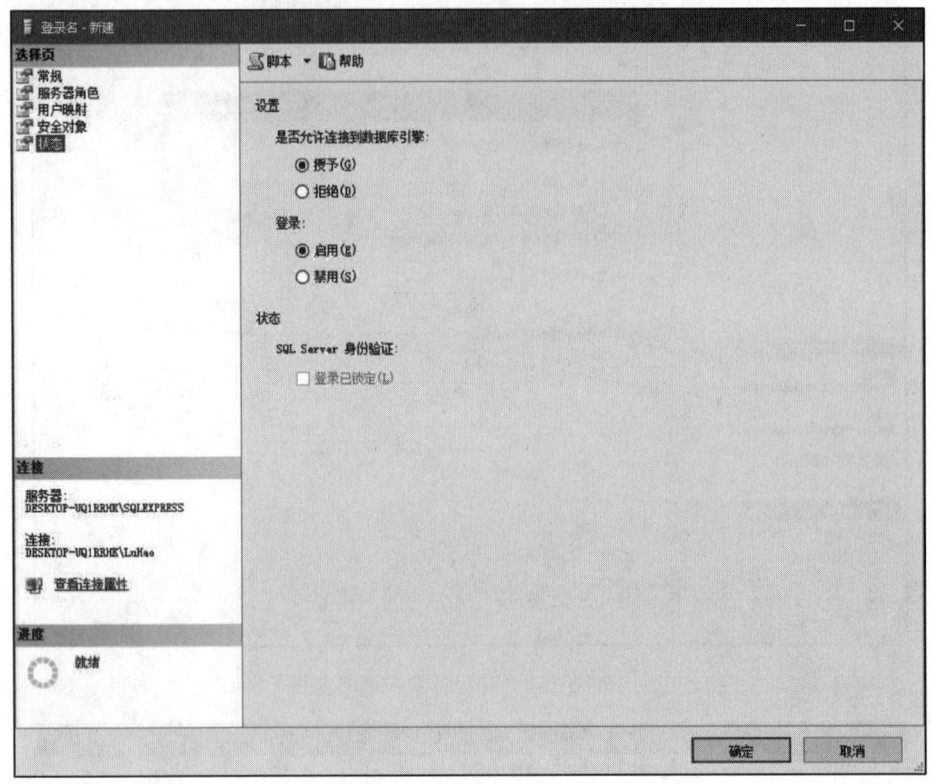

图 12-27 "状态"选项卡

3. 数据库用户的管理

登录用户只有成为数据库用户（database user）后才能访问数据库。每个数据库的用户信息都存放在系统表 sysusers 中，通过查看 sysusers 表可以看到该数据库所有用户的情况。SQL Server 的任一数据库中都有两个默认用户：dbo（数据库拥有者）和 guest（客户用户）。通过系统存储过程或企业管理器可以创建新的数据库用户。

（1）dbo 用户。dbo 用户即数据库拥有者或数据库创建者，dbo 在其所拥有的数据库中拥有所有的操作权限。dbo 的身份可被重新分配给另一个用户，系统管理员 sa 可以作为他所管理系统的任何数据库的 dbo 用户。

（2）guest 用户。如果 guest 用户在数据库存在，则允许任意一个登录用户作为 guest 用户访问数据库，其中包括那些不是数据库用户的 SQL 服务器用户。除系统数据库 master 和临时数据库 tempdb 的 guest 用户不能被删除外，其他数据库都可以将自己的 guest 用户删除，以防止非数据库用户的登录用户对数据库进行访问。

（3）创建新的数据库用户。要在学生选课数据库中创建一个"User1"数据库用户，可以按下面的步骤创建新数据库用户。

① 在 SQL Server Management Studio 中扩展 SQL 服务器、学生选课数据库文件夹和"安全性"文件夹。右击"用户"文件夹，弹出一个快捷菜单，如图 12-28 所示。在弹出的快捷菜单

中选择"新建用户"命令，会出现如图 12-29 所示的"数据库用户-新建"窗口。

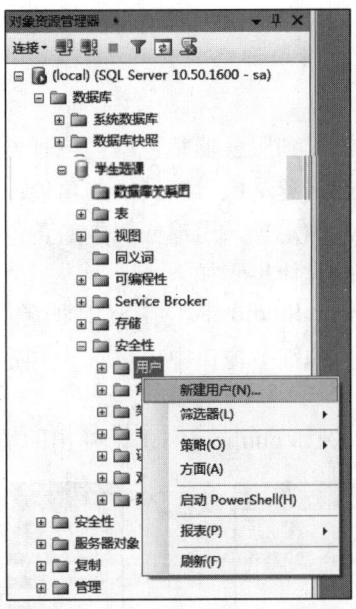

图 12-28 "用户"文件夹的右键快捷菜单

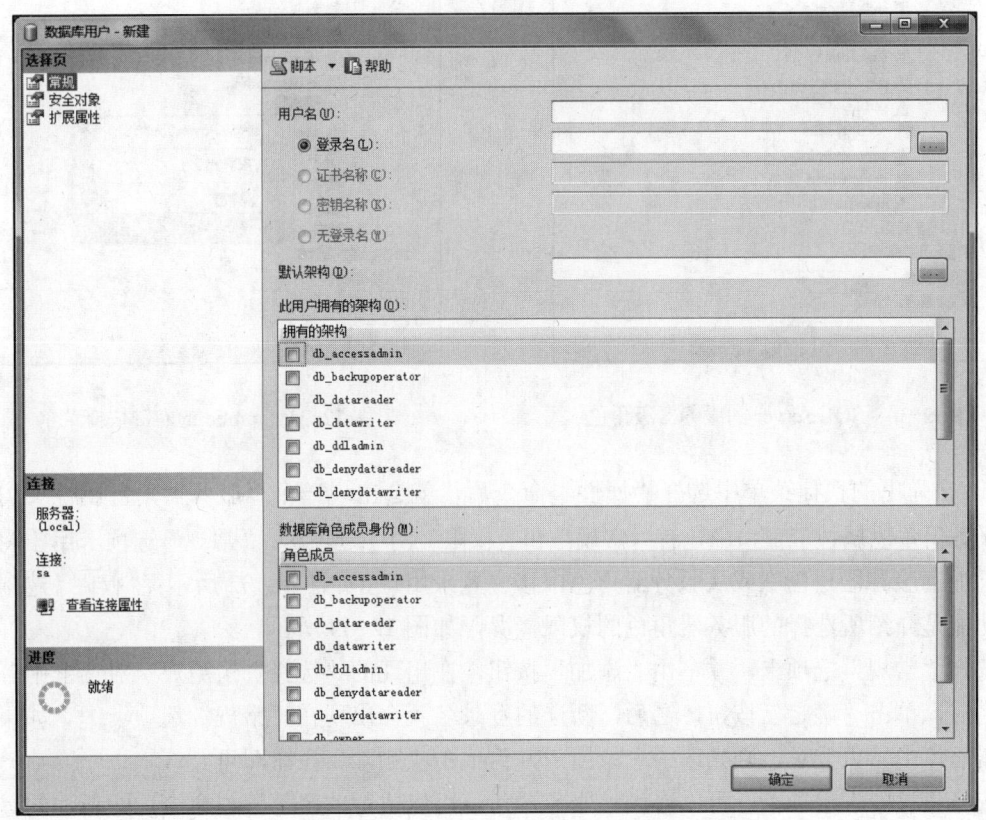

图 12-29 "数据库用户-新建"窗口

② 在"登录名"文本框中选择一个 SQL 服务器登录用户名，在"用户名"文本框中输入数据库用户名。最后，在下面的"数据库角色成员身份"列表框中选择该数据库用户参加的角色。单击"确定"按钮即可。

4．服务器级角色的管理

登录用户可以通过两种方法加入到服务器角色中：一种方法是在创建登录时，通过服务器角色页面中的服务器角色选项，确定登录用户应属于的角色；另一种方法是对已有的登录，通过增加或移出服务器角色的方法，确定登录用户应属于的角色。

使登录用户加入服务器角色的具体步骤如下。

① 在 SQL Server Management Studio 中扩展 SQL 服务器、"安全性"文件夹。单击"服务器角色"文件夹后，就会在右面的细节窗口中出现 8 个预定义的服务器级角色，如图 12-30 所示

② 选中一个服务器级角色，例如 public，右击，弹出的快捷菜单如图 12-31 所示。

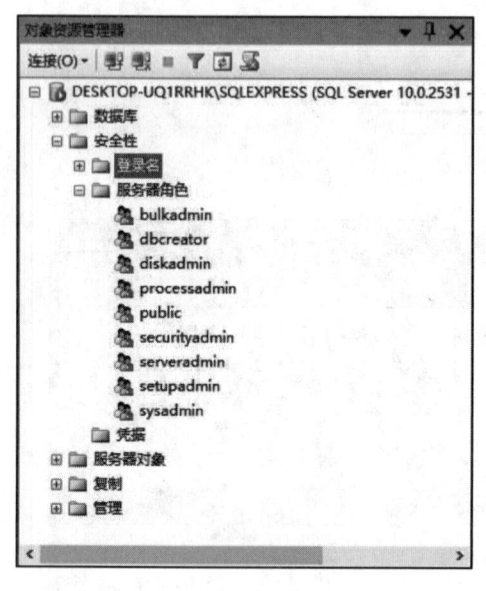
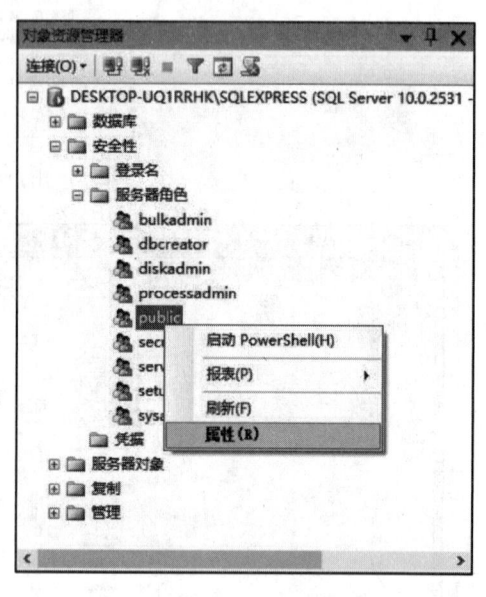

图 12-30　SQL Server 的服务器级角色　　　　　　图 12-31　public 的右键快捷菜单

③ 在弹出的快捷菜单中选择"属性"命令后，就会出现一个"服务器角色属性"窗口。在"服务器角色属性"窗口中，有"常规"和"权限"两个选项卡："常规"选项卡用于将登录用户添加到服务器角色中或从服务器角色中移去登录用户，如图 12-32 所示；"权限"选项卡的主要功能是介绍所选择的服务器角色的权限情况，如图 12-33 所示。

选择"常规"选项卡，并单击"添加"按钮，在出现的"选择登录用户"对话框中，选择登录名后，单击"确定"按钮，之后，新选的登录名就会出现在"常规"选项卡中。如果要从服务器角色中移去登录，则先选中登录用户，再单击"删除"按钮即可。

选择"权限"选项卡，可以看到该服务器角色可以执行的全部管理命令，即新加的登录名也可以使用这些操作命令。

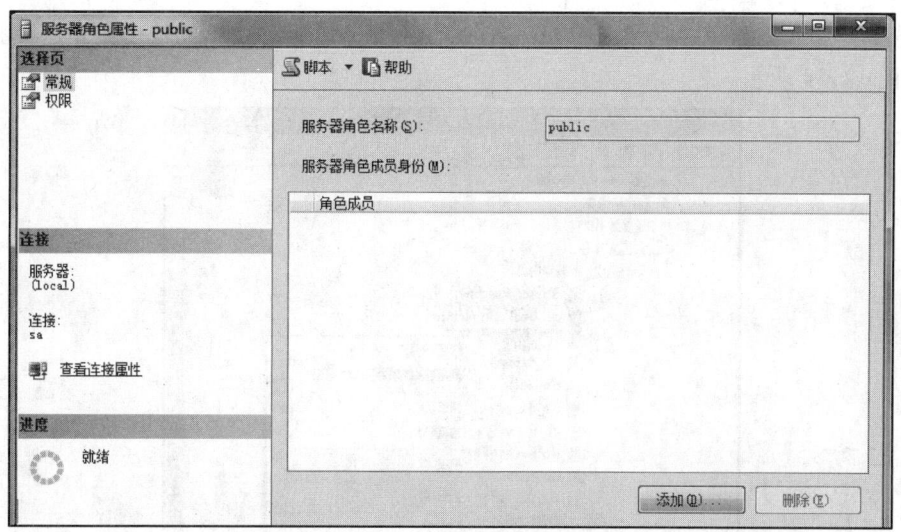

图 12-32 "常规"选项卡

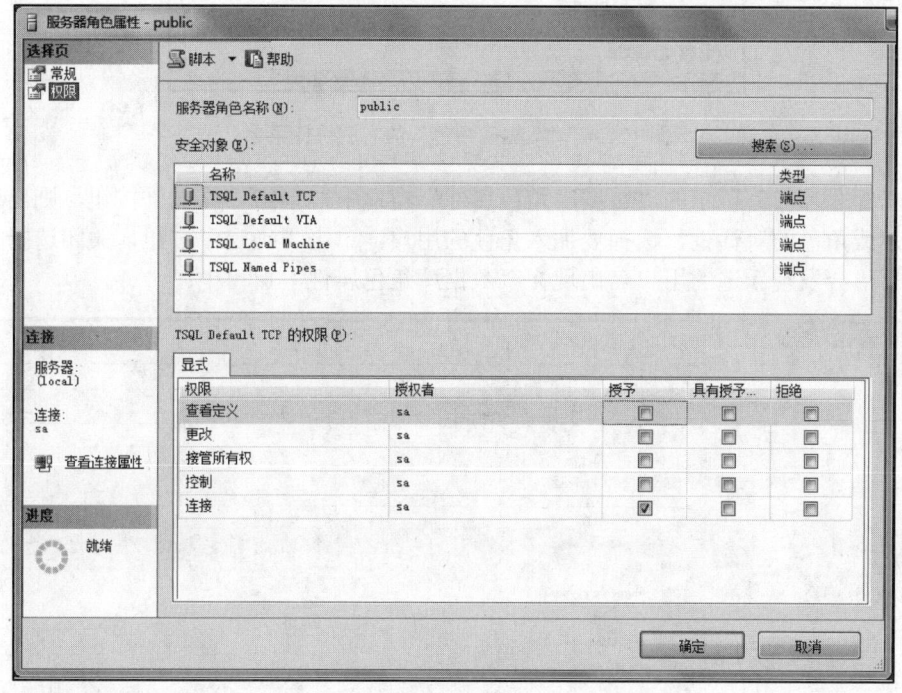

图 12-33 "权限"选项卡

5. 数据库角色的管理

（1）在数据库角色中增加或移去用户。

① 在 SQL Server Management Studio 中展开一个 SQL 服务器、"数据库"文件夹、指定的数据库文件夹和"安全性"文件夹，选中"角色"文件夹后，在细节窗口中就会出现该数据库已有的角色。

② 选中要加入的角色，例如选中 db_owner 角色，右击，在弹出的快捷菜单中选择"属性"命令，如图 12-34 所示。

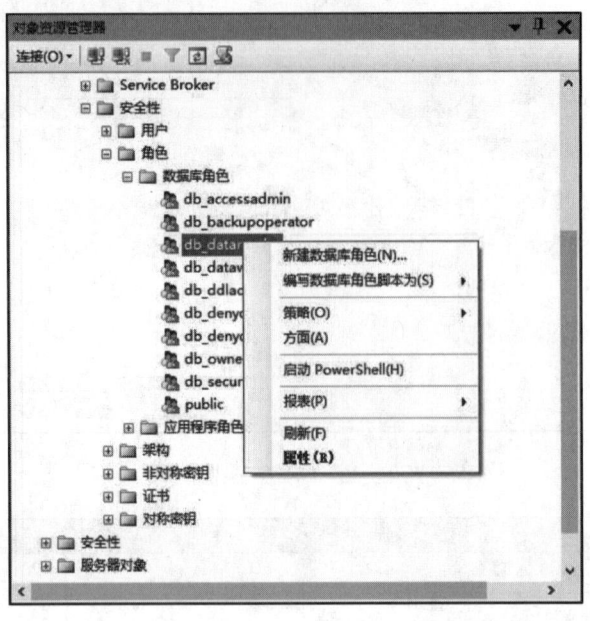

图 12-34 "数据库角色"的右键快捷菜单

③ 在如图 12-35 所示的"数据库角色属性"窗口中，单击"添加"按钮，则出现选择该数据库用户或角色的对话框，选择要加入角色的用户，单击"确定"按钮，关闭选择数据库用户对话框后，会发现新选的用户名出现在"数据库角色属性"窗口中。

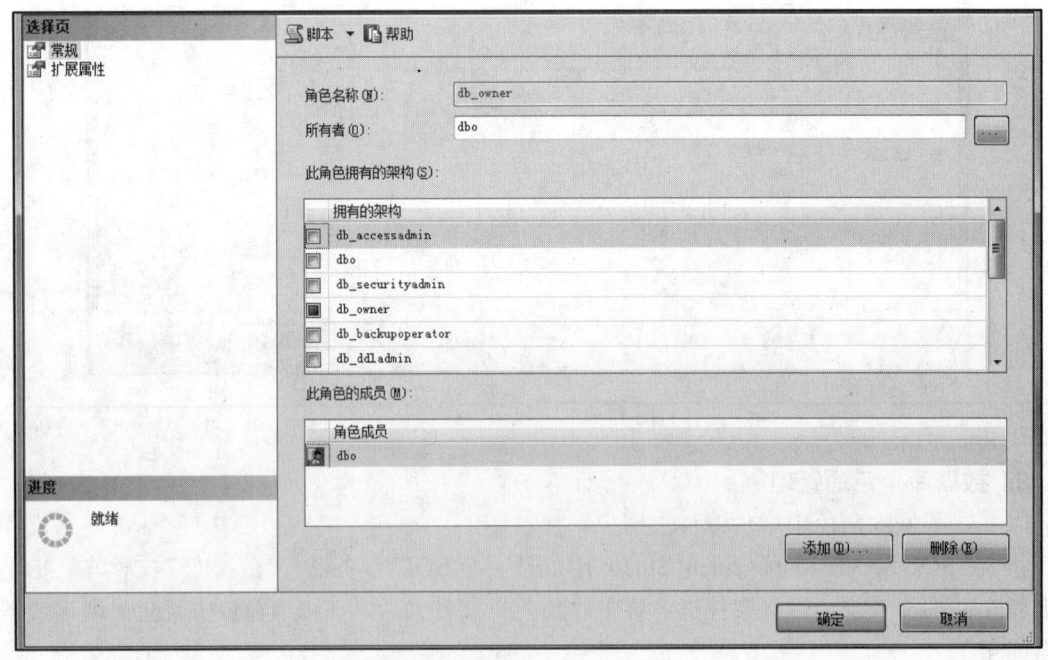

图 12-35 "数据库角色属性"窗口

④ 如果要在数据库角色中移走一个用户，在用户栏中选中它后，单击"删除"按钮。完成后，单击"确定"按钮。

（2）创建新的数据库角色。

① 在 SQL Server Management Studio 中打开 SQL 服务器组、服务器、"数据库"文件夹、特定的数据库文件夹和"安全性"文件夹。选中"角色"文件夹后，右边的细节窗口显示该数据库中的角色，右击任意角色，并在弹出的快捷菜单中选择"新建数据库角色"命令。

② 在如图 12-36 所示的"数据库角色-新建"窗口的"角色名称"文本框中输入新角色名。此新建数据库角色为标准类型。数据库角色的类型有两种选择：标准角色（standard role）和应用程序角色（application role）。标准角色用于正常的用户管理，它可以包括成员；而应用程序角色是一种特殊角色，需要指定口令，是一种安全机制。

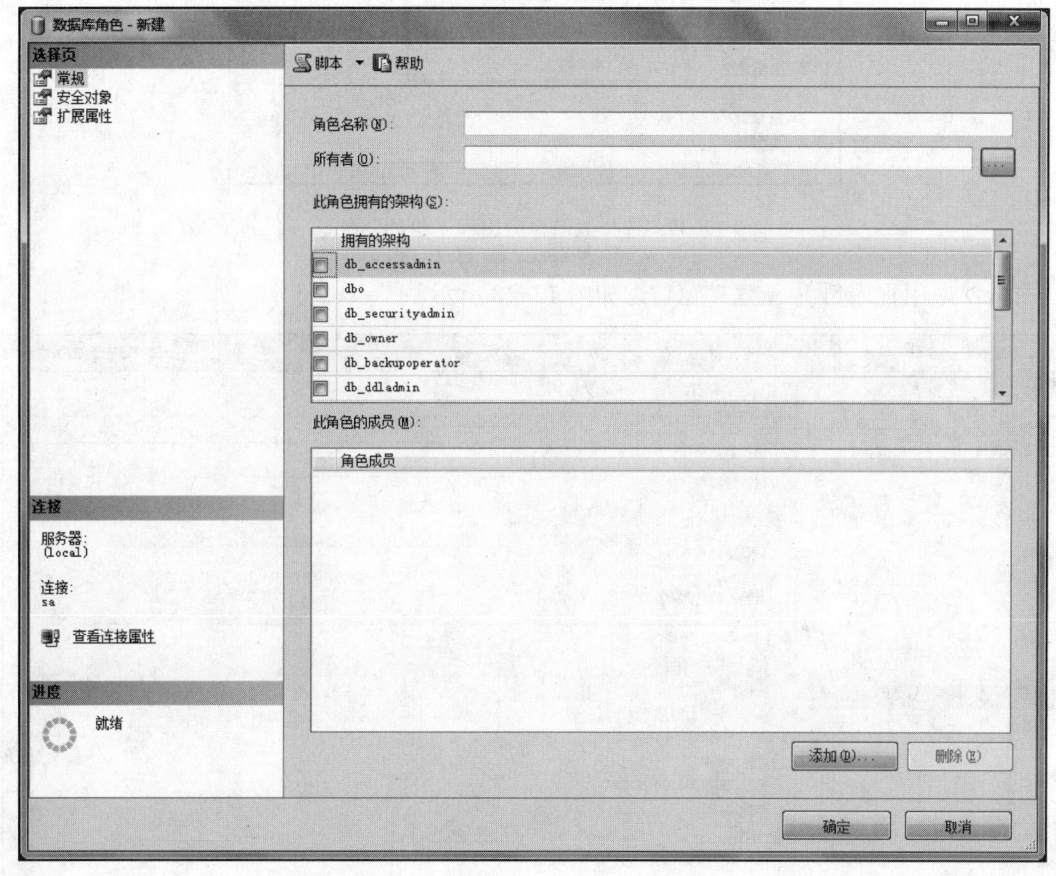

图 12-36 "数据库角色新建"窗口

③ 创建应用程序角色。在 SQL Server Management Studio 中打开 SQL 服务器组、服务器、"数据库"文件夹、特定的数据库文件夹和"安全性"文件夹。选中"角色"文件夹后，右边的细节窗口显示该数据库中的角色，右击应用程序角色，并在弹出的快捷菜单中选择"新建应用程序角色"命令，如图 12-37 所示。

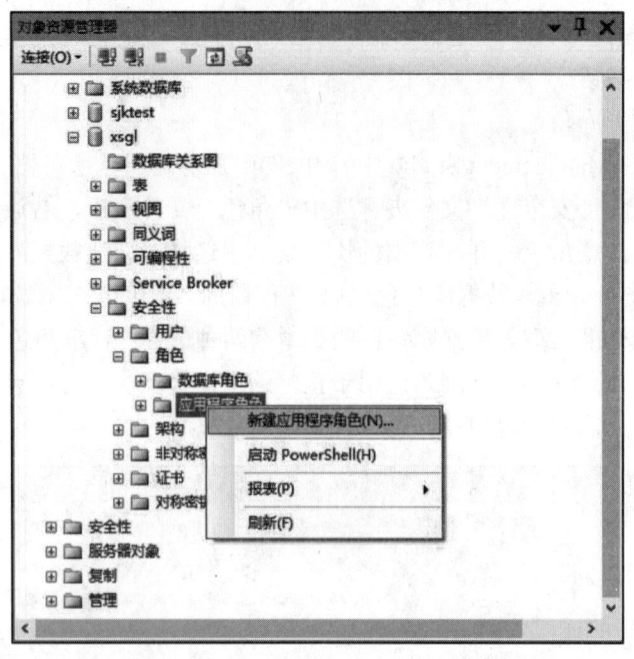

图 12-37　选择"新建应用程序角色"命令

打开"应用程序角色-新建"窗口,如图 12-38 所示。

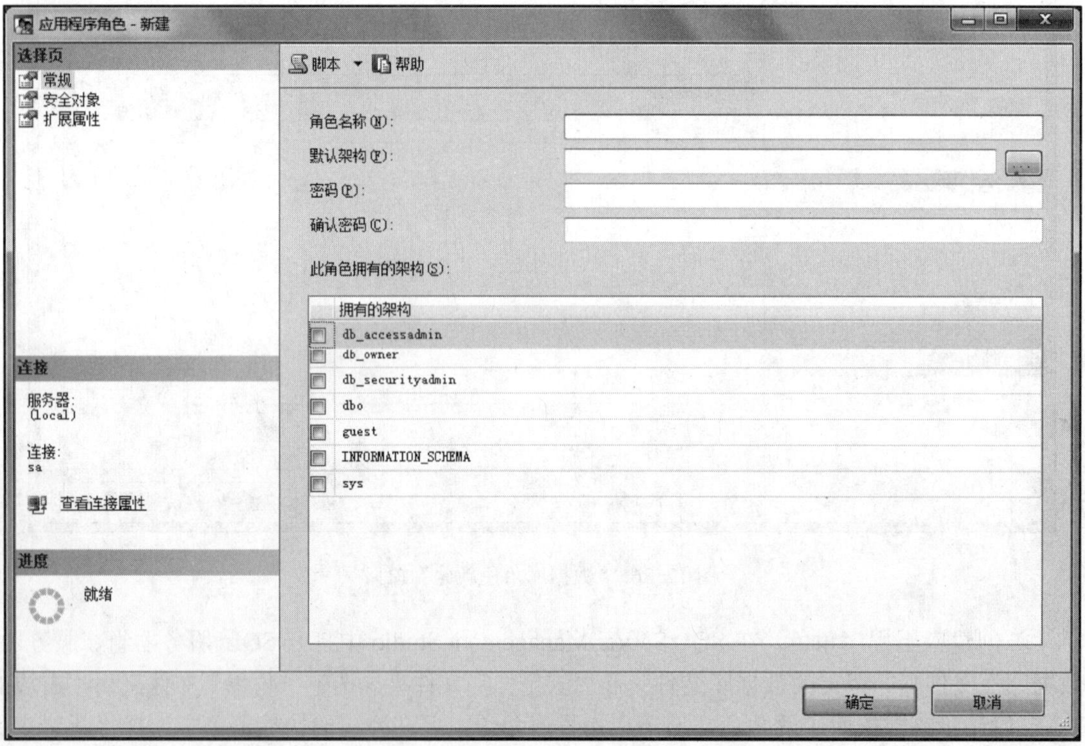

图 12-38　"应用程序角色-新建"窗口

6. 对象权限的管理

对象权限的管理可以通过两种方法实现：一种是通过对象管理它的用户及操作权；另一种是通过用户管理对应的数据库对象及操作权。具体使用哪种方法要视管理的方便性来决定。

（1）通过对象授予、撤销和废除用户权限。如果要一次为多个用户（角色）授予、撤销和废除对某一个数据库对象的权限，应采用通过对象的方法实现。在 SQL Server 2008 的 SQL Server Management Studio 中，实现对象权限管理的操作步骤如下。

① 展开 SQL 服务器、"数据库"文件夹和数据库，选中一个数据库对象，例如，选中"课程设计"数据库中的"表"文件夹中的"dbo.班级"表，右击，使之出现快捷菜单。

② 在弹出的快捷菜单中，选择"属性"命令，如图 12-39 所示。随后就会出现一个权限选项卡，单击此选项卡，如图 12-40 所示。

③ 在对象"权限"选项卡的上部有用户或角色项，可以单击"搜索"按钮选择自己想设置权限的用户或角色

④ 在对象"权限"选项卡的下部是有关数据库用户和角色所对应的权限表，共有 3 种权限：授予、具有授予权限、拒绝。如果想要授予某种权限，可在对应的复选框打"√"。在表中可以对各用户或角色的各种对象操作权（SELECT、INSERT、UPDATE、DELETE、EXEC 和 DRI）进行授予或撤销。

⑤ 完成后单击"确定"按钮。

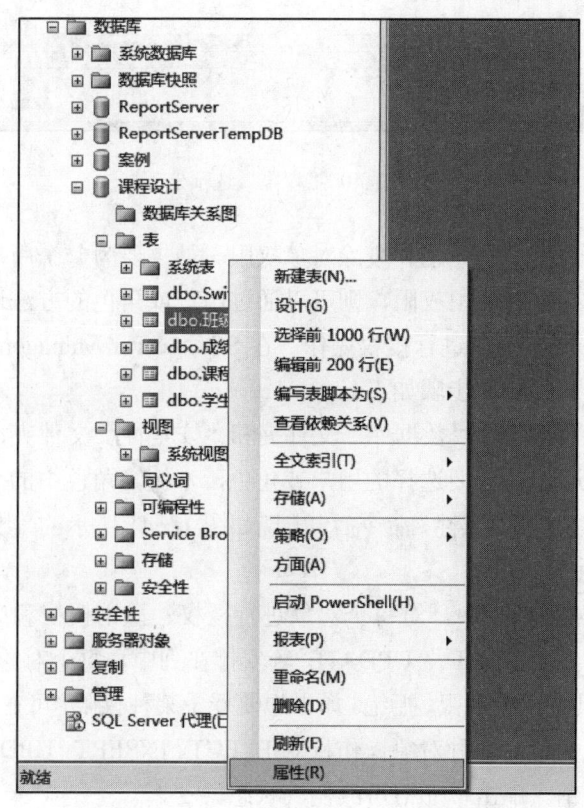

图 12-39 在弹出菜单中选择属性项

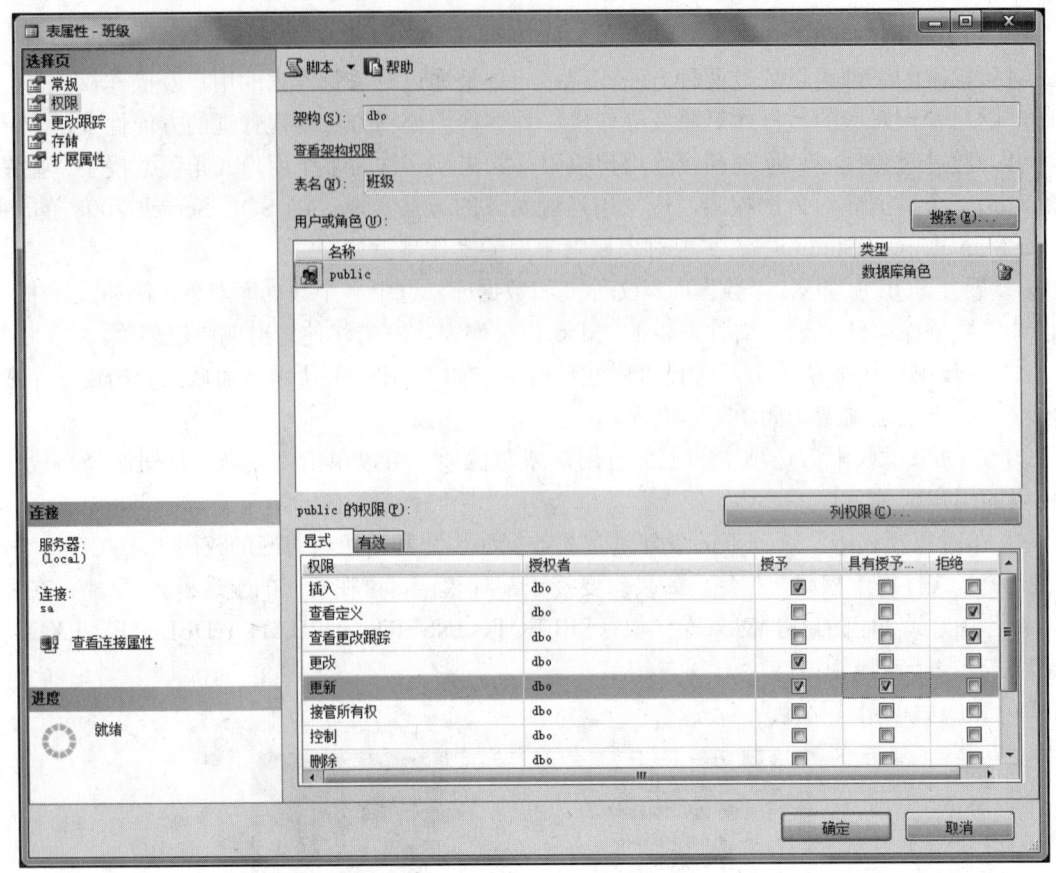

图 12-40 "权限"选项卡

（2）通过用户或角色授予、撤销和废除对象权限。如果要为一个用户或角色同时授予、撤销或者废除多个数据库对象的使用权限，则可以通过用户或角色的方法进行。例如，要对"课程设计"数据库中的 public 角色进行授权操作。在 SQL Server Management Studio 中，通过用户或角色授权（或收权）的操作步骤如下。

① 展开一个 SQL 服务器、"数据库"文件夹和"安全性"文件夹，单击"用户"或"角色"文件夹。在细节窗口中找到要选择的用户或角色，本例为角色中的 public 角色，右击该角色。在弹出的快捷菜单中选择"属性"命令后，出现如图 12-41 所示的"数据库角色属性-public"窗口。

② 在该窗口中的权限列表中，对每个对象进行授权、撤销授权和废除授权的操作。在权限表中，权力 SELECT、INSERT、UPDATE 等安排在列中，每个对象的操作权用一行表示，共有 3 种权限：授予、具有授予权限、拒绝。如果想要授予某种权限，可在对应的复选框打"√"。在表中可以对各用户或角色的各种对象操作权（SELECT、INSERT、UPDATE、DELETE、EXEC 和 DRI）进行授予或撤销。单击单元格可改变其状态。

③ 完成后，单击"确定"按钮。

图 12-41 "数据库角色属性-public"窗口

12.6.4 注意事项

（1）用户、角色和权限的职能，以及它们之间的关系。
（2）两种 SQL Server 的安全认证模式及特点。

12.6.5 思考题

1. SQL Server 中有哪些数据安全性功能？性能怎样？有哪些不足之处？
2. SQL Server 中有哪些数据完整性功能？性能怎样？有哪些不足之处？

12.7 实验七　完整性约束的实现

12.7.1 实验目的与要求

（1）掌握 SQL 中实现数据完整性的方法。

（2）加深理解关系数据模型的 3 类完整性约束。

12.7.2 实验准备

（1）复习"完整性约束 SQL 定义"。
（2）了解 SQL Server 中实体完整性、参照完整性和用户自定义完整性的实现手段。

12.7.3 实验内容

用完整性约束定义如表 12-5～表 12-8 所示的 4 个表。

表 12-5 student 表

属 性 名	数 据 类 型	可 否 为 空	含 义	完整性约束
Sno	Char(7)	否	学号	主码
Sname	Varchar(20)	否	学生姓名	
Ssex	Char(2)	否	性别	男或女，默认为男
Sage	Smallint	可	年龄	大于 14，小于 65
Clno	Char(5)	否	学生班级	外部码

表 12-6 course 表

属 性 名	数 据 类 型	可 否 为 空	含 义	完整性约束
Cno	Char(1)	否	课程号	主码
Cnam	Varchar(20)	否	课程名称	
credit	Smallint	可	学分	1～6 之一

表 12-7 class 表

属 性 名	数 据 类 型	可 否 为 空	含 义	完整性约束
Clno	Char(5)	否	班级号	主码
Speciality	Varchar(20)	否	班级所在专业	
Inyear	Char(4)	否	入校年份	
Number	Integer	可	班级人数	大于 1，小于 100
Monitor	Char(7)	可	班长学号	外部码

表 12-8 SC 表

属 性 名	数 据 类 型	可 否 为 空	含 义	完整性约束
Sno	Char(7)	否	学号	主属性，外部码
Cno	Char(7)	否	课程号	主属性，外部码
Gmark	Numeric(4,1)	可	成绩	大于 0，小于 100

（1）关系 SC 中一个元组表示一个学生选修的某门课程的成绩，(Sno, Cno)是外码。Sno、Cno 分别参照引用 S 表的主码和 C 表的主码。

定义 SC 中的参照完整性，语句如下：

```
CREATE TABLE SC
    (Sno CHAR(9)    NOT NULL,
     Cno CHAR(4)    NOT NULL,
    Grade    SMALLINT,
CONSTRAINT C1 PRIMARY KEY(Sno , Cno ),
    /* 主码由两个属性构成,必须作为表级完整性进行定义*/
CONSTRAINT C2 FOREIGN KEY(Sno ) REFERENCES   S(Sno ),
    /* 表级完整性约束条件,Sno 是外码,被参照表是 S */
CONSTRAINT C3 FOREIGN KEY(Cno ) REFERENCES   C(Cno )) ;
    /* 表级完整性约束条件,Cno 是外码,被参照表是 C*/
```
(2)显式说明参照完整性的违约处理。
```
CREATE TABLE SC
    (Sno    CHAR(9)   NOT NULL,
     Cno    CHAR(4)   NOT NULL,
       Grade   SMALLINT,
    CONSTRAINT C1 PRIMARY KEY(Sno , Cno ),
    CONSTRAINT C2   FOREIGN KEY (Sno) REFERENCES S(Sno)
        ON DELETE CASCADE       /*级联删除 SC 表中相应的元组*/
            ON UPDATE CASCADE, /*级联更新 SC 表中相应的元组*/
    CONSTRAINT C3 FOREIGN KEY (Cno) REFERENCES C (Cno)
            ON DELETE NO ACTION
        /*当删除 C 表中的元组造成了与 SC 表不一致时拒绝删除*/
            ON UPDATE CASCADE
        /*当更新 C 表中的 Cno 时,级联更新 SC 表中相应的元组*/
    );
```

12.8 实验八 数据库备份和恢复实验

12.8.1 实验目的与要求

(1)了解 SQL Server 的数据备份和恢复机制。
(2)掌握 SQL Server 中的数据库备份和恢复的方法。

12.8.2 实验准备

(1)用 SQL Server Management Studio 创建一个备份设备。

（2）为课程设计数据库设置一个备份计划，要求每当CPU空闲时进行数据库备份。

（3）在SQL Server Management Studio中恢复课程设计数据库。

（4）修改课程设计数据库备份计划，要求每星期对数据库备份一次。

12.8.3 实验内容

1．创建、查看和删除备份设备

（1）创建备份设备。在SQL Server Management Studio中，找到扩展要操作的SQL服务器对象，右击后，在弹出的快捷菜单中选择"新建"|"备份设备"命令，出现如图12-42所示的"备份设备"对话框。

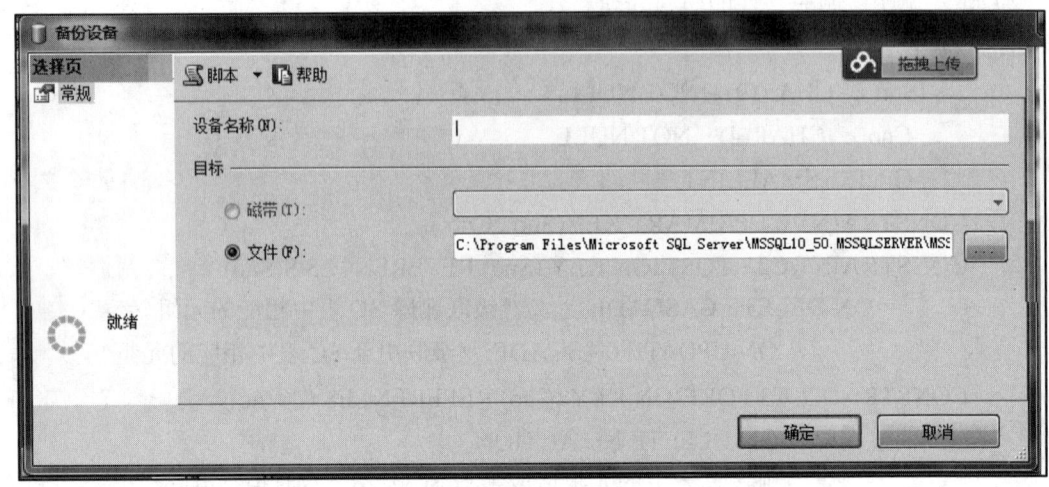

图 12-42 "备份设备"对话框

在"备份设备"对话框中，执行下列操作：输入备份设备的逻辑名称；确定备份设备的文件名；单击"确定"按钮。

在确定备份设备的文件名时，需要单击"文件"文本框最右边的"浏览"按钮，并在弹出的"文件名"对话框中确定或改变备份设备的默认磁盘文件路径和文件名。

（2）查看备份设备的相关信息。查看备份设备的相关信息时，需要执行的操作是，在服务器对象中，选择"管理"文件夹和"备份"文件夹，在细节窗口中找到要查看的备份设备；右击该备份设备，在弹出的快捷菜单上选择"属性"命令，弹出如图12-43所示的"备份设备"对话框；单击设备名称右边的"查看"按钮，可弹出备份设备的信息框，从中可以得到备份数据库及备份创建日期等信息。

（3）删除备份设备。如果要删除一个不需要的备份设备，首先，在服务器对象中选中该备份设备，并右击；在弹出的快捷菜单中选择"删除"命令；在"确认删除"对话框中，单击"确定"按钮。

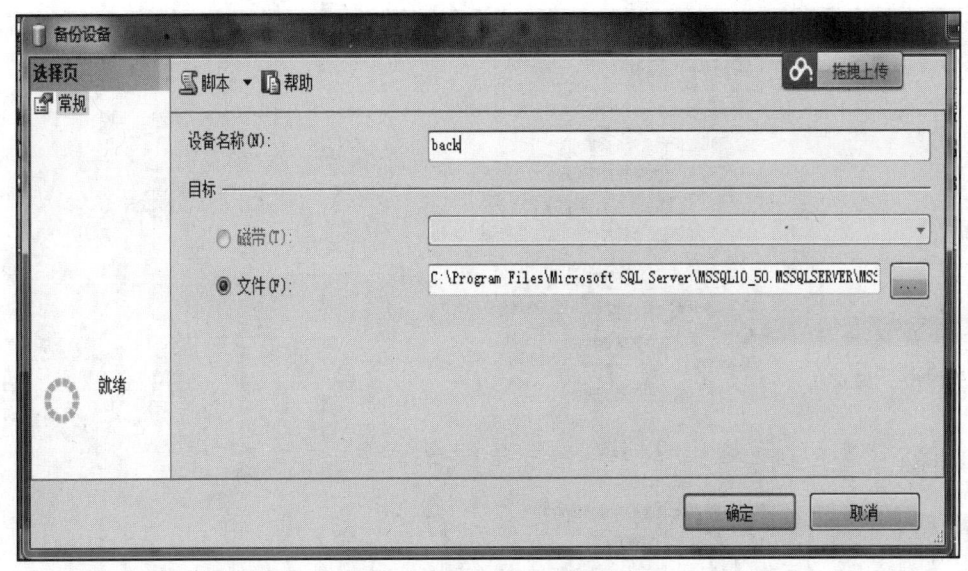

图 12-43 "备份设备"对话框

2. 备份数据库

(1) 进入"备份数据库"窗口。

在 SQL Server Management Studio 中,右击要备份的数据库;在弹出的快捷菜单中选择"任务"|"备份"命令,弹出"备份数据库"窗口。该窗口有"常规"和"选项"两个选项卡,"常规"选项卡的界面如图 12-44 所示,"选项"选项卡的界面如图 12-45 所示。

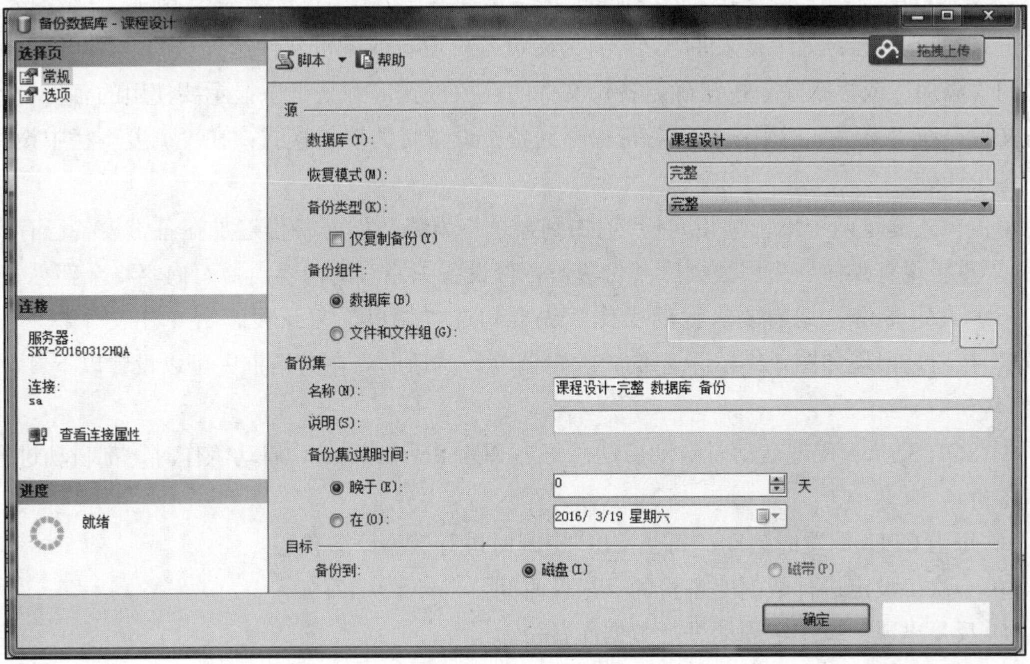

图 12-44 "常规"选项卡

12.8 实验八 数据库备份和恢复实验 / 269

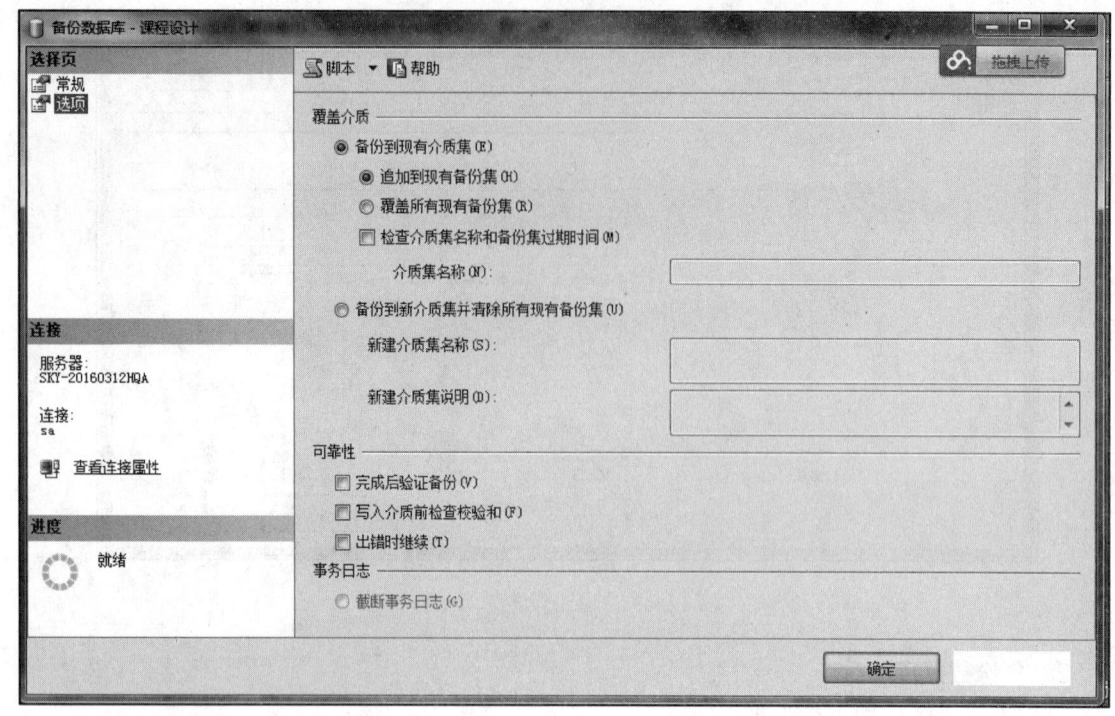

图 12-45 "选项"选项卡

(2) 在"常规"选项卡中完成以下操作。在"数据库"文本框中选择要备份的数据库；在"名称"文本框中为备份取一个便于识别的名称；选择备份方法，可选择完全备份、差异备份（增量备份）、事务日志、文件或文件组之一；为磁盘备份设备或备份文件选择目的地，即通过列表右边的"添加"或"删除"按钮确定备份文件的存放位置，列表框中显示要使用的备份设备或备份文件；在"重写"栏中选择将备份保存到备份设备时的覆盖模式；在"调度"栏中设置数据库备份计划。

覆盖模式通过两个单选项指定："追加到媒体"为将数据库备份追加在备份设备已有内容之后；"重写现有媒体"为用数据库备份覆盖备份设备中原有的内容，原有内容将全部丢失。

(3) 设定备份计划需要执行的操作。先要勾选"调度"复选框，并单击文本框右边的"浏览"按钮，出现如图 12-46 所示的"编辑调度"对话框，在对话框中可以设置以下 4 种备份类型。

① SQL Server 代理启动时自动启动：每当 SQL Server Agent 启动工作时，都自动进行数据库备份。

② 每当 CPU 闲置时启动：每当 CPU 空闲时进行数据库备份。

③ 一次：设定进行数据库备份的一次性时间。

④ 反复出现：按一定周期进行数据库备份。

当选择"反复出现"备份类型后，还要单击位于对话框右下方的"更改"按钮，在"编辑反复出现的作业调度"对话框中，设置备份的发生频率、时间、持续时间等参数，如图 12-47 所示。

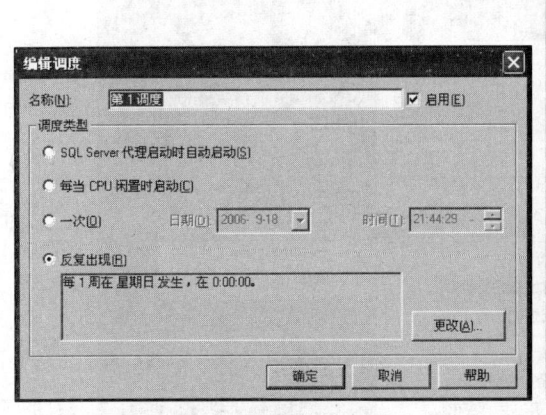

图 12-46 "编辑调度"对话框

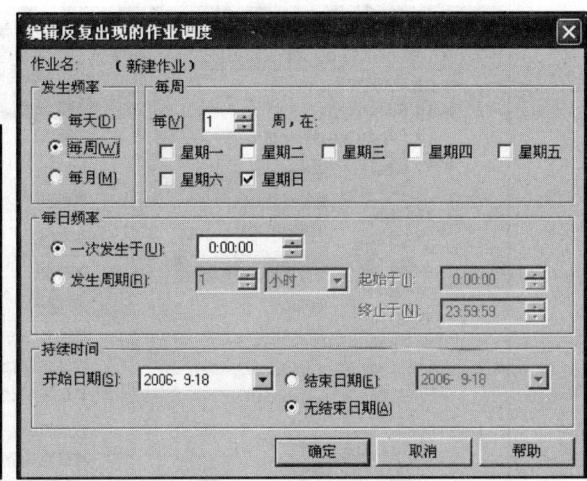

图 12-47 "编辑反复出现的作业调度"对话框

（4）设置"选项"选项卡内容。

"备份数据库"窗口的"选项"选项卡如图 12-45 所示。在"选项"选项卡中，需要设置以下内容。

① 通过设置"完成后验证备份"复选框决定是否进行备份设备验证。备份验证的目的是保证数据库的全部信息都正确无误地保存到备份设备上。通过备份验证，用户可以检查备份设备的性能，从而可以在以后的工作中大胆地使用该备份设备，而不必担心有潜在的危险。

② 通过设置"检查媒体集名称和备份集到期时间"复选框决定是否检查备份设备上原有内容的失效日期。只有当原有内容失效后，新的备份才能覆盖原有内容。

③ 通过设置"初始化并标识媒体"复选框初始化备份设备。备份设备的初始化相当于磁盘格式化，必须在使用的覆盖模式是重写时，才可以初始化备份设备。

④ 在完成了"常规"选项卡和"选项"选项卡中的所有设置之后，单击"确定"按钮，并在随后出现的数据库备份设备成功信息框中单击"确定"按钮。

3. SQL Server 的数据恢复方法

在 SQL Server Management Studio 中，右击要进行数据恢复的数据库。在弹出的快捷菜单中选择"任务"|"还原"|"数据库"命令，如图 12-48 所示。出现"还原数据库"窗口，该窗口中有两个选项卡："常规"选项卡和"命令选项"选项卡。

"常规"选项卡中有两个单选按钮，分别对应两种数据库恢复方式："源数据库"单选按钮说明恢复数据库；"源设备"单选按钮说明根据备份设备中包含的内容恢复数据库。不同的选项，其选项卡和设置恢复的方法也不同。

（1）恢复数据库。选择"源数据库"单选按钮后，"常规"选项卡界面如图 12-49 所示。恢复数据库的操作步骤如下。

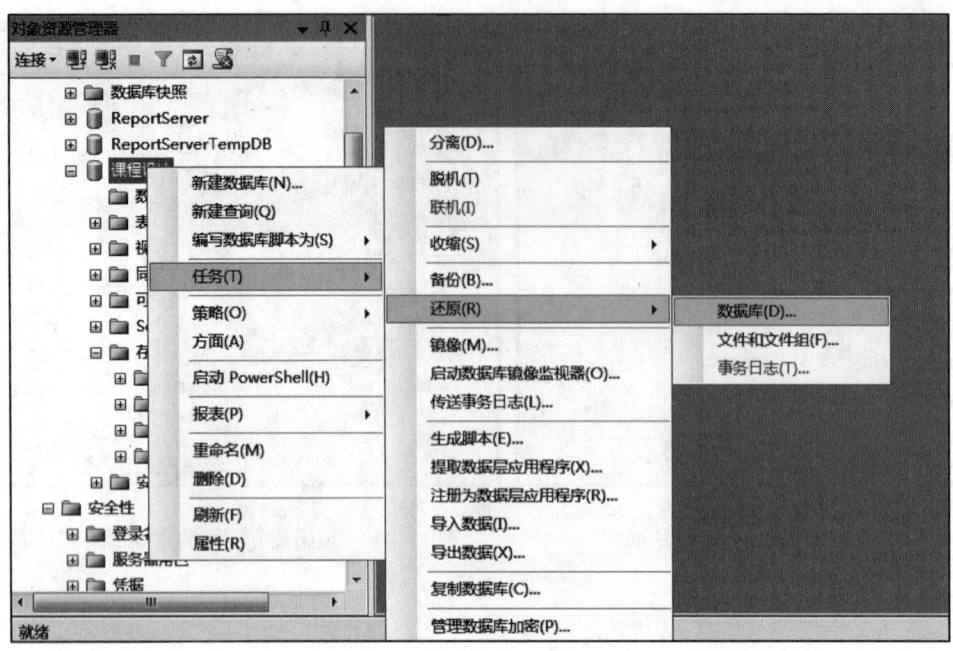

图 12-48　选择"任务"|"还原"|"数据库"命令

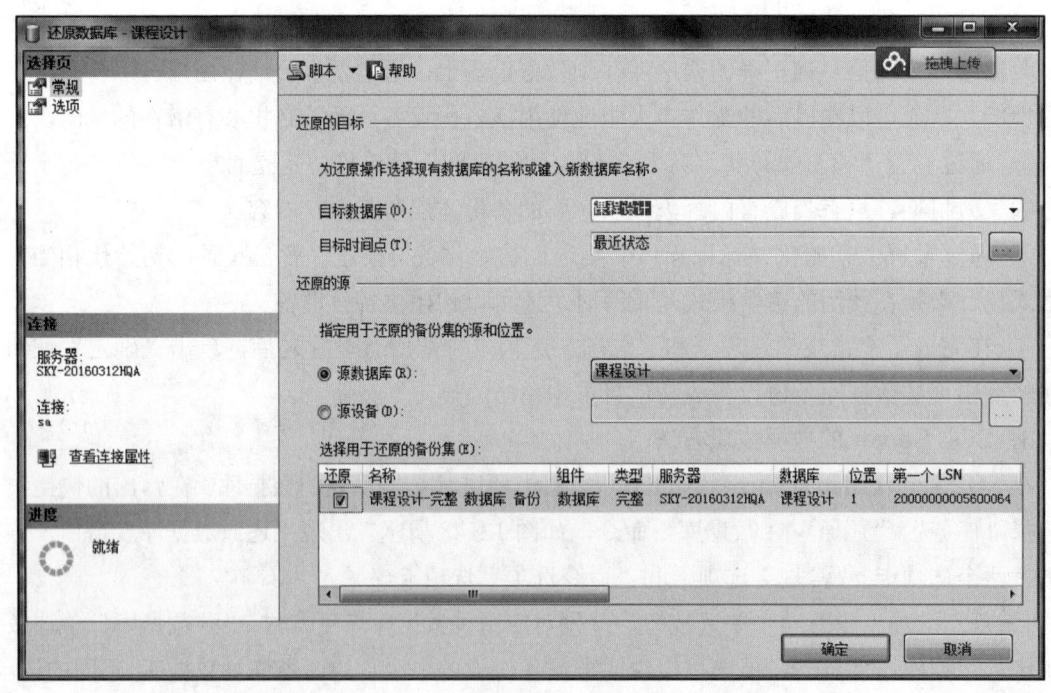

图 12-49　恢复数据库的"常规"选项卡

选择"还原的源"区域中的"源数据库"单选按钮，说明进行恢复数据库工作；在参数栏中，选择要恢复的数据库名和要还原的第一个备份文件；在备份设备表中，选择数据库恢复要使用的备份文件，即再单击"还原"列中的小方格，小方格出现"√"号则表明已选中；单击"确定"按钮。

（2）从备份设备中恢复。如果选择了"源备份"单选按钮，则"常规"选项卡如图 12-50 所示。

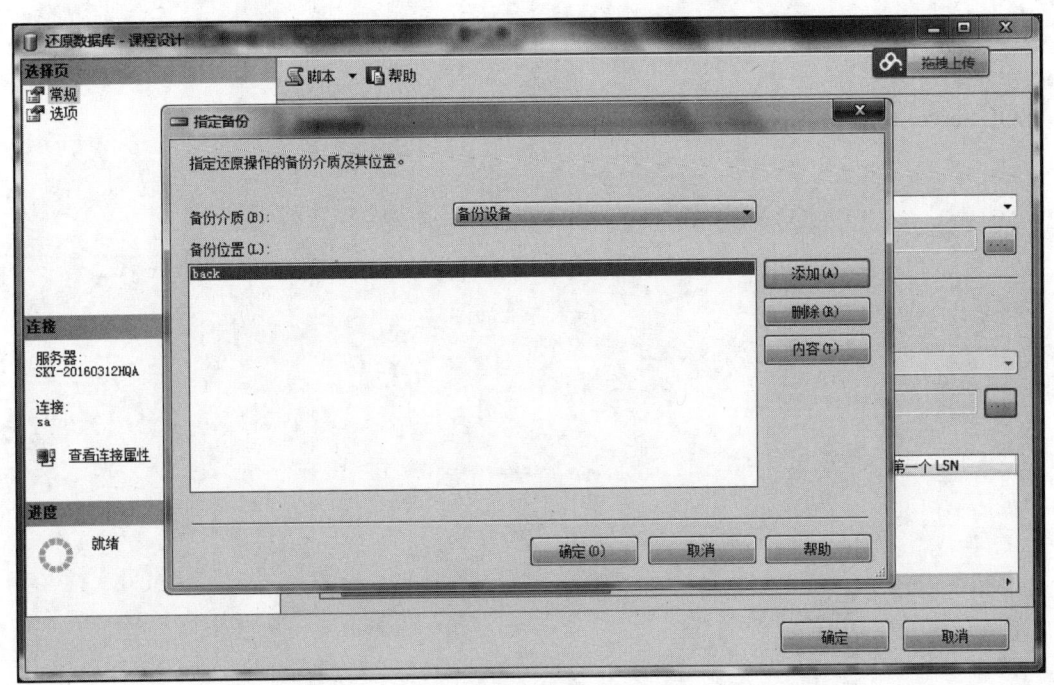

图 12-50 使用设备恢复的"常规"选项卡

设置参数时，首先单击位于窗口右边的"选择设备"按钮，并在弹出的对话框中选择备份设备；设置还原类型。

还原类型有两种："还原备份集"选项，一般应选择该项；"读取备份集信息并添加到备份历史记录"选项，获取备份设备信息和增加备份历史。

如果选择了"还原备份集"类型，还应选择恢复方式。恢复方式有以下 4 种。

① "数据库-完全"选项，从完全数据库备份中恢复。
② "数据库-差异"选项，从增量备份中恢复。
③ "事务日志"选项，从事务日志备份文件中恢复。
④ "文件或文件组"选项，从文件或文件组中恢复。

当完成了"常规"和"选项"选项卡的参数设置后，可单击下面的"确定"按钮。SQL Server 就开始了数据库恢复操作，屏幕上也会显示恢复进度的对话框，在对话框中显示恢复的进度。

12.8.4 注意事项

（1）SQL Server 具有的完全备份、事务日志备份和增量备份形式的功能特点。
（2）SQL Server 的两种方式数据库备份和恢复操作的功能特点。
（3）SQL Server 支持的 3 种数据备份和恢复策略的功能特点。

12.8.5 思考题

SQL Server 中数据备份和数据恢复功能怎样？有哪些不足之处。

参 考 文 献

[1] 萨师煊，王珊. 数据库系统概论[M]. 四版. 北京：高等教育出版社, 2010.
[2] 仝春玲，沈祥玖，等. 数据库系统原理及应用（SQL Server 2005）[M]. 北京：中国水利水电出版社，2002.
[3] 刘健南，等. SQL Server 2005 系统开发实务[M]. 北京：人民邮电出版社, 2000.
[4] 沈祥玖. 数据库原理及应用——Access[M]. 2 版. 北京：高等教育出版社, 2007.

郑重声明

高等教育出版社依法对本书享有专有出版权。任何未经许可的复制、销售行为均违反《中华人民共和国著作权法》，其行为人将承担相应的民事责任和行政责任；构成犯罪的，将被依法追究刑事责任。为了维护市场秩序，保护读者的合法权益，避免读者误用盗版书造成不良后果，我社将配合行政执法部门和司法机关对违法犯罪的单位和个人进行严厉打击。社会各界人士如发现上述侵权行为，希望及时举报，本社将奖励举报有功人员。

反盗版举报电话　（010）58581999　58582371　58582488
反盗版举报传真　（010）82086060
反盗版举报邮箱　dd@hep.com.cn
通信地址　北京市西城区德外大街 4 号
　　　　　高等教育出版社法律事务与版权管理部
邮政编码　100120

防伪查询说明

用户购书后刮开封底防伪涂层，利用手机微信等软件扫描二维码，会跳转至防伪查询网页，获得所购图书详细信息。也可将防伪二维码下的 20 位密码按从左到右、从上到下的顺序发送短信至 106695881280，免费查询所购图书真伪。

反盗版短信举报

编辑短信"JB，图书名称，出版社，购买地点"发送至 10669588128

防伪客服电话

（010）58582300